PYTHON®
Scripting for ArcGIS

>>>

面向ArcGIS的Python脚本编程

[美] Paul A. Zandbergen 著
李明巨 刘昱君 陶旸 张磊 译

人民邮电出版社
北京

图书在版编目（CIP）数据

面向ArcGIS的Python脚本编程 / (美) 赞德伯根(Zandbergen,P.A.) 著 ; 李明巨等译. -- 北京 : 人民邮电出版社, 2014.11
ISBN 978-7-115-37019-8

Ⅰ. ①面… Ⅱ. ①赞… ②李… Ⅲ. ①地理信息系统—应用软件 Ⅳ. ①P208②TP311.56

中国版本图书馆CIP数据核字(2014)第216743号

◆ 著　[美] Paul A. Zandbergen
译　李明巨　刘昱君　陶　旸　张　磊
责任编辑　陈冀康
责任印制　彭志环　杨林杰
◆ 人民邮电出版社出版发行　北京市丰台区成寿寺路 11 号
邮编　100164　电子邮件　315@ptpress.com.cn
网址　http://www.ptpress.com.cn
北京捷迅佳彩印刷有限公司印刷
◆ 开本：800×1000　1/16
印张：18.5　2014 年 11 月第 1 版
字数：348 千字　2025 年 1 月北京第 28 次印刷
著作权合同登记号　图字：01-2013-9295 号

定价：69.90 元

读者服务热线：(010)81055410　印装质量热线：(010)81055316
反盗版热线：(010)81055315

内容提要

Python 作为一种高级程序设计语言，凭借其简洁、易读及可扩展性日渐成为程序设计领域备受推崇的语言。使用 Python 作为 ArcGIS 的脚本语言将大大提升 ArcGIS 数据处理的效率，更好地实现 ArcGIS 内部的任务自动化。

本书是一本专门针对 ArcGIS 编程的 Python 参考书，以基础理论结合 GIS 开发实例的方式，详细介绍了 Python 在 ArcGIS 开发中的基本应用和相关技巧，全书分为 4 个部分。第一部分主要介绍 ArcGIS for Desktop 中地理处理的基本原理以及 Python 语言的基础知识；第二部分主要介绍如何编写一个处理空间数据的脚本；第三部分主要介绍一系列具体的操作，例如编写制图脚本、调试和错误处理以及创建 Python 类和函数；第四部分主要介绍如何将脚本创建成一个工具并与其他人共享。每一章都附带相应的练习内容，帮助读者在学习和练习之间得到更多的实践。

本书内容结构清晰，示例完整，不仅适合于从事 GIS 开发的专业人士，而且适合那些有兴趣接触或从事 Python 编程的读者。

致谢

这本书的顺利编写和出版需要感谢很多亲朋好友。

首先，我要感谢这些年来选修我课程的同学们。有人说通过指导别人可以帮助自己更好地学习知识，而我正是通过讲授 Python 编程才逐步成为一名 GIS 专业人员。同学们对我的帮助是无形的，我一直都很感激。

Esri 出版社的员工也给予我很大的帮助。在本书编写和修改的过程中，他们提出了许多中肯的建议。

还有很多 Esri 的员工也参与了本书的编写，特别是 David Wynne、Robert Burke、Jeff Bigos 还有 Bruce Harold。他们独到的见解使本书的内容变得更为准确和完整。其他审阅专家也提供了很多很有价值的建议。在此，要感谢华盛顿大学地理系 Timothy Nyerges 教授，加利福尼亚大学环境科学系 Robert J.Hijmans 副教授，南太平洋大学地理科学与环境系高级讲师 John Lowry，以及来自犹他州立大学地理信息系统实验室的 Chris Garrard。

感谢我的父母，他们总是鼓励我从事一个能不断求知的职业，并鼓励我努力工作让世界变得更加美好。

最要感谢的是我的家人，这本书的顺利编写离不开家人长期的鼓励与支持。Marcia、Daniel 和 Sofia，感谢你们对我的信任和对我事业的支持。

Paul A. Zandbergen

Albuquerque, NM USA

译者序

早期版本的 ArcGIS 软件将 Python 作为脚本语言。那时候，一些新手乐于采用 ArcGIS Desktop 环境中集成的 Command 命令行，完成简单的数据处理任务。熟练的作业员通常会使用 Arc 宏语言（AML），在 ArcInfo Workstation 环境中完成复杂的数据处理工作，但这要求作业员有较深厚的编码功底和丰富的数据处理经验。后来，ESRI 在 ArcGIS 10 版本中集成优化了 Python 的调试环境，并推出了 ArcPy 软件包，将常用的 ArcGIS 操作用 Python 语言进行实现并封装，极大地方便了用户使用。

作为省级地理信息生产与服务的提供单位，江苏省基础地理信息中心每年都要给新进员工进行 Python 脚本编程方面的培训。但是，市面上只能找到 Python 语言的教材，没有一本 Python 和 ArcGIS 相结合的参考书，这无疑增加了培训的难度，也影响了培训的效果。这本书的出现，让我们眼前一亮。仔细阅读后，我们决定采用这本英文教材。为了便于员工吸收和消化，我们组织有 Python 经验的专业技术人员对本书进行了初步翻译，并在中心内部使用两轮，充分吸收了各部门的反馈意见。

鉴于市面上没有一本类似教材，为了更好地将本成果进行推广，江苏省基础地理信息中心和人民邮电出版社合作，获得了本书的中文版翻译版权。在人民邮电出版社的指导下，我们组织技术人员对翻译稿进行修订并正式出版。本书也获得国家自然科学基金（41201415）、江苏省自然科学基金（BK2012504）的支持，在此一并表示感谢。

译文保留了英文原版的体例风格，全书共分 14 章，李明巨负责 1-4 章的翻译，刘昱君负责 5-8 章的翻译，陶旸负责 9-12 章的翻译，张磊负责 13-14 章及附录的翻译。全书由李明巨负责统稿。江苏省基础地理信息中心唐权、聂时贵、曹全龙、金琳、吴勤书、王会娜、张璐、李宁、刘娇、南京邮电大学张丹枫、孙江栋、宋楠、刘耀宇、谢继城等参与了本书的编辑和校对工作。希望本书能起到抛砖引玉的作用，促进该方向产出更多成果，更好地服务于蓬勃发展的地理信息产业。受译者水平所限，译本中的疏漏或不当之处在所难免，敬请同行与广大读者批评指正。

江苏省基础地理信息中心　李明巨

2014 年 6 月于江苏南京

译者简介

李明巨，工学硕士，研究员级高工，国家注册测绘师。江苏省基础地理信息中心主任、江苏省测绘研究所副所长，国务院政府特殊津贴专家。常年从事 GIS 研发与项目管理工作。

刘昱君，GIS 硕士，江苏省基础地理信息中心数据建设部主任，主要从事 GIS 研发工作。

陶旸，GIS 博士，国家注册测绘师，主要从事 GIS 空间分析、数字地形分析、GIS 研发等工作。

张磊，GIS 硕士，主要从事 GIS 数据生产与软件研发等工作。

前言

在过去的十多年里，我在多所大学学习并讲授了一系列 GIS 课程。正是这样一段经历，促使我撰写了这本书。在所有的课程中，有一课是“小代码，大用处”。

在 DOS 系统时代，熟悉 DOS 的人能使用命令行处理一些基本的任务。ArcGIS 早期的桌面端软件（ArcInfo）除了使用 ARC 宏语言（AML）之外，在很大程度上也是通过命令行界面运行的。不过最近，大多数软件已经基本不需要使用命令行界面或编写代码，而是开始使用图形用户界面（GUI）。这就导致了大部分学生在上第一节 GIS 课程的时候遇不到任何形式的代码。虽然基于菜单界面的 ArcGIS for Desktop 能够支持许多复杂的操作和空间分析，但是有些时候，用户还需要更多的功能来解决遇到的难题。这时，就需要使用 Python 脚本语言。

简言之，Python 脚本可以自动地执行那些需要在 ArcGIS 中通过菜单界面实现的繁琐的操作。例如，将 1000 个 shapefile 文件转成地理数据库中的要素类。虽然可以运行 1000 次相应的工具，但是在 ArcGIS 中肯定还有其他更高效和更简捷的方法。这时，Python 就可以发挥作用：只需要使用 Python 编写一小段代码就能解决这个问题。在本书学习到大概一半的时候，您就能编写一个那样的脚本。

这本书可以让没有任何编程经验的人掌握编写 Python 脚本的方法。本书将从最基础的知识开始介绍，例如脚本的概念以及如何编写并运行一小段代码。随后，这本书还将介绍如何通过 Python 脚本来处理 ArcGIS 中涉及的空间数据。在使用本书前，您需要熟悉 ArcGIS for Desktop 软件，包括在 ArcCatalog 中管理数据以及在 ArcMap 中执行一些基本的操作，如处理数据、制图输出、运行地理处理工具等，也需要熟悉 GIS 的基本概念，包括坐标系统、数据格式、表操作以及一些基本的空间分析方法。如果您曾经编写过代码，那么将会有助于对本书的学习。

为什么要学习 Python 语言呢？有以下几点原因。第一，Python 是免费和开源的，它可以被自由地发布和分享；第二，它功能强大而且简单易学；第三，Esri 公司更倾向于使用 Python 作为 ArcGIS 的脚本语言，从 ArcGIS 10 的新功能中可以明显地感受到这一点。

虽然 Python 被封装在 ArcGIS 的安装程序中，但是它并不是由 Esri 开发的，而是由一个庞大而活跃的 Python 用户社区负责维护和发展。在学习了 Python 的基础知识后，您将会发现 Python 在其他领域也有着广泛的应用。现在很多计算机入门课程都使用 Python 作为入门语言介绍编程的基础知识。本书也将介绍一些这样的知识，但它们并不是重点，本书重点是介绍如何使用 Python 处理 ArcGIS 中的空间数据。

现在市面上有很多 GIS 的教科书和 ArcGIS 的指导书。虽然它们中的大部分都详细地介绍了空间分析的方法和步骤，但是，书中关于 Python 脚本的部分并不完整。与此同时，市面上也有很多 Python 语言的参考书，但是它们中的大部分都没有介绍如何使用 Python 操作某一个具体的应用程序。众所周知，Python 可以作为一种“粘合剂”，它可以将互不兼容的程序联系在一起，但是大部分书都没有详细地介绍 Python 如何在这些应用程序上发挥它强大的功能。

目前还没有一本专门为 ArcGIS 编写的 Python 参考书，所以您只能通过一些常见的 Python 语言参考书来学习 Python 的语法。但是，一些 ArcGIS 中的对象，例如要素、多边形以及地理处理工具等，与 Python 书籍中介绍的较为通用的对象相比，存在很大的区别。对于一个熟练操作 ArcGIS 的用户来说，即使他手上有一本 Python 参考书，在使用 Python 编写 ArcGIS 脚本的时候也会感觉十分吃力。而对于一个经验丰富的程序员来说，如果他曾经用 VBA 或 C++进行 ArcGIS 编程，那么一本通用的 Python 参考书或许就已经足够了，但是，如果他没有这样的经历，那么一本专门为 ArcGIS 编写的 Python 参考书将会更有用处。

这本书适用于那些熟练操作 ArcGIS 的用户，想学习 Python 语言，但是又没有编写代码或者脚本的经验。如果您熟悉某种编程语言（例如 Perl、VBA、VBScript、Java 或 C++等），将会有助于对本书的学习。经验丰富的程序员也会从本书中受益，不过本书的重点还是让 ArcGIS 用户学会在 ArcGIS 中使用 Python，他们不必整天编写代码或者学习如何编写代码，就能从 ArcGIS 中获得更多的功能。在阅读本书前，希望您掌握了 ArcGIS 的相关操作，并且了解地理处理的相关概念。

本书也适用于 GIS 专业的高年级本科生和研究生。目前，已经有一部分高校在高年级开设了 GIS 程序设计课程，预计开设此类课程的学校数量将不断增加。

本书分四个部分。第一部分主要介绍 ArcGIS for Desktop 中地理处理的基本原理以及 Python 语言的基础知识，这些知识可能读者已经有所了解。第二部分主要介绍如何编写一个处理空间数据的脚本。这部分是本书的核心，主要章节有：在 Python 中运行工具，描述数据、处理数据、新建数据等。第三部分主要介绍一系列具体的操作，例如编写制图脚本，调试和错误处理以及创建 Python 类和函数。第四部分主要介绍如何将脚本创建成一个工具并与其他人共享。学习完这本书，您就可以通过 Python 创建自定义工具并实现任务的自动化。

本书共分十四章，每一章都有一个练习来巩固对该章内容的学习。建议先学习章节的内容，然后完成对应的练习，再阅读下一章。每位读者根据自己的学习习惯或是对编程的熟练程度，既可以一边阅读一边尝试编写练习中的代码，也可以在每一章阅读结束以后再开始练习。读者需要按照书中章节的顺序来完成本书的学习，因为每一章的内容都是基于前面章节的内容来介绍的。大多数练习在最后都会有一点挑战，相信它可以提高您的能力。

想要完成这些练习，需要在电脑里安装 ArcGIS10.1 的桌面端软件，或者下载试用版。

本书会指导您如何在 ArcGIS 中实现任务的自动化。在读完本书后，您有可能会成为一位 Python 爱好者，也有可能仅使用书中的一小段脚本代码而节约很多时间。不管怎样，比学会 ArcGIS 脚本编程更重要的是，您掌握了编写代码的基本逻辑，这比完成某个任务更为重要。我希望这本书能为那些对编程有畏难情绪的人指点迷津，它会告诉您写代码真的没有那么难。通过 Python 编程可以很好地解决问题，它是一种强大的工具，并在许多工作中发挥作用。我衷心地希望您可以享受 Python 编码的灵活百变。

Paul A. Zandbergen

Albuquerque, NM USA

目 录

第一部分 Python 和地理处理的相关概念

第二部分 编写地理处理脚本

第三部分 执行地理处理任务

第四部分 创建并使用脚本工具

第一部分
Python 和地理处理的相关概念

第1章
Python 简介

1.1 引言

Python 是一门简单而又强大的编程语言。对于那些在编程方面有困难的人来说，Python 的出现或许是一个福音。

本章首先介绍 Python 的主要特点以及它在 ArcGIS 中的用途；其次介绍本书的结构以及书中的练习；随后会通过几个例子介绍 Python 的使用方式；最后介绍 Python 编辑器，它可以让使用者更方便地编写和组织代码。

1.2 Python 的特点

Python 的诸多特点使它可以作为 ArcGIS 的脚本语言，这些特点包括以下几方面。

简单且易学。相对于其他高度结构化的编程语言（C++或 Visual Basic）而言，Python 更容易被掌握。它的语法简单，编程者将有更多的时间来解决实际问题，而不需要在学习 Python 语言上耗费太多精力。

免费且开源。Python 是一款免费并且开源的软件。用户可以自由地分发该软件的复本，查看和修改源代码，或者将其中一部分代码用在其他免费的程序里。Python 语言如此好用的一个重要原因在于它有一个十分活跃的用户社区，社区里的成员都积极地参与 Python 的开发和维护。正是由于 Python 是开源的，所以 Esri 才能够将 Python 部署在 ArcGIS 软件中。

跨平台。Python 支持包括 Windows、Mac、Linux 在内的各种平台。不同平台上的 Python 程序只需要做极小的改动甚至不改动，就能在其他平台上正常运行。由于 ArcGIS for Desktop

只能在 Windows 上运行，所以 Python 的这种特性在 ArcGIS 中似乎没有得到明显的体现，但是需要了解的是，Python 的用户之所以如此庞大，其中一个重要原因就是它跨平台的特性。

解释性。许多程序语言（例如 C++或 Visual Basic）需要将程序源文件转换成计算机可以理解的二进制代码。这就需要有适用于各种程序语言的编译器。而 Python 是一种解释性语言，它不需要编译就可以直接运行。这一特点使 Python 使用起来更加简单，并具有更强的移植性。

面向对象。Python 是一门面向对象的编程语言。面向对象的程序不再是功能的堆砌，而是由一系列相互作用的对象构建起来的。很多现代编程语言都支持面向对象的编程。ArcGIS 也支持面向对象的编程，从这个角度看，将 Python 作为 ArcGIS 的脚本语言是一个不错的选择。

1.3 脚本语言和程序语言

Python 作为一门程序语言，也常被称为脚本语言。那么，两者的区别在哪里呢？一般而言，脚本语言用于控制其他应用程序以实现任务自动化；而程序语言则是用于开发结构复杂、功能完备的应用程序。脚本语言是一种“粘合剂”，它可以将不同的组件组合在一起，从而实现新的功能。而系统语言既可以从头构建组件，也可以将组件组装成不同的应用程序。系统语言（例如 C++和.NET）通过计算机的低级图元和原始资源从头开始创建应用程序。脚本语言（例如 Python 和 Perl）使用计算机内置的高级函数并且回避了系统编程语言必须处理的一些细节。

以 Esri 为例，他们主要使用 C++语言开发 ArcGIS 软件。在 ArcGIS 软件中，所有的组件或对象被称为 ArcObjects。利用 C++既可以新建一个对象，也可以开发一个含有 ArcObjects 对象的应用程序。利用 Python 则既可以访问 ArcGIS 现有的功能，也可以通过组合相关函数来扩展 ArcGIS 的功能。

Python 既是一种脚本语言也是一种程序语言。与 C++相比，Python 并不用于底层开发，而是用来完成一些相对简单的脚本编程或一些高级程序设计项目。本书将重点介绍如何编写脚本来控制 ArcGIS 软件执行任务。虽然 Python 也可以用于应用程序的开发，但是本书并不介绍这方面的内容，而是介绍如何通过 Python 调用 ArcGIS 中现有的函数。

1.4 ArcGIS 的脚本语言

ArcGIS 9 引入了脚本处理技术，并支持多种脚本语言，包括 Python、VBScritp、JavaScritp、

JScritp 和 Perl。由于 ArcGIS 是基于组件对象模型（COM）构建起来的，又因为脚本语言是面向对象的，所以脚本语言可以访问 ArcGIS 中所有获得许可的函数，也包括所有的扩展模块。因此，脚本语言才可以高效地实现任务自动化，受到了程序员的青睐。虽然像 C++和.NET 这样的系统语言也能实现任务的自动化，但是与这些程序语言相比，脚本语言更加简洁。

目前，Python 已经成为 GIS 专业人员的一个基本工具。他们使用 Python 来扩展 ArcGIS 的功能并实现任务的自动化。几年前，或许内置于 ArcGIS 的 VBA 仍是最流行的编程工具。但是，几年后，Python 就作为 VBA 强有力的补充和替代品出现了。从 ArcGIS 10 开始，VBA 开发环境已经不再作为 ArcGIS 的默认安装程序，并且 Esri 公司也在积极劝阻用户使用 VBA。虽然应用程序的开发还是继续使用 C++或者.NET 语言，但是对于那些不从事程序开发的 GIS 专业人员来说，Python 的优势更为明显。

Python 虽然不是唯一一种可以在 ArcGIS 中使用的脚本语言，但是它一定是被最广泛使用的一种。这很大程度上是因为 Python 简单易操作，并且具有完备的程序开发功能。Python 被封装在 ArcGIS 的安装程序中，同时，Python 也被直接嵌入到 ArcGIS 的许多地理处理工具集中。例如，在 ArcGIS 的 Spatial Statistics 工具箱中，几乎全是 Python 的脚本工具（或许一般用户并不一定能注意到或用到）。ArcGIS10 已经将 Python 进一步整合到 ArcGIS 的用户界面里，而且 Esri 已正式将 Python 作为 ArcGIS 首选的脚本工具，并对 ArcGIS10.1 进行了升级以包括 Python2.7 版本。

1.5 Python 的历史和版本

Python 是由 Guido van Rossum 开发的，那时候他还在荷兰的国家数学和计算机科学研究院（CWI）。1991 年，Van Rossum 发布了第一版 Python。目前，虽然已经有很多志愿者参与到 Python 的维护与发展之中，但是 Van Rossum 在该领域仍然十分活跃。不同于其他编程语言，Python 只经历了为数不多的版本更新。

Python 中既有字符串、列表和字典等元素，也有其他更高级的元素，例如元类、生成器和列表推导式。Python 的稳定性和健壮性，反映了所有程序员对 Python 的需求，即 Python 中既需要有一些基本的元素，更需要有其他高级语言中常见的高级元素。

本书推荐用户在 ArcGIS 10.1 中使用 Python 2.7 版。虽然 ArcGIS 10.1 中自带了 Python 2.7.2 版，但是也可以免费下载和安装其他版本的 Python。目前 Python 2.x 版依旧表现十分出色，而且也得到了广泛的使用，但是在未来新的版本中，还需要解决一些多年积累下来的问题，以使语言更加简洁。Python2.7 版和 Python3.x 版虽然有许多差异，但是两个版本中语言的基本结构没有改变。尽管已经有了 3.x 版，但是目前 ArcGIS10.1 仍使用 2.7 版。如果某一天 ArcGIS 将 3.x 版作为其首选版本，那么 2.7 版的脚本文件可以通过各种工具转换成 3.x 版的脚本文件，同样，3.x 版的脚本文件也可以转换成 2.7 版的脚本文件。

需要注意的是，尽管 ArcGIS 和 Python 被打包在一个安装包中，但是 Python 并不是由 Esri 开发的。Esri 之所以将 Python 作为首选的脚本语言部署在 ArcGIS 中，主要是由于它免费和开源的特性，而且为了更方便地使用 Python，Esri 还在 ArcGIS 中开发了相关的功能模块。然而，与其他 Python 应用相比，目前 Python 在 ArcGIS 中并没有得到广泛应用。因此，本书的另一个优点就是：在学习了本书的知识后，您不仅可以在 ArcGIS 中，也可以在其他项目中使用 Python。

1.6 关于本书

本书分为两个部分：

（1）纸质版，包括了使用 Python 的理论知识。

（2）数字版，包括了与书本对应的一套练习。

纸质版共有 14 章，分别解释了 Python 的结构和语法，介绍了如何为 ArcGIS 编写脚本。整本书中虽然有很多示例代码，但是书中不会一句一句地解释这些代码。随书的练习为实际操作提供了详细的指导。希望读者先学习章节的内容，然后完成对应的练习，再阅读下一章。大多数练习在最后都会有一点挑战，相信它可以提高您的能力。

本书的结构

第 1 章介绍了 Python 的概况，并教读者使用 Python 编辑器和 ArcGIS 中的 Python 窗口。

第 2 章介绍了 ArcGIS 地理处理环境，包括地理处理工具和 ModelBuilder 的使用。熟练的 ArcGIS 用户会比较熟悉 ArcGIS 中的大多数功能，但是回顾一下这些内容也是有好处的。了解 ArcToolBox 中工具的功能将有助于高效地编写脚本。Python 脚本和 ModelBuilder 往往需要结合在一起使用，所以要想充分发挥脚本的功能，就需要掌握如何使用 ModelBuilder。

第 3 章介绍了 ArcGIS 中的 Python 窗口，这是一个交互式的 Python 解释器。在 Python 窗口里，可以直接运行一行或多行代码。这些代码可以保存成一个脚本文件。同时，现有的脚本文件也可以加载到 Python 窗口里。

第 4 章介绍了 Python 语言的基础知识，包括它的语句、表达式、函数、方法、模块、控制语句。除此之外，还要练习编写脚本。本章涵盖了 Python 初学者需要掌握的基本语法，而熟练使用 Python 的用户将会对这一章比较熟悉。

第 5 章介绍了第一次引入 ArcGIS 10 的 ArcPy 站点包。ArcPy 包含了大量的模块、类和函数，它们将 ArcGIS 和 Python 有效地整合在一起。本章还介绍了数据路径、环境设置和使用许可等方面的内容。

第 6 章主要介绍了数据描述的相关方法，既包括数据描述和数据结构，也包括使用字符串、列表、元组和字典抽象化表达数据。

第 7 章介绍了如何处理空间数据，包括使用游标、检索数据、处理属性表和字段。学完本章后就可以通过 Python 执行 SQL 语句，从而查询空间数据。

第 8 章介绍了如何处理空间对象的几何属性，包括如何使用现有要素的属性以及如何创建新的要素。

第 9 章介绍了如何使用 Python 处理栅格数据，包括 ArcPy 的 Spatial Analyst 扩展模块的使用。这个模块专门用于对栅格数据进行一系列代数运算和空间分析。

第 10 章介绍了 ArcPy 的自动化制图模块，包括使用地图文档、数据框架、图层、输出和打印地图。

第 11 章介绍了常见的错误以及错误处理的方法。这些方法能保证脚本的稳定性。这一章还介绍了如何交互使用 PythonWin 的调试器来调试代码。

第 12 章介绍了如何在 Python 中创建自定义的函数和类。通过函数和类可以组织更为复杂的代码并且重用其中部分代码。

第 13 章介绍了如何使用 Python 创建类似于 ArcToolBox 中的工具。这种方法可以更好地共享脚本工具，同时也便于用户在 ModelBuilder 里添加脚本工具。

第 14 章介绍了共享脚本工具的方法，包括如何组织文件，定义路径、提供脚本说明文档等。

1.7 Python 脚本实例

本节将通过两个例子来说明如何使用 Python 编写脚本。这两个例子来源于 Esri 和 ArcGIS 的用户社区。列举脚本实例的原因之一就是为了让读者熟悉 Python 代码。学习编写代码的一个最好的方法就是练习现有的代码。现在不要求读者能够理解这些代码，但是这些例子将会让您了解本书即将讲些什么。

例一：确定错误地址

AddressError 脚本工具是由 Esri 公司的员工 Bruce Harold 开发的。该工具会在几条路段的范围内，检查路段中心线可能存在的错误。AddressError 工具输出的结果是包含了所有相关街道段可能错误的线状要素，属性表将描述错误相关信息。

该脚本工具类似于工具集中的工具。尽管它是用 Python 编写的，但是它的访问方式和其他地理处理工具一样，如图 1.1 所示。

图 1.1

脚本工具的对话框和其他常规地理处理工具的对话框一样，如图 1.2 所示。

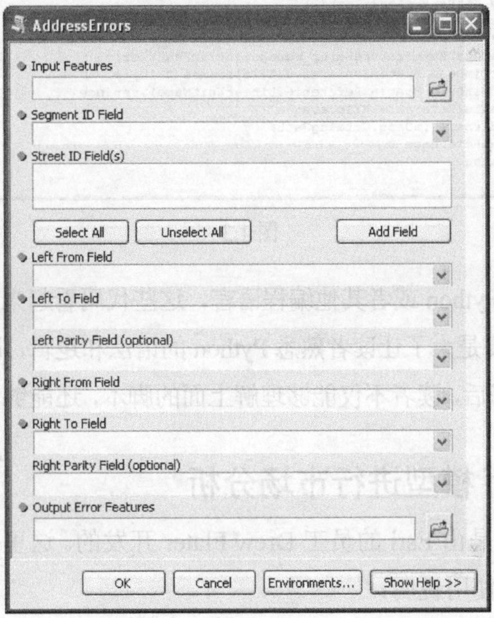

图 1.2

这个工具有 10 个输入参数，其中两个是可选的。输入要素通常是一个表示街道中心线的线状要素，该要素的属性表存储了一系列代表街道号码范围的属性。输出结果是一个新的要素类。

这个脚本工具只调用了一个 Python 脚本文件，可以打开脚本文件查看这个工具是如何运行的。在 Python 编辑器中打开这个脚本时，会出现如图 1.3 所示的界面。

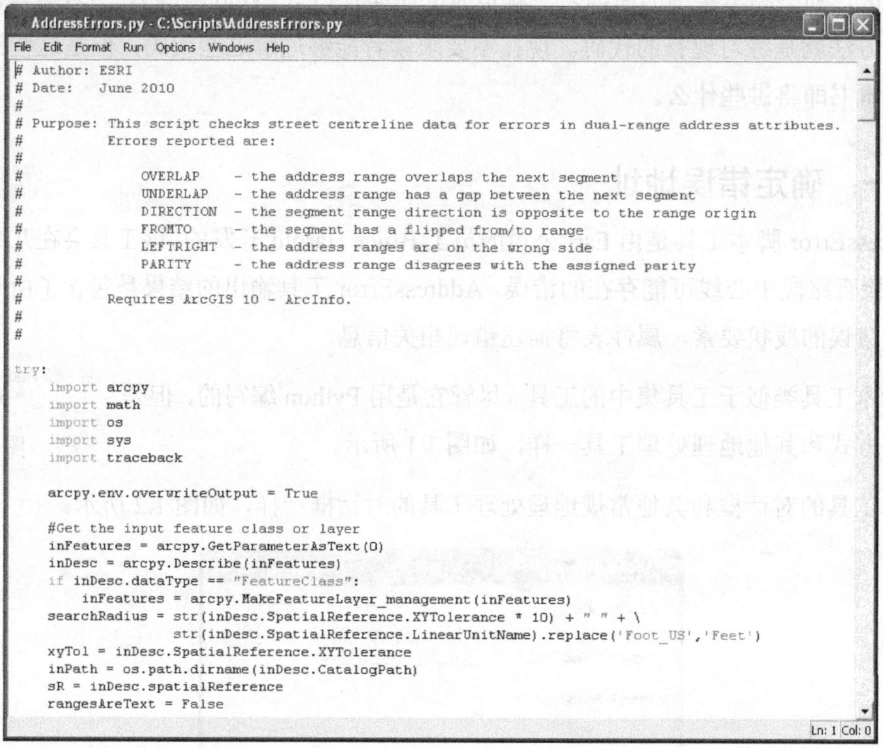


```
# Author: ESRI
# Date:   June 2010
#
# Purpose: This script checks street centreline data for errors in dual-range address attributes.
#          Errors reported are:
#
#               OVERLAP    - the address range overlaps the next segment
#               UNDERLAP   - the address range has a gap between the next segment
#               DIRECTION  - the segment range direction is opposite to the range origin
#               FROMTO     - the segment has a flipped from/to range
#               LEFTRIGHT  - the address ranges are on the wrong side
#               PARITY     - the address range disagrees with the assigned parity
#
#          Requires ArcGIS 10 - ArcInfo.
#
#

try:
    import arcpy
    import math
    import os
    import sys
    import traceback

    arcpy.env.overwriteOutput = True

    #Get the input feature class or layer
    inFeatures = arcpy.GetParameterAsText(0)
    inDesc = arcpy.Describe(inFeatures)
    if inDesc.dataType == "FeatureClass":
        inFeatures = arcpy.MakeFeatureLayer_management(inFeatures)
    searchRadius = str(inDesc.SpatialReference.XYTolerance * 10) + " " + \
                   str(inDesc.SpatialReference.LinearUnitName).replace('Foot_US','Feet')
    xyTol = inDesc.SpatialReference.XYTolerance
    inPath = os.path.dirname(inDesc.CatalogPath)
    sR = inDesc.spatialReference
    rangesAreText = False
```

图 1.3

如果以前没有使用过 Python 或者其他编程语言，这些代码看起来可能有些吓人。不管怎样，这本书以及后面的练习主要是为了让读者熟悉 Python 的语法和逻辑，以便更好地使用 ArcGIS 执行相关任务。所以学完本书后，读者不仅能够理解上面的脚本，还能够写出相对复杂的脚本程序。

例二：利用 Huff 模型进行市场分析

Huff 模型的脚本工具是由 Esri 的员工 Drew Flater 开发的。这里有一份对这个工具的简单描述可以作为这个工具的使用说明：

Huff 模型是一个空间引力模型，它可以计算出不同位置的消费者光顾商店数据库中每个商店的概率。通过这些概率以及可支配收入、人口和其他变量就可以计算出不同位置的销售潜力。每个位置的概率值还可用于生成研究区各个商店的地理范围及其市场范围。

这是一个相对复杂的脚本，但是跟第一个例子一样，它也是完全由 Python 编写的。这个脚本也可以作为工具箱的一个工具使用，如图 1.4 所示。

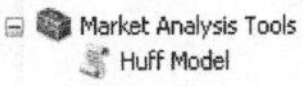

图 1.4

如图 1.5 所示，在该脚本工具对话框中有很多输入参数、输出参数以及分析设置选项，这也反映了 HuffModel 的特性。

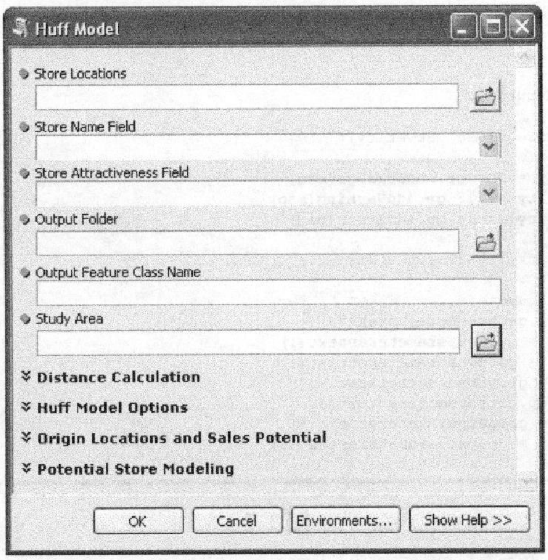

图 1.5

该脚本工具也提供了一个工具帮助文档，它详细地描述了工具是如何运行的。文档中介绍了输入参数、模型公式和输出参数，图 1.6 所示为帮助文档的一部分。

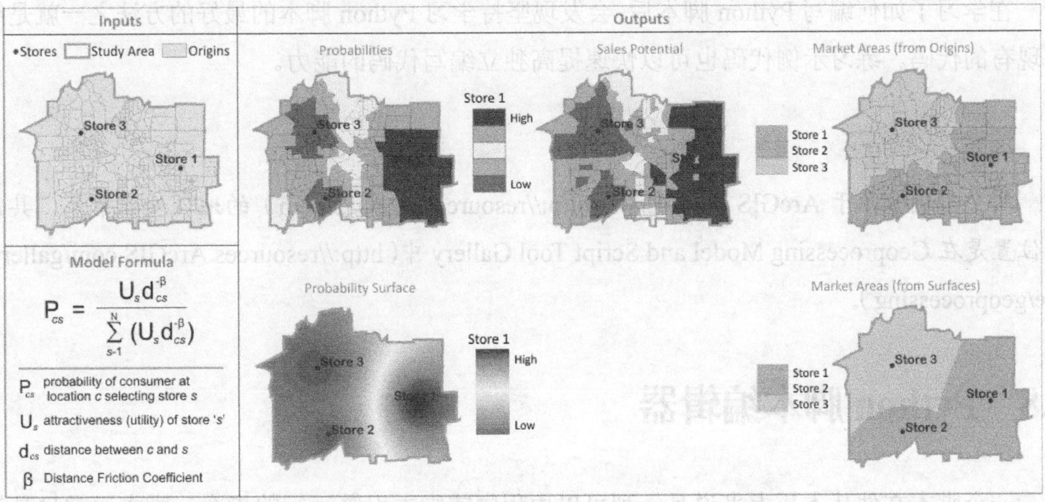

图 1.6

该工具的所有代码都保存在一个 Python 脚本文件中，图 1.7 所示为脚本文件的一部分。

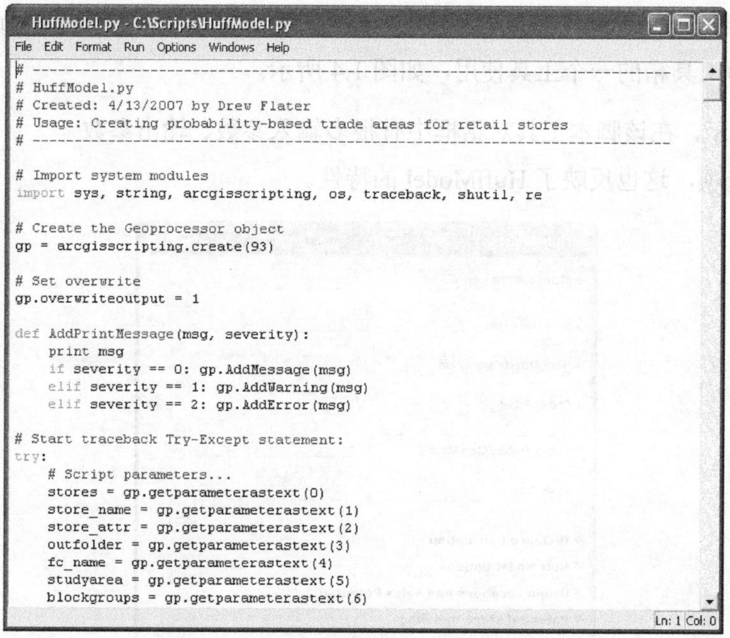


```
# ---------------------------------------------------------------------------
# HuffModel.py
# Created: 4/13/2007 by Drew Flater
# Usage: Creating probability-based trade areas for retail stores
# ---------------------------------------------------------------------------

# Import system modules
import sys, string, arcgisscripting, os, traceback, shutil, re

# Create the Geoprocessor object
gp = arcgisscripting.create(93)

# Set overwrite
gp.overwriteoutput = 1

def AddPrintMessage(msg, severity):
    print msg
    if severity == 0: gp.AddMessage(msg)
    elif severity == 1: gp.AddWarning(msg)
    elif severity == 2: gp.AddError(msg)

# Start traceback Try-Except statement:
try:
    # Script parameters...
    stores = gp.getparameterastext(0)
    store_name = gp.getparameterastext(1)
    store_attr = gp.getparameterastext(2)
    outfolder = gp.getparameterastext(3)
    fc_name = gp.getparameterastext(4)
    studyarea = gp.getparameterastext(5)
    blockgroups = gp.getparameterastext(6)
```

图 1.7

由于 Huff 模型十分复杂，所以这个脚本有 700 多行代码。但是，这些代码所涉及的大部分元素和那些简单脚本中的元素是相同的，所以只要熟悉这些元素，就可以真正读懂一些更复杂的代码。

在学习了如何编写 Python 脚本后，会发现坚持学习 Python 脚本的最好的方法之一就是练习现有的代码。练习示例代码也可以快速提高独立编写代码的能力。

注释：

两个实例来源于 ArcGIS 资源中心（http://resources.ArcGIS.com）的地理处理章节。具体的位置是在 Geoprocessing Model and Script Tool Gallery 中（http://resources.ArcGIS.com/gallery/file/geoprocessing）。

1.8 Python 脚本编辑器

一个脚本文件从本质上来说是一列可以由程序或脚本引擎运行的指令。脚本通常只是简单的文本文件，它有一个特定的文件扩展名并且使用特定的脚本语法编写指令。一个通用的文本编辑器可以打开和编辑大多数的脚本文件。然而，使用一个专门的脚本编辑器既可以实现更多的编辑功能，也可以直接运行脚本。

使用 Python 的方式很多，最基本的方式就是使用所谓的命令行。如果使用过其他编程语言，那么可能熟悉这种方式。在 Windows 操作系统中，单击 Start 按钮，然后再单击 All Programs>ArcGIS>Python 2.7>Python(Command line)，就可以访问 Python 的命令行界面，如图 1.8 所示。

图 1.8

虽然这个界面可以实现 Python 的所有功能，但是它在编写和调试脚本方面的功能有限。所以，与 Python 命令行相比，Python 编辑器会显得更为高效。菜单形式的界面和工具，使得 Python 脚本编辑器在组织和调试脚本等方面更为方便。

Python 编辑器也被称为集成开发环境（IDE）。目前，市场上有许多不同的开发环境，其中既有开源软件，也有商业软件。一些 IDE 是针对特定平台（如 Windows、Mac 和 Linux）设计的，也有一些是针对特定编程语言（如 C++和.NET 语言）设计的。可以在 Python wiki 的页面（http://wiki.python.org/moin/PythonEditors）中了解更多有关 Python 编辑器的内容。使用何种编辑器很大程度上取决于个人习惯，资深的 Python 程序员都有自己最喜欢的编辑器。Python 在不同编辑器中的语法是相同的，这是 Python 的一个优势。

Python 默认的集成开发环境是 IDLE。在 Windows 操作系统中，单击 Start 按钮，然后再单击 All Programs>ArGIS>Python 2.7>IDLE(Python GUI)，就可以访问 Python IDLE。GUI 表示图形用户界面。IDLE 也被称为 Python Shell，如图 1.9 所示。

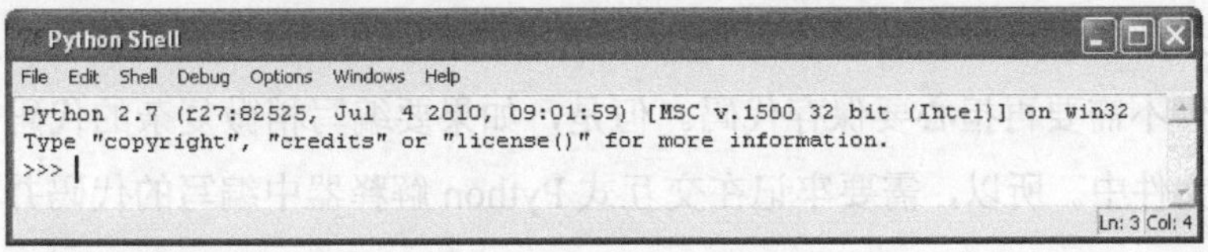

图 1.9

可以从 Help 菜单栏获取所有菜单项的介绍。在 Python Shell 的菜单栏中，可以单击 Help>IDLE Help 查看这些描述。更多有关 IDLE 的信息可以在 http://python.org/idle 上查阅。

注意 Python Shell 的最后一行是以“>>>”开始，它是交互式解释器的命令提示符。在这里可以输入代码并按 ENTER，然后交互式解释器会执行命令。准备好开始编写第一行 Python 代码了吗？

```
>>>print "Hello World"
```

按下 ENTER 后，就会输出如下所示的内容：

```
Hello World
>>>
```

为什么会输出上述内容呢？按下 ENTER 后，交互式解释器将读入输入的命令，在下一行打出字符串"Hello World"，然后再在下一行给出新的提示符，等待下一次的输入。这里的 print 语句是指在屏幕上输出文本。

现在应该知道为什么 Python 被称为一种解释性的编程语言了吧。当用户完成命令行的输入，然后按下 ENTER 时，命令行就会被解释，然后立即执行。

当用户输入一些 Python 解释器不能解释的语句时会出现什么情况呢？例如：

```
>>> I like eggs for breakfast
```

会立刻得到语法无效的提示：

```
StntaxError: invalid syntax
>>>
```

在交互式 Python 解释器中还有一些其他的功能：输入的代码会根据代码的性质显示成不同的颜色。例如，字符 print 会显示成橙色；字符串"Hello World"会显示成绿色。这种方法可以反映交互式解释器如何理解这些代码。在上面的例子中，橙色代表 Python 语句，绿色代表字符串。这种语法高亮显示的方法，对于检查语法错误十分有效。但是要注意，不同的 Python 编辑器会有不同的语法高亮显示规则，因此不要太过习惯于某一种颜色方案。

使用交互式解释器将会有助于学习 Python 语法的基础知识。用户可以立即知道结果，在输入代码的时候不需要再担心要保存代码。但是，如果要编写稍微复杂的代码，最好将它保存在一个脚本文件中。所以，需要牢记在交互式 Python 解释器中编写的代码并不意味着它已经被保存。

现在，您需要了解在交互式编译器中编写代码和编写脚本的不同之处。在 Python Shell 的菜单栏中，单击 File>New windows，就打开了一个名为 Untitled 的新窗口，如图 1.10 所示。这是一个脚本窗口，而且没有任何提示。

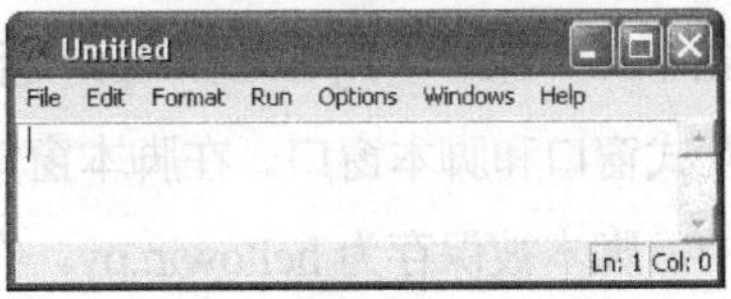

图 1.10

现在输入之前的一行代码：

```
print "Hello World"
```

按下 ENTER 后，任何事情都没发生——这是因为脚本本身并不具有交互性。一个脚本文件需要作为一个程序才可以被运行。脚本必须在保存后才能执行。在菜单栏单击 File>Save As，然后将脚本命名为 hello.py。.py 是脚本文件的后缀名。现在就可以运行脚本了。在菜单栏里，单击 Run>Run Module，字符串"Hello World"就会输出到交互式解释器中。

在编码过程中，最好同时打开交互式解释器和脚本窗口。在交互式解释器里可以立即运行某些代码或者检查某一行语法；而在脚本窗口中，可以保存已经写好的代码，并继续编写代码。有时候，也可以通过交互式解释器输出的结果来测试脚本是否正确。

在 Windows 平台上被广泛使用的一个 Python 编辑器是 PythonWin。在本书的后续部分，将使用 PythonWin 作为默认的脚本编辑器。不管什么编辑器，它们使用的语法是相同的，主要的区别在于编写、组织、测试代码的方式。

注释：

虽然 Python 在安装 ArcGIS 时被默认安装，但是 PythonWin 却没有。在随书的练习 01 中，会有 PythonWin 的安装说明。

PythonWin 界面如图 1.11 所示。在默认情况下，它打开的是一个被称为交互式窗口的交互式解释器，类似于 Python IDLE。

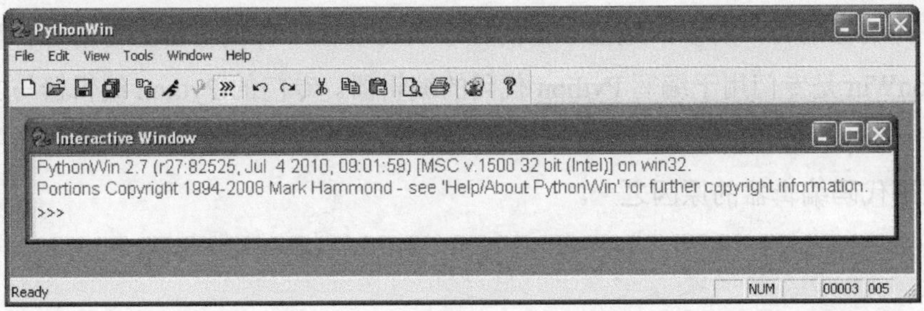

图 1.11

在 PythonWin 菜单栏里，单击 File > New > Python Script，就可以新建一个脚本。调节脚本窗口的大小，以便可以同时看见交互式窗口和脚本窗口。在脚本窗口菜单栏中，单击 File > Save As，就可以保存脚本。在下面的例子中，脚本被保存为 hellowin.py。在脚本窗口中，输入如下代码：

```
print "hello world"
```

在脚本窗口菜单栏中，单击 File > Run 运行脚本，结果会显示在交互式窗口上如图 1.12 所示。PythonWin 中的语法高亮规则与 Python Shell 的略有不同。

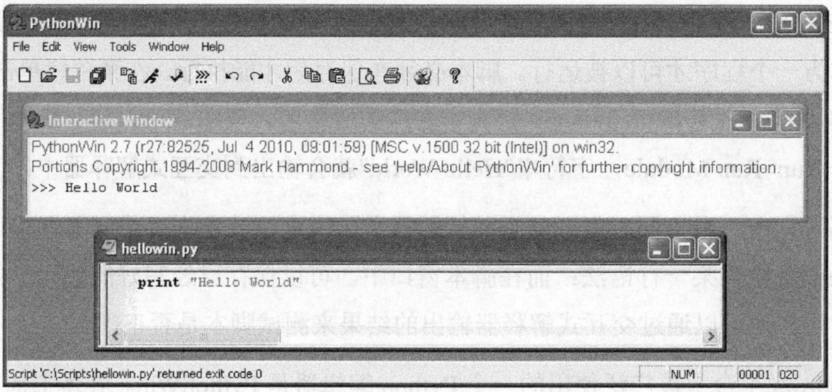

图 1.12

注释：

从现在开始，本书将使用 PythonWin 作为 Python 的编辑器。选择哪种 Python 编辑器很大程度上取决于程序员自己。本书选用 PythonWin 是因为它不仅操作简单，而且在 Windows 平台上表现十分稳定。经验丰富的程序员可以自由地选择编辑器，只要它能兼容 Python。

除了像 IDLE 和 PythonWin 这些专门的 Python 编辑器之外，通用的代码编辑器也可以用于编写 Python 脚本。这些编辑器通常会提供语法高亮、格式设置等代码编辑选项。其中有一些编辑器被广泛使用，例如 Bluefish、Context 和 Notepad++。通常情况下，这些代码编辑器可以处理多种编程语言，所以，经验丰富的程序员可以在一种编辑器上使用多种程序语言。相反，PythonWin 是专门用于编写 Python 代码的编辑器。专门的 Python 编辑器与文本编辑器相比，具有一定的优势，它具有代码提示功能，并可以进行调试，这就是本书使用 PythonWin，而不使用通用代码编辑器的原因之一。

注释：

谨慎使用普通的文本编辑器（例如 Notepad）编写代码，因为它并不是专门用于编写代码的。这些文本编辑器不能保存脚本的编码风格，也没有语法高亮功能或任何有助于规范脚本格式的工具。所以在选择文本编辑器的时候，要确保它是专门用于编写程序代码的。

从 ArcGIS 10 开始，就可以直接在 ArcGIS for Desktop 中使用 Python，它既方便又高效。ArcGIS 10 中新的 Python 窗口取代了 ArcGIS 9 中的 Command Line 窗口。在新的 Python 窗口中，左半部分是一个 Python 交互式解释器，右半部分是帮助界面，如图 1.13 所示。

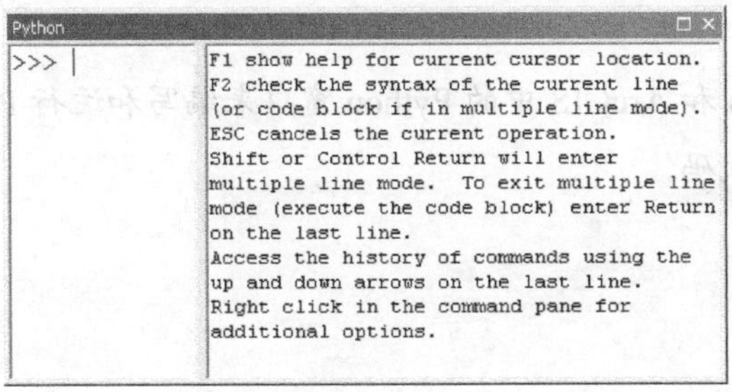

图 1.13

和其他交互式解释器一样，Python 窗口也会立即执行输入完毕的代码，如图 1.14 所示。

Python 窗口可以用于快速测试简单的代码。Python 窗口的一个优点就是它会提供语法提示，即可以自动补全代码。例如，输入字母 p 时，Python 窗口会提示出 pass 和 print 供选择，如图 1.15 所示。这将加快编码的速度，减少出错的次数。

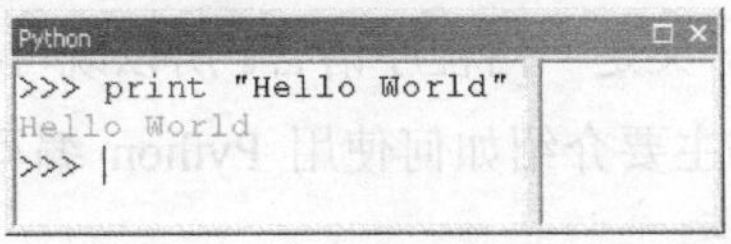

图 1.14

图 1.15

后面的章节会更详细地介绍如何高效使用 Python 窗口。

回顾一下，任何 Python 脚本都是由不同的模块构成，这些模块是 Python 代码最高级的组织形式。Python 脚本文件实际上是简单的文本文件，因此任何文本编辑器都可以编写脚本代码。Python 文件的后缀是.py，这样就可以自动和一个 Python 编辑器进行关联。

注释：

Python 脚本文件的名称必须以字母开头，后面可以跟随任何字母、数字或者下划线。同时，脚本文件的名称中不能出现 Python 的关键字，这些关键字在后面的章节中会提到。

关于示例代码的规定：如果代码前出现>>>提示符，那么该代码是在交互式解释器（例如 ArcGIS for Desktop 中的 Python 窗口或 PythonWin 里的交互式窗口）里编写的。按下 ENTER 键后，代码会被立即执行。如果示例代码前没有提示符，那么该代码是在脚本窗口中编写的，需要运行这个脚本才能执行代码。本书中大多数的示例代码既可以在交互式解释器中运行，也可以直接通过脚本文件运行。

注释：

本书使用 PythonWin 和 ArcGIS 中的 Python 窗口来编写和运行 Python 代码，也可以通过其他的编辑器使用这些代码。

本章要点

- ArcGIS for Desktop 支持使用脚本语言实现任务自动化。Python 是 ArcGIS 首选的脚本语言。
- Python 不是由 Esri 公司开发的。它是一个开放源码的编程语言，因此可以通过第三方发布，包括 Esri。
- Python 相对简单。它有一个庞大的用户社区和许多学习资源。此外，Python 还提供很多函数库以实现更多的功能。
- Python 的一个优点就是它既是一门脚本语言，又是一门程序语言。所以既可以用它编写简单的脚本，也可以用它开发高级应用程序。本书主要介绍如何使用 Python 编写 ArcGIS 的脚本。
- Python 是一门解释性语言，它不需要编译，而是直接从源代码执行。这使得 Python 与 C++和 NET.语言比起来更方便，也更具有移植性。
- Python 脚本可以像常见的地理处理工具一样，变成一个脚本工具，直接整合到 ArcGIS 中。
- 使用 Python 时需要一个编辑器，可以使用通用代码编辑器，也可以用专门的 Python 编辑器。Python 默认安装的编辑器是 IDLE。本书中则使用 PythonWin，因为它在 Windows 平台上使用起来相对简单。ArcGIS for Desktop 也有一个用于编写 Python 代码的窗口，它是一种交互式的 Python 解释器。
- Python 的安装程序被封装在了 ArcGIS for Desktop 的安装程序中。其中，默认安装的是 IDLE 编辑器，而不是 PythonWin。

第2章 ArcGIS 中的地理处理

2.1 引言

本章将介绍 ArcGIS 地理处理框架，包括 ArcToolbox、ModelBuilder 以及 Python。熟练的 ArcGIS 用户会比较熟悉这部分内容，但是回顾一下还是有好处的，因为理解地理处理框架将有助于高效地编写地理处理脚本。另外，Python 和 ModelBuilder 经常需要结合在一起使用，所以掌握好 ModelBuilder 才能更有效地发挥 Python 脚本的作用。

2.2 地理处理

ArcGIS 中的地理处理功能既能够完成空间分析和建模任务，也能够实现 GIS 任务的自动化。一个典型的地理处理工具可以接收数据（如要素类、栅格或属性表），执行相关地理处理任务，并最终生成一个新的数据，如图 2.1 所示。ArcGIS 中含有数百个地理处理工具，例如创建一个缓冲区，向表中添加一个字段、地址编码等。

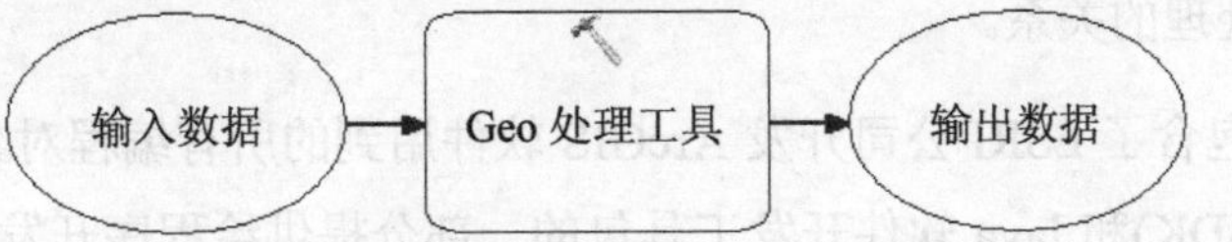

图 2.1

地理处理可以将一系列工具按顺序串联在一起，从而实现工作流的自动化操作。其中，一个工具的输出可以作为另一个工具的输入。在 ArcGIS 中，可以通过模型和脚本来组合各种地理处理工具并实现工作流的自动化操作。

ArcGIS 中地理处理框架是指一组用于管理和执行工具的窗口和对话框。使用地理处理框架，可以轻松地创建、执行、管理、记录以及共享地理处理工作流。地理处理提供了一系列用于处理数据的工具。基本的地理处理框架由以下内容组成：

- 组织在工具箱和工具集中的一系列工具。
- 查找和执行工具的方法，包括 Search 窗口、Catalog 窗口和 ArcToolbox 窗口。
- 设置工具参数并运行工具的工具对话框。
- 将多个工具按顺序组合在一起的 ModelBuilder。
- 通过 Python 脚本运行工具的 Python 窗口。
- 记录工具相关操作信息的 Results 窗口。
- 创建脚本并将其添加到工具箱的一系列方法。

在接下来的章节中，每个组成部分都会有更详细的介绍。地理处理框架之所以能够以稳定而灵活的方式操作工具，是因为它具备了以下几个特点：

- 所有的工具都可以从对应的工具箱获取，这有利于统一工具、模型以及脚本的访问路径。
- 所有工具的文件格式都相同，这有利于工具的分类和检索。
- 所有工具都有相似的参数设置界面（对话框）。
- 工具可以被共享。

2.3 ArcObjects

您可能还记得第 1 章中的术语“ArcObjects”。本节将简要介绍什么是 ArcObjects 以及它与 ArcGIS 中地理处理的关系。

ArcObjects 库包含了 ESRI 公司开发 ArcGIS 软件用到的所有编程对象。它分别作为.NET 软件开发工具包 (SDK)和 Java 软件开发工具包的一部分提供给程序开发人员。开发人员可使用 ArcObjects 构建新的应用程序或扩展 ArcGIS 应用程序现有的功能。大部分系统工具和整个地理处理框架的构建也是通过 ArcObjects 完成。

ArcObjects 应该和系统编程语言一起使用，此时程序员需要访问低级图元以执行复杂的逻辑和算法。ArcObjects 中包含了数以千计的不同对象，因为这样便可以使程序员能够精细地控制软件的外观和运行机制。系统编程语言是诸如 C++和.NET 之类的语言，它们是最常见的使用 ArcObjects 的编程语言。由于 ArcObjects 需要与系统编程语言配合使用，因此要求程序员具备扎实的编程知识，而不仅仅只具备地理处理中模型和脚本的相关知识。

ArcObjects SDK 和地理处理框架的作用是互补的，它们应用于不同的目标。ArcObjects 既可以用于扩展 ArcGIS 的功能，也可以基于 ArcGIS 开发独立的应用程序，例如新建用户界面、为要素类添加新功能；而地理处理框架主要是在 ArcGIS 现有功能的基础上，通过运行现有的工具或创建新的工具（模型或脚本）来实现任务的自动化。

ArcGIS 10 引入了桌面加载项，它可以用来定制和扩展 ArcGIS 桌面应用程序。在 ArcGIS 10.1 中，可以使用 Python 开发桌面加载项。Python 加载项可以完成一部分以前只能由 ArcObjects 完成的任务。

本书的重点是使用 Python 来创建地理处理工具。在这一过程中，并不会直接使用 ArcObjects，因此本书将不再介绍 ArcObjects。桌面加载项也不会在本书中出现。需要注意的是，通过 Python 直接使用 ArcObjects 也是可以的——毕竟它也是一门编程语言。无论如何，使用 Python 的真正优势在于它可以写出功能强大的脚本，不过这需要一定的编程技巧和努力。

2.4 工具箱和工具

地理处理工具是对数据集进行操作的。ArcGIS 中有数百个工具，具体能使用哪一种工具取决于用户拥有哪一种许可文件（基础版、标准版和高级版，它们也常被称为 ArcView 级、ArcEditor 级和 ArcInfo 级）以及是否安装了扩展模块（例如 3D Analyst 模块、Network Analyst 模块和 Spatial Analyst 模块等），如图 2.2 所示。所有工具的组织方式都是一样的。

在 ArcToolbox 中，所有的地理处理工具都被整合到工具箱中——例如 Analysis 工具箱、Cartography 工具箱和 Conversion 工具箱。每个工具箱通常包含一个或多个工具集，每个工具集里还包含了一个或多个工具，如图 2.3 所示。

查找工具的几种方法如下：

- 少数常用工具位于 ArcGIS for Desktop 中的 Geoprocessing 菜单栏里。
- 使用搜索功能，在 Search 窗口中输入相关短语，可以搜索相关的地图文档、数据文件以及工具，也可以仅搜索地理处理工具，如图 2.4 所示。

图 2.2

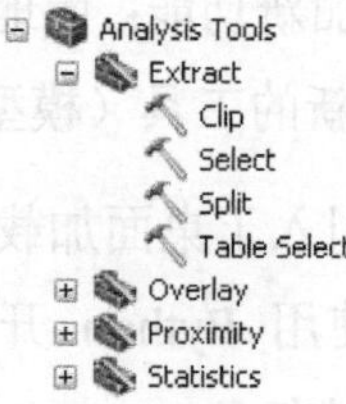

图 2.3

• 浏览 ArcToolBox 窗口，查找相应的工具集和工具。此外，也可以在 ArcMap 的 Catalog 窗口或 ArcCatalog 的 Catalog Tree 窗口中浏览工具，如图 2.5 所示。如果需要很多工具，而且也不知道到哪里去找，那么浏览的方式会显得很麻烦。这就要求使用者了解所需的工具位于哪个工具箱中。

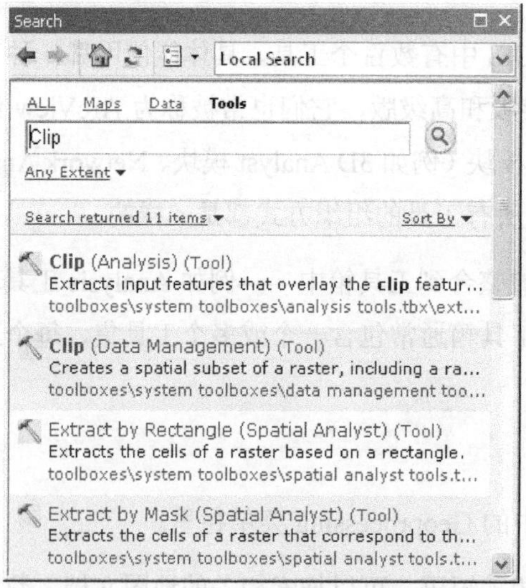

图 2.4

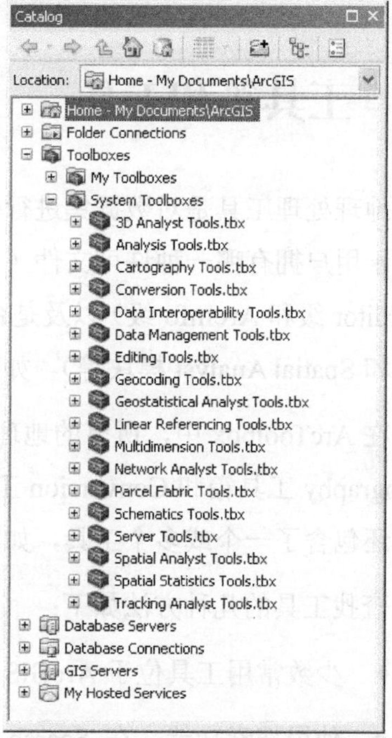

图 2.5

一旦找到了工具，就可以双击打开工具对话框，然后设置工具参数。

2.5　工具的类型

ArcGIS 中的工具共有 4 种类型。每一种类型都有相应的符号表示。

内置工具：这些工具是由 ArcObjects 以及诸如.NET 和 C++这样的编译型程序语言构建的。Esri 将这些工具同 ArcGIS 软件一同开发出来，而且 ArcGIS 中大部分的工具都属于这种类型。

模型工具：这些工具是使用 ModelBuilder 创建的。ArcGIS 中有一部分工具属于模型工具，例如空间统计工具箱中的一些渲染工具。

脚本工具：这些工具通过相应的工具对话框运行。运行一个脚本工具后，相应的脚本文件就会执行相关地理处理，其中脚本文件的格式可以是 Python 文件（.py)、AML 文件（.aml)或可执行文件（.exe 或 .bat)。ArcGIS 中大多数脚本工具都是由 Python 编写的。

特殊工具。这些工具是由系统开发人员开发的，它们有自己独特的用户界面。这些工具虽然很少见，但是第三方开发者会以这种方式发布他们的工具。

尽管这些工具是以不同的方法创建的，但是它们的对话框看起来却很相似。

工具既可以分成上述四种类型，也可以分为以下两种类型。

（1）系统工具：这些工具由 Esri 创建，并且作为 ArcGIS 典型安装的一部分提供给用户。具体安装哪一种工具取决于软件许可的等级和扩展模块的数量。几乎所有的系统工具都是内置工具。由于一些脚本或模型工具也是由 Esri 创建并提供的，因此，它们也被认为是系统工具。

（2）自定义工具：这些工具通常为脚本或模型工具，但它们也可以是内置工具。自定义工具是用户自己创建的工具，它们也可以从第三方获得，然后添加到 ArcGIS 中。

在使用地理处理工具时，或许不会注意到哪些是系统工具，哪些是自定义工具，因为它们以相同的方式工作。在用户创建了一个自定义工具后，它就可以像其他系统工具一样被添加到地理处理工作流中。

2.6　工具对话框

当找到相应的工具后，就可以双击工具，打开工具对话框。每个工具在运行前都要设置相关参数。工具的参数是描述工具如何运行的一系列字符串、数字或其他类型的输入。工具对话框为设置工具参数提供了一个简单易用的界面，例如用于浏览并选择数据集的 Browse 按钮、用于选择数据集的下拉菜单以及用于输入数值的文本框等。

大多数工具都需要有一个或多个数据集作为输入参数。另一种常见的参数是以预设文本字符串（关键字）为输入的参数。尽管每个工具都有一个或多个参数，但是并不是所有的参数都是必需的。可选参数的参数值由工具本身默认设置。用户可以接受默认值而不做任何改动，也可输入新值。在打开工具对话框时，关键字的默认值通常会显示在上面。

Clip 工具的对话框如图 2.6 所示。

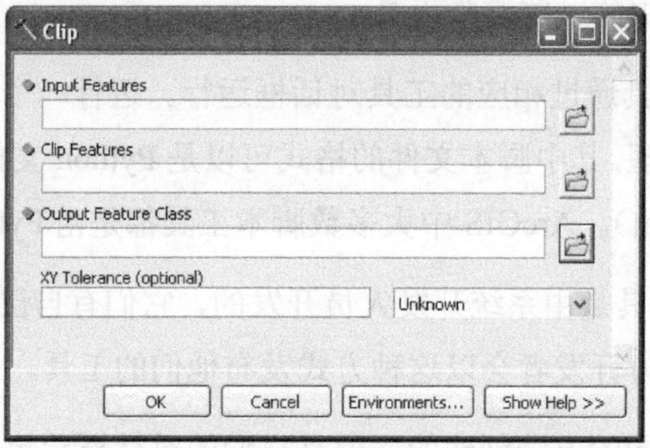

图 2.6

每个工具对话框右侧都有一个 Help 面板，它为工具和工具参数提供了相关的说明。可以通过工具对话框底部的 Show Help 和 Hide Help 按钮来切换 Help 面板是否可见。为了获取更为完整的工具描述，还可以单击 Tool Help 按钮来查看这个工具的 Help 页面，如图 2.7 所示。在后面章节中，有一个利用 Python 运行工具的例子，在那个例子里会看到 Help 页面的详细内容。

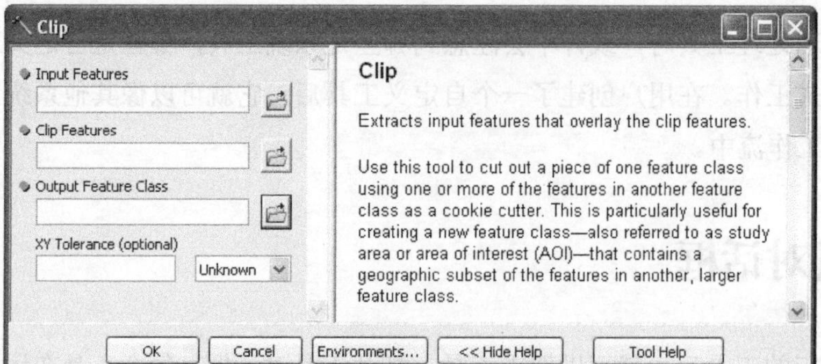

图 2.7

工具对话框里包含了工具运行所需要的参数。在 Clip 工具中，总共有 4 个参数，其中有 3 个参数前面标记了小绿点，表明这些参数是必需的，而且需要输入值，所以它们没有默认值。Input Features 是待裁剪的输入要素，Clip Features 是用于裁剪的要素，Output Feature Class 是用于储存结果的输出要素类。参数 XY Tolerance 是可选的。

工具对话框中的一些机制可以确保输入的参数是正确的。例如，虽然可以直接在 Input Features 参数框中输入路径和文件名（例如 C:\Data\streams.shp），但是这种方法很容易出错。此时，可以单击下拉箭头，在当前地图文档的内容列表中选择数据，而不需要输入路径和文件名。只有在当前地图文档含有符合要求的要素图层时，下拉箭头才会显示出来。此外，也可以使用 Browse 按钮来浏览磁盘里的数据。这两种方法不仅可以避免出错，还能保证输入有效的数据。例如，对于 Clip 工具，参数 Clip Features 应该是一个多边形要素。所以，通过下拉箭头或 Browse 按钮选择数据时，只显示多边形要素。

工具对话框的另一个特征，就是 Help 面板里的内容会随着光标的位置而变化。当用户打开这个工具的时候，Help 面板中的内容是对该工具的介绍，如图 2.8 所示。如果用户对这个工具不是很熟悉，这个介绍将有助于确认是否打开了合适的工具。

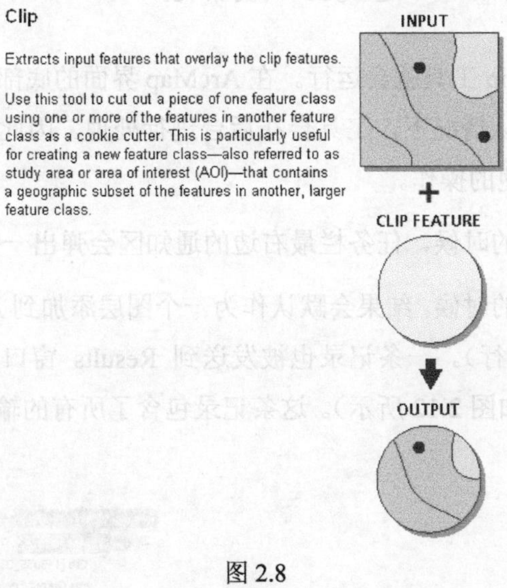

图 2.8

单击工具对话框中某个参数控件时，Help 面板里的内容会变成这个参数的说明。例如，单击 XY Tolerance 参数控件时，Help 面板内就会有一个关于 XY Tolerance 的简单说明，如图 2.9 所示。

如果要返回到总览帮助，只要在对话框中单击除参数控件以外的任何位置即可。

现在来看一个已经设置好参数的对话框，如图 2.10 所示。输入要素是一个名为 road.shp 的 shapefile，它将被 zipcodes.shp 文件裁剪。输出要素是一个名为 roads_clip.shp 的 shapefile。参数 XY Tolerance 是空白的，表示是使用默认值代替（0.001m 或以地图单位换算的等效值）。

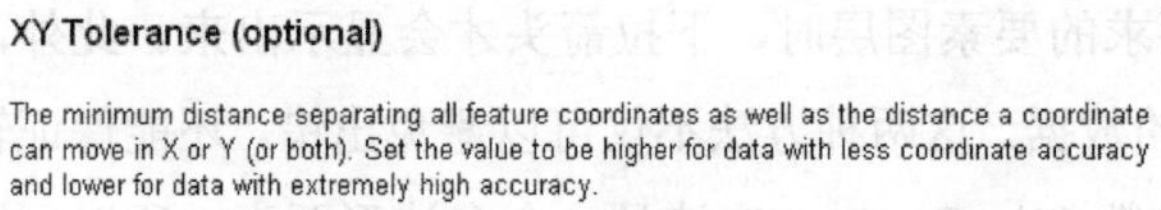
XY Tolerance (optional)
The minimum distance separating all feature coordinates as well as the distance a coordinate can move in X or Y (or both). Set the value to be higher for data with less coordinate accuracy and lower for data with extremely high accuracy.

图 2.9

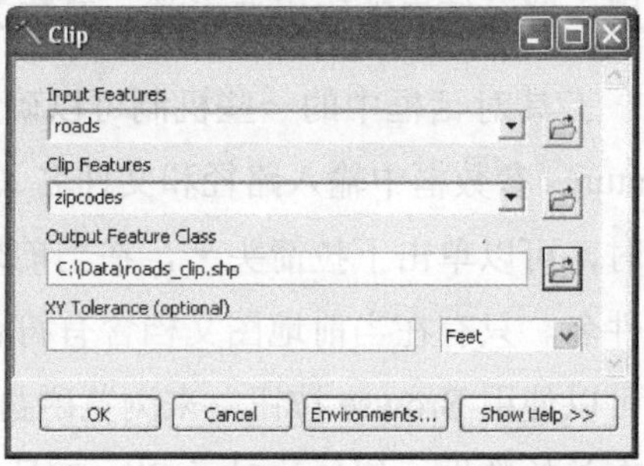

图 2.10

注释：

当从磁盘中选择数据时，数据会以全路径的形式显示在参数控件里；当从下拉列表中选择数据时，参数控件只会显示要素名，而不显示全路径。后者不显示.shp 文件后缀名是因为参数指定的是一个要素图层，而不是磁盘里的要素类。

单击“OK”按钮，Clip 工具就会运行。在 ArcMap 界面的底部，有一个状态栏会显示正在执行的工具的名称。默认情况下，工具会在后台进行处理。因此，在工具运行时，仍可以继续在 ArcMap 上进行其他的操作。

当这个工具运行结束的时候，任务栏最右边的通知区会弹出一个通知，如图 2.11 所示。

当一个工具运行结束的时候，结果会默认作为一个图层添加到 ArcMap 内容列表中去（如果工具是在 ArcMap 中运行）。一条记录也被发送到 Results 窗口中去（在菜单栏中，单击 Geoprocessing > Results，如图 2.12 所示）。这条记录包含了所有的输入参数和输出参数，也包括与工具相关的执行信息。

图 2.11

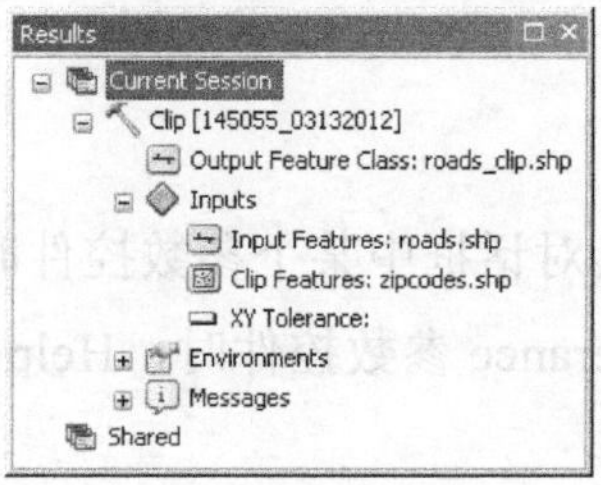

图 2.12

Results 窗口里的记录在很多方面都是有价值的。首先，可以查看某个已经执行完毕的工具的参数。其次，可以直接从 Results 窗口里再次运行相同的工具，工具对话框将会使用上次工具运行的参数。既可以使用同样的参数，也可以改变任意一个参数。最后，可以在 Results 窗口里查看所有的错误信息。

再来回顾一下工具对话框里的那些工具参数。必选参数的控件附近都有一个小绿点，如图 2.13 所示。

可以单击绿点来查看参数更详细的信息。

可选参数前面没有小绿点，如果它们是空的，表明该参数使用的是默认值，如图 2.14 所示。

如果设置了一个不正确的参数，就会出现错误警告，如图 2.15 所示。

图 2.13

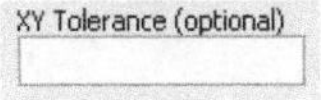

图 2.14

图 2.15

将鼠标指针停留在错误警告的图标上，会出现一个简短的说明。单击该图标时，就会出现更详细的错误消息。在本例中，会出现输入数据集不存在的消息，如图 2.16 所示。

如果出现警告消息，表明运行工具可能不会得到正确的结果，如图 2.17 所示。

警告消息并不阻止工具的运行，但在运行工具前，最好先查看一下警告的内容。在本例中，如果工具执行的话，那么已经存在的输出数据集将会被覆盖掉，如图 2.18 所示。

图 2.16

图 2.17

图 2.18

注释：

覆盖地理处理操作的结果是 Geoprocessing>Geoprocessing Options 里的一个选项。默认是关闭的，表明覆盖已存在的数据集将会导致一个错误。当该选项打开时，只会出现一条警告消息，但是工具仍然可以执行，并覆盖已存在的数据集。

2.7　环境设置

环境设置是影响地理处理工具执行结果的附加参数。可以在 Environment Settings 对话框

（Geoprocessing >Environments）中查看和设置地理处理的相关环境，如图 2.19 所示。

环境设置中有很多的选项，但是其中最重要一个选项就是设置当前工作空间。大多数的地理处理工具用数据集作为输入数据，然后输出新的数据集。一个工作空间由这些数据集所在文件夹的路径构成。完整的路径名可能会非常长，例如 C：\Data\project_A12\water\final.gdb\roads\streets，要避免每次都输入这么冗长的名称，可以在工具对话框中选择当前 ArcMap 文档中已有的图层或者浏览数据集所在的文件夹，也可以将 ArcMap 内容列表里的数据拖拽到工作空间。除此之外，设置工作空间可以使指定输入和输出数据集的操作变得更加容易。在设定了工作空间之后，就只需要指定文件名称即可。在前面的示例中，把工作空间设置为 C:\Data\project_A12\ water\final.gdb\roads，然后在参数控件里只需输入“street”即可。

例如，设置如图 2.20 所示的当前工作空间。

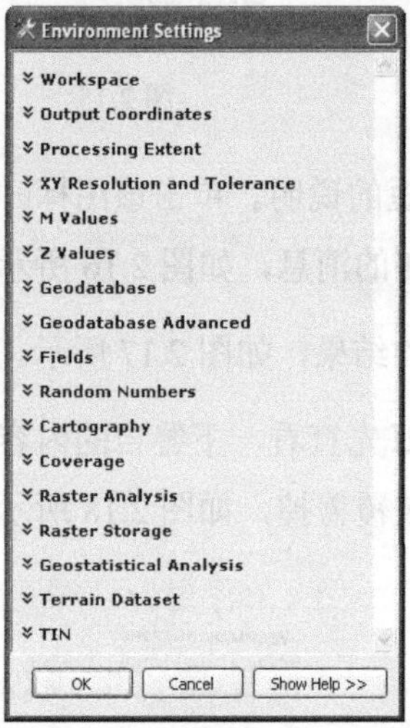

图 2.19

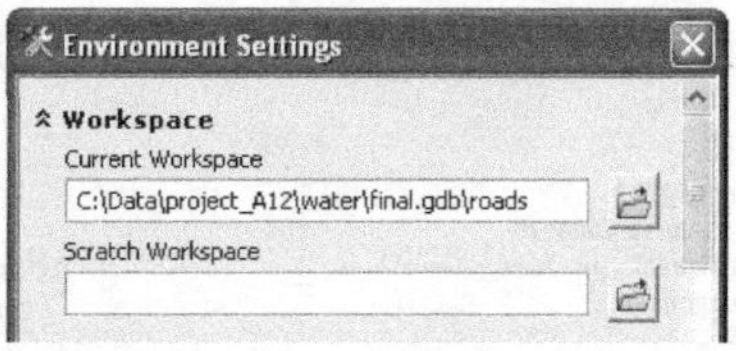

图 2.20

设置完当前工作空间后，在工具对话框里就可以通过直接输入它的文件名来指定这个工作空间内的要素，如图 2.21 所示。

单击工具对话框内的任何地方，参数控件会自动使用当前工作空间，如图 2.22 所示。

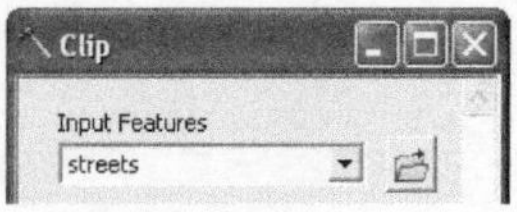

图 2.21

图 2.22

输出数据集也同样默认使用当前工作空间。

在 ArcGIS 中，有两种类型的工作空间：（1）当前工作空间，将指定的工作空间用作地理处理工具输入和输出的默认位置；（2）临时工作空间，主要服务于“ModelBuilder”，专门用于存放模型中产生的中间数据。

在环境设置中，也可以设置数据类型（如地理数据库、栅格，或者 TIN，即不规则三角网）和方法的类型（如设置随机数生成器类型）。通常情况下，不需要为某个工作流设置太多的环境参数，因为大多数环境参数并不适用于正在使用的数据和工具。

环境参数总是在发挥作用。换句话说，当一个工具运行时，即使不设置这些环境参数，它们也有默认值。例如，默认的输出坐标系统与输入相同。所以当运行一个工具时，除非在 Environment Settings 对话框里进行设置，否则坐标系统是不会变的。

环境设置有不同的级别，在设置环境的过程中，有一个特定的层次结构：

第一层次是应用程序级的环境设置。右击 ArcToolbox 窗口，然后单击 Environments。这时会出现 Environment Settings 对话框。在这里创建的所有设置都会传递给应用程序所调用的工具。

第二层次是工具级环境设置。每个工具对话框都有一个 Environments 按钮

。单击这个按钮，就会打开 Environment Settings 对话框。在这里创建的所有设置仅适用于当前运行的工具，它们将覆盖通过应用程序进行的环境设置，并且不会保存到工具中，而仅适用于工具的单次执行。

第三次层是模型级环境设置。该环境设置可以作为模型属性的一部分被创建，它独立于工具对话框里的环境设置。在模型中创建的任何设置将覆盖通过应用程序或工具对话框进行的环境设置。模型的环境设置将作为模型属性的一部分保存在模型中。

第四层次是脚本级环境设置。该环境设置的内容由 Python 脚本编写，而且这些设置将覆盖通过应用程序或工具对话框进行的设置，它们将作为 Python 脚本的一部分保存在脚本文件中。

通常情况下，环境设置是通过上述层次结构传递下来，不过也可以在不同的层次中重新设置。

2.8　批处理

很多工具都只需要很少的输入数据。例如，Clip 工具只使用一个输入要素和一个裁剪要素。如果需要对不同的数据进行同样的处理该怎么办呢？这时，就需要使用批处理。在 ArcGIS 地理处理环境中，批处理是指不需要人工操作，对大量数据集反复运行同一个工具。

所有的地理处理工具都可以进行批处理操作。右键单击工具，然后单击 Batch，就会打开该工具的批处理对话框。对话框中含有一个由行和列组成的网格，其中的每一行代表工具运行一次，每一列代表工具的一个参数。用户根据需要，可手动添加行，而且每一行的参数也可自行设置。

在 Clip 工具中，批处理的窗口如图 2.23 所示。

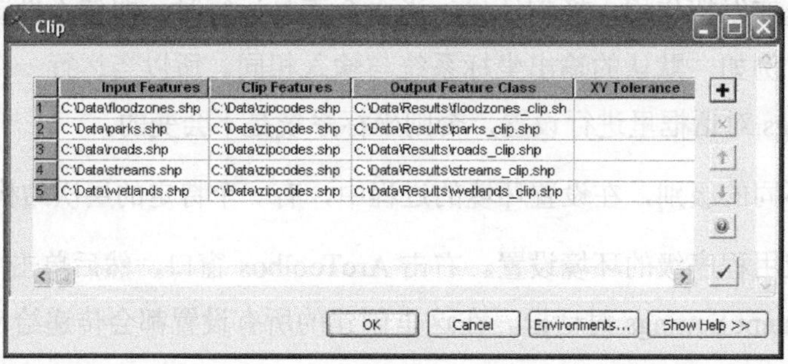

图 2.23

在这个例子中，批处理网格共有 5 行，说明 Clip 工具将根据不同的输入数据运行 5 次。在每一行中，一个格子代表了工具的一个参数。右边的按钮可以添加或删除行，改变行的顺序，检查批量表中的参数值是否有效。

在批处理表格中设置参数的方法类似于在工具对话框中设置参数，具体如下：

- 单击单元格，会出现一个下拉箭头，如图 2.24 所示。它可以让用户从当前 ArcMap 文档的内容列表中选择图层。
- 直接把内容列表里的图层拖曳到对话框中去。
- 右击单元格，然后单击打开，就会跳出一个具有下拉箭头和 Browse 按钮的对话框，如图 2.25 所示。

图 2.24

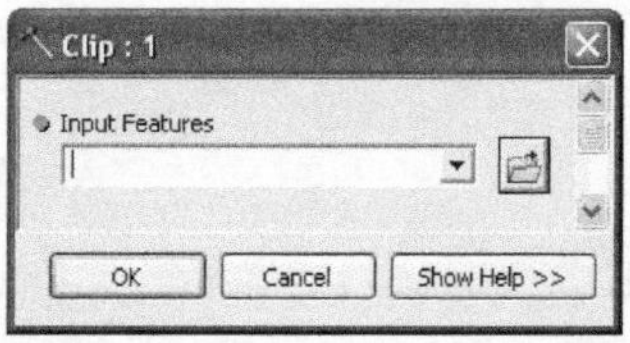

图 2.25

- 右击单元格，然后单击浏览。这是打开浏览选项的一个快捷方法。

除了逐格完成批处理表格以外，还有一些方法能同时给多个单元格设置参数。例如：（1）复制和粘贴单元格的值；（2）选中一个已经设置好参数的单元格，使用 Fill 选项来将所选的单元格的值填充到它下面的单元格中。

批处理窗口最重要的一个特点就是有 Check Values 按钮☑。与常规工具对话框不同，批处理对话框不能自动检查错误。例如，如果要检验一个输入数据是否存在，需要单击 Check Values 按钮，此时，所有的行都会进行错误检查，并且在某些情况下，还会自动生成结果数据集的名称。一旦发现错误，单元格的颜色就会改变，如图 2.26 所示。

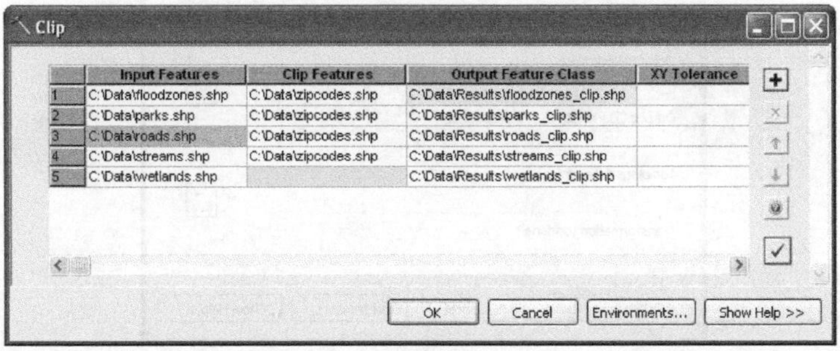

图 2.26

常见的错误如下：

- 绿色的单元格表示必选参数没有进行设置。
- 红色的单元格表示检查到错误，工具将不能运行。最常见的原因就是输入的数据集不存在。
- 黄色的单元格表示警告，最常见的原因就是输出的结果数据集可能并不是用户所期望的。

也有可能出现其他颜色：白色的单元格表示参数正确；灰色的单元格表示参数不可用，它的值是根据其他参数确定的；蓝色的单元格表示选中某行。

在批处理模式下运行工具对于完成大量的地理处理任务来说是非常有效的。尽管完成批处理表格的设置很费时间，但是一旦设置完成，工具就可以在不需要额外输入的情况下，实现多次运行。然而，在批处理模式下运行工具，并不能减少工具运行的时间。例如，在批处理模式下运行 Clip 工具 20 次所花费的运行时间和单个 Clip 工具 20 次运行时间的总和是一样的。因此，只能通过加快设置参数的速度来节约时间。

除了这种批处理模式，还有一部分特殊的批处理工具。例如 Data Management 工具箱中的 Project 工具，虽然可以为输入要素创建新的坐标系统，但是它只能处理一个要素。而如图 2.27 所示的 Batch Project 工具，是 Projec 工具的批处理版本，它支持多个要素的输入。同样的任务也可以通过对 Projec 工具执行批处理操作来完成，但是这两种方法的参数设置将会略有出入。

图 2.27

模型和脚本也有批处理的功能，在后面的章节中将会进行介绍。

2.9 模型和 ModelBuilder

运行一个地理处理工具是完成某个 GIS 操作最实用的方法。然而，在一个典型的 GIS 工作流中，经常需要运行一系列工具来获得期望的结果。这时，可以按照顺序每次运行一个工具，但是这种方法也有不足，尤其不适用于流程冗长而且重复次数很多的工作流。ModelBuilder 可以把一个工具的输出作为另一个工具的输入，通过这种方法，将一系列工具串联在一起。ModelBuilder 不使用文本编程语言，而是通过可视化编程语言（流程图）来构建地理处理工作流。构建出来的模型是地理处理工作流的可视化表达。在 ArcGIS 中，模型就是工具，一旦被创建出来，它们就可以像 ArcGIS 里的其他工具一样运行。

在模型中，可以使用任何系统工具或者自定义工具，而且对于单个模型也没有限定可以使用多少个工具。模型中也可以包含其他模型（因为模型也是工具），并且可以用循环和条件语句来控制模型的流程。

创建和运行模型之前，首先需要熟悉构成模型的基本元素。模型元素是模型的基本结构单元。模型元素有以下四种类型：工具、数据变量、值变量、连接器，如图 2.28 所示。

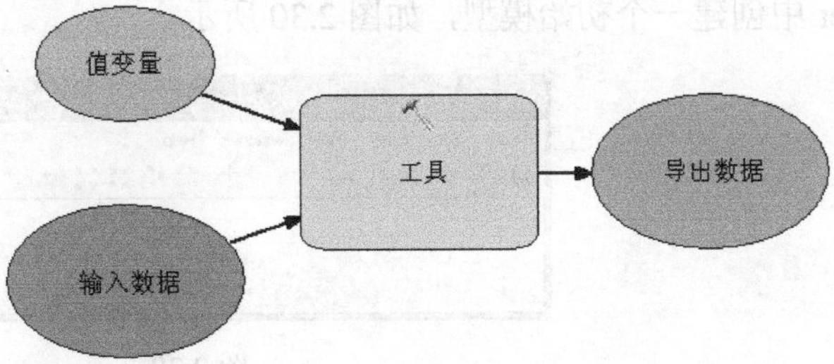

图 2.28

地理处理工具是模型的基本结构单元。工具对地理数据执行相关地理处理操作。数据变量是指存储在磁盘上的数据或 ArcMap 内容列表中的图层。值变量是诸如字符串、数值、布尔（真/假值）、空间参考、线性单位或范围等值。简而言之，值变量包含了除磁盘中数据之外的所有信息。变量用于存储工具的输入和输出参数。派生数据，或一个工具的输出变量，可以作为另一个工具的输入变量。连接符用于将数据和值连接到工具。连接符箭头显示执行处理的方向。如图 2.29 所示，有以下四种类型的连接符：（1）数据连接符，用于将数据变量和值变量连接到工具；（2）环境连接符，用于将包含环境设置的变量（数据或值）连接到工具；（3）前提条件连接符，用于将变量连接到工具；（4）反馈连接符，用于将某工具的输出返回给同一工具作为输入。

连接符创建出了模型的流程。模型流程由一个工具和连接到此工具的所有变量组成。连接符箭头指定了流程执行的顺序。一个典型的模型包含了几个连接在一起的流程，而复杂的模型会包含上百个流程。

在 ModelBuilder 中创建并运行一个模型包含以下几个步骤：

（1）创建初始模型。

（2）向模型中添加数据和工具。

（3）添加连接符并设置工具参数。

（4）保存模型。

（5）运行模型。

（6）检验模型结果。

创建初始模型主要有两种方法：（1）单击 ArcMap 标准工具栏上的 ModelBuilder 按钮；

(2)在 ArcToolBox 中，右键单击现有工具箱或工具集并选择 New > Model 来创建新模型。这样就可以在 ModelBuilder 中创建一个初始模型，如图 2.30 所示。

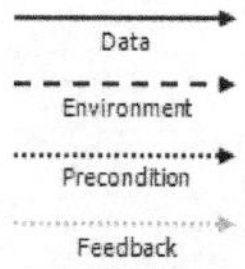

图 2.29

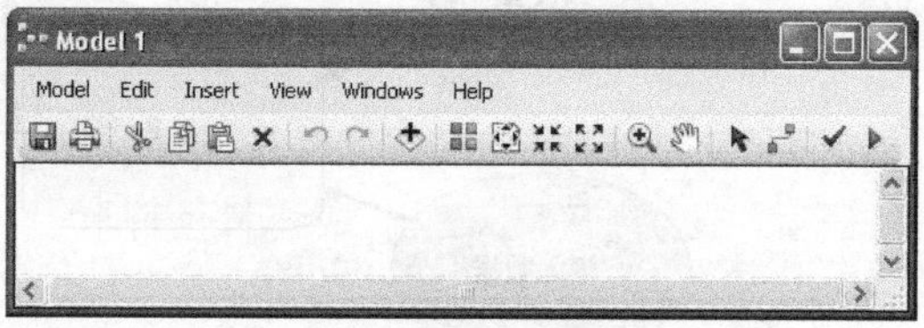

图 2.30

向模型中添加工具和数据：既可以从 ArcMap 的内容列表或 ArcToolbox 中将数据和工具拖到模型窗口中，也可以用模型工具栏里的 Add Data or Tool 按钮。在如图 2.31 所示的模型中，要素“roads”被作为数据元素添加进去，Buffer 工具被作为工具元素添加进去。由于 Buffer 工具会输出一个新的要素，所以 ModelBuilder 会自动在模型中创建一个输出数据元素。

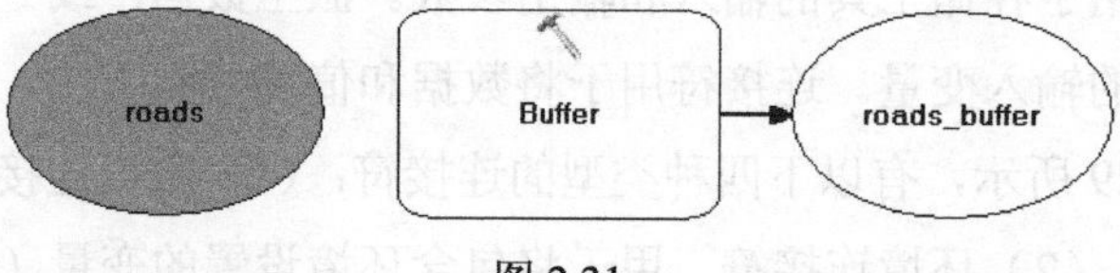

图 2.31

添加连接器并设置工具参数：当最开始把一些工具或数据拖到模型中去时，由于没有指定参数，模型是无法运行的。模型中流程的任何一部分显示为白色时，代表工具参数依然是缺失的。此时，可以打开每个工具的对话框来设置参数。通过参数设置，可以在数据和工具之间自动添加连接箭头（即连接符）。也可以使用 Connect 按钮在工具和数据之间添加连接，从而为某一个工具选择相应的参数。在设置好整个流程所需的参数后，模型所有的流程元素都会变成相应的颜色，表示它们已经可以运行了，如图 2.32 所示。

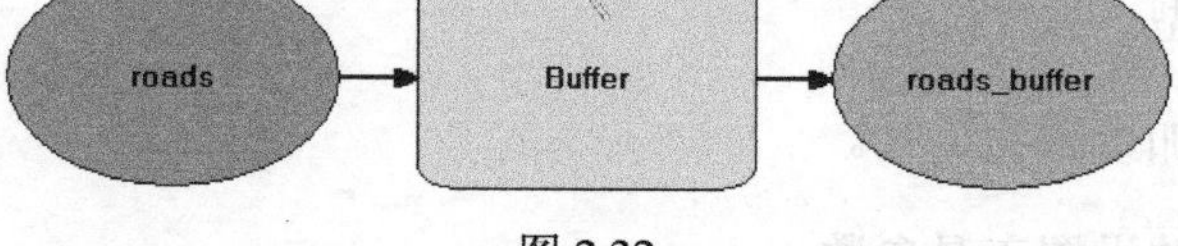

图 2.32

保存模型：可以单击 Save 按钮或者单击模型工具栏上的 Model>Save 来保存模型。模型的属性，包括模型的名字和它的标签，可以通过单击 Model>Model Properties 来设置。

运行模型：各工具的所有参数均设置完成之后，模型便可以运行了。单击 Run 按钮或者单击模型工具栏上的 Model>Run 来运行整个模型。也可以右击某一个工具，然后单击 Run，从而只运行某一个流程。在模型运行的过程中，会出现一个表示模型运行进度的进度对话框。

当模型运行完成时，模型元素（不包括输入数据）的周围会显示出阴影，表示这些工具已经运行过，而且已经生成了输出结果，如图 2.33 所示。

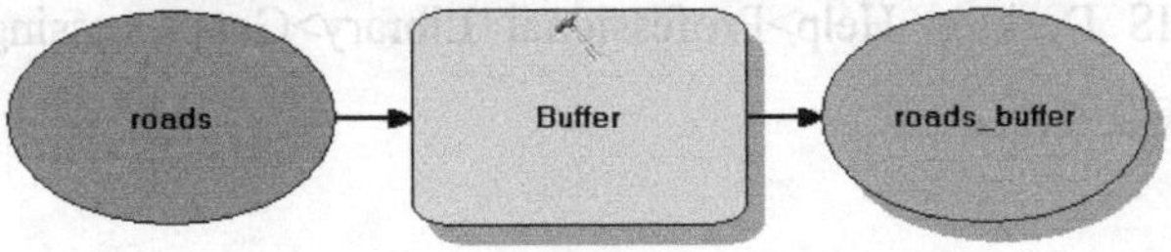

图 2.33

检验模型结果：默认情况下，由模型生成的输出数据都被看成中间数据，它们是保存在磁盘中而不是自动添加到 ArcMap 内容列表中。为了检验结果，可以右击存放输出数据的模型元素，然后单击 Add To Display。这样就可以将结果数据添加到 ArcMap 内容列表中以供检验。

可以用同样的步骤将其他工具和数据添加到模型中。在如图 2.34 所示的模型中，道路图层经过缓冲区处理后与地质灾害区图层作相交运算。相交的结果被一个流域图层裁剪。

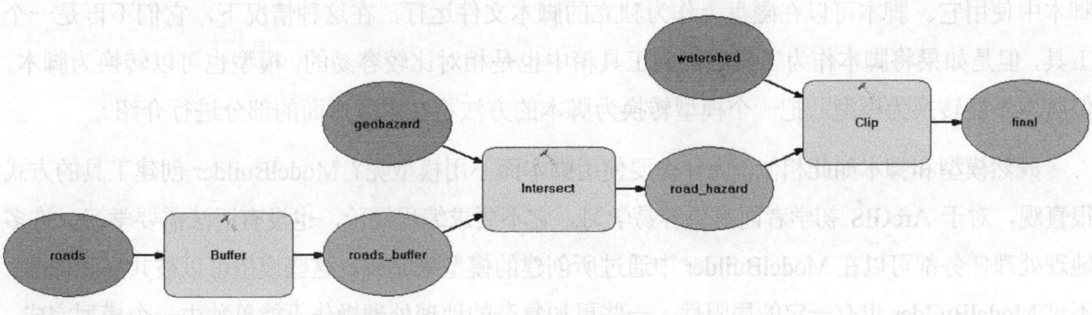

图 2.34

在 ModelBuilder 中构建起来的模型是一种可视化的流程图，它将一系列地理处理工具串联成一个序列。ModelBuilder 的用户界面以一种直观的方式创建了这种序列。模型的一个重要之处在于它可以作为工具箱中的一个工具被保存下来以供后续使用和分享。

上述已经构建出来的模型仍是相对简单的。由于单个模型中数据集和工具的使用数量是没有限制的，因此一些复杂的模型会包含大量的地理处理操作。

使用模型创建地理处理工作流的优点如下：

- ModelBuilder 提供了直观的用户界面来创建工作流。
- 模型为记录工作流提供了高效的机制。
- 模型可以整合进工具箱中并与他人共享。

ModelBuilder 中还有很多更详细的内容需要学习，但是它们超出了本书的范围。ArcGIS for Desktop 的帮助文档为 ModelBuilder 的使用提供了详细的说明。可以在 ArcGIS for Desktop 中，单击 Help>ArcGIS Desktop Help>Professional Library>Geoprocessing>Geoprocessing with ModelBuilder，从而获取帮助。

2.10 运行脚本

和 ModelBuilder 一样，脚本语言也可以用来创建和运行工具序列。脚本语言学习起来相对容易，而 ArcGIS 主要使用 Python 脚本语言。

脚本和模型相似：ModelBuilder 用于创建模型，Python 用于创建脚本。ModelBuilder 是一种可视化编程语言，Python 是一种文本编程语言。模型和脚本一样，都是 ArcGIS 里的工具。所以，一旦脚本创建完成，它就变成一种可以自行运行的工具，用户可以在一个模型或另一个脚本中使用它。脚本可以在磁盘上作为独立的脚本文件运行，在这种情况下，它们不再是一个工具，但是如果将脚本作为工具添加到工具箱中也是相对比较容易的。模型也可以转换为脚本，但脚本不能转换为模型。把一个模型转换为脚本的方法将在本章后面的部分进行介绍。

既然模型和脚本如此相似，为什么要使用脚本而不用模型呢？ModelBuilder 创建工具的方式很直观，对于 ArcGIS 初学者而言更容易学习。它不要求编程经验，也没有语法需要学习。许多地理处理任务都可以在 ModelBuilder 中通过所创建的模型来完成。这些模型可以被共享和修改。不过 ModelBuilder 也有一定的局限性，一些更加复杂的地理处理操作不能单独由一个模型完成。一些特殊的功能可以用脚本来实现，但是却不能用模型来实现，例如下面的这些功能：

- 一些底层的地理处理任务只能通过脚本实现。例如，使用脚本游标可以遍历属性表中的记录，读取现有的记录，并且插入新的记录。

- 脚本可以实现更高级的编程逻辑，例如它具有高级的错误处理机制并且使用复杂的数据结构。包括 Python 在内的很多脚本语言，都添加了许多类库来提供更高级的功能。

- 脚本可以用于软件集成——也就是把不同的软件捆绑在一起。这有助于对各种软件实现功能整合。例如，Python 可用于获取 Microsoft Excel 或 R 统计软件包中的功能。

- 脚本可以脱离 ArcGIS，作为存储在磁盘上的一个独立的脚本文件来运行。但是大多数情况下，为了支持脚本正常运行，仍需要在电脑上安装 ArcGIS，不过可以不用打开 ArcMap 或者 ArcCatalog。

- 独立脚本可以在预定的时间运行而无需人工干预。

Python 脚本可以通过 Python 编辑器（例如 PythonWin）来编写和运行，也可以在 ArcGIS for Desktop 的 Python 窗口中运行 Python 脚本。Python 窗口是一种交互式解释器。在 Python 窗口中，脚本代码是被立即执行的。Python 窗口的功能将在第 3 章中进行介绍。

通过 Python 运行地理处理工具，需要输入工具的名字并在其后输入工具参数。例如，图 2.35 中的 Python 代码运行的是 Clip 工具。

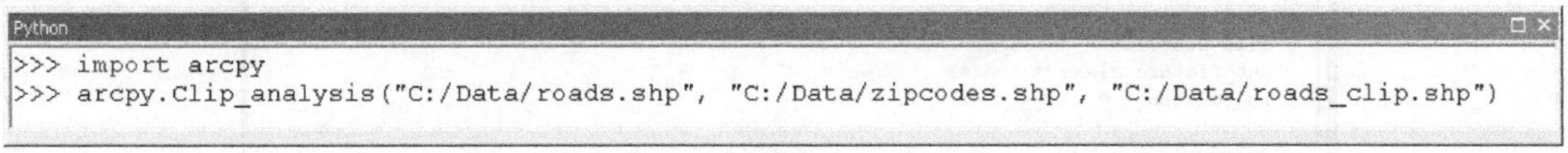
Python
>>> import arcpy
>>> arcpy.Clip_analysis("C:/Data/roads.shp", "C:/Data/zipcodes.shp", "C:/Data/roads_clip.shp")

图 2.35

脚本运行结果会打印在 Python 窗口中，同时 shapefile 格式的结果会添加到 ArcMap 内容列表中。

```
<Result 'C:\\Data\\roads_clip.shp'>
```

图 2.35 中，Python 脚本代码中使用了“arcpy”。这是 ArcPy 站点包。脚本的第一行是 import arcpy，这使得它能够访问 ArcGIS 中所有的地理处理工具以及 Python 的其他功能。第 5 章会详细介绍 ArcPy 的相关内容。现在不需要太关注 Python 的语法，只需要记住工具的运行是通过输入工具名和参数来实现的。

注释：

ArcGIS 9 里有 Command Line 窗口，在 Command Line 窗口中通过输入工具名和参数，可以运行相应的工具。输入的文本被称为“命令”。这些命令的语法，仅适用于 ArcGIS 环境——实际上，它在很大程度上依赖于旧版 ArcInfo 命令行的语法，因此不能在 Command Line 窗口中编写 Python 脚本。在 ArcGIS 10 中，Command Line 窗口被 Python 窗口所取代。用 Python 处理的通常是指“代码”，而不是“命令”，但是偶尔也会看到有关 Python 的“命令”。

Python 代码可以直接输入到 Python 窗口中，然后立即运行。也可以用一个文本编辑器或 Python 编辑器来编写和运行 Python 文件。Python 文件以.py 为扩展名，并且被称为脚本。脚本是一种程序，它可以通过操作系统或者 Python 编辑器运行，也可以使用脚本工具来运行。图 2.36 中就是一个例子。

PythonWin 编辑器中显示的是一个名为 clip_examples.py 的脚本代码。这是一个修改后的脚本，原版来自于 ArcGIS 中 Clip 工具的 Help 页面。这里仍不需要太关注语法。

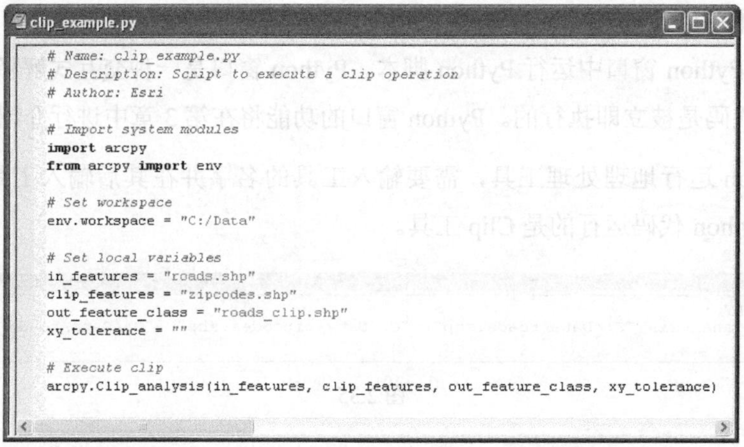
clip_example.py
# Name: clip_example.py
# Description: Script to execute a clip operation
# Author: Esri
# Import system modules
import arcpy
from arcpy import env
# Set workspace
env.workspace = "C:/Data"
# Set local variables
in_features = "roads.shp"
clip_features = "zipcodes.shp"
out_feature_class = "roads_clip.shp"
xy_tolerance = ""
# Execute clip
arcpy.Clip_analysis(in_features, clip_features, out_feature_class, xy_tolerance)

图 2.36

双击鼠标左键就可以运行该脚本文件，不需要打开 ArcGIS for Desktop 的软件，也不需要在 Python 编辑器中打开脚本。可以在 ArcGIS for Desktop 中加载数据来查看脚本执行的结果。直接运行脚本有几个优点——其中一个主要的优点就是它可以在一个预定的时间运行脚本而无需用户干预。

另一种运行脚本的方法就是使用一个像 PythonWin 一样的 Python 编辑器。在编辑器中打开一个脚本，验证它的内容，然后运行。和在操作系统中直接运行脚本差不多，通过 Python 编辑器运行脚本也不需要打开 ArcGIS for Desktop 的软件，但是需要在电脑里安装 ArcGIS，以保证能够使用相应的地理处理功能。使用 Python 编辑器运行脚本的一个优点是所有信息包括错误信息都会显示在交互式窗口上。

第三种运行脚本的方法就是创建一个脚本工具来运行脚本。例如，可以创建自己的工具箱或者创建一个新的脚本工具（例如 My Clip Tool），如图 2.37 所示，然后把 clip_example.py 文件添加到工具上。

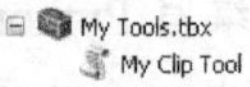

图 2.37

现在可以像运行其他地理处理工具一样，运行脚本。在 ArcGIS 中把脚本作为工具运行，可以将脚本工具和其他工具以及模型充分整合在一起。这个工具有它自己的对话框，可以被添加到 ModelBuilder 里的模型中，也可以被另一个脚本调用。

上面的脚本相对来说比较简单，实际上，它只实现了 Clip 工具的功能。但是需要知道，创建一些功能超过现有工具的脚本也比较简单——这些脚本会在以后的章节中进行介绍。

2.11　运行脚本工具

在前面的部分中已经介绍过，脚本能够以不同的方式运行。将脚本作为工具运行可以有效地将 Python 脚本整合进 ArcGIS 工作流中。事实上，很多由 Esri 公司编写的脚本都可以当作 ArcToolbox 中的工具来使用。例如，查看 Analysis 工具箱中的 Proximity 工具集，可以发现 Multiple Ring Buffer 工具就是一个脚本工具，如图 2.38 所示。

打开该脚本工具对话框（如图 2.39 所示），其界面看起来和常规的工具对话框一样，有一些必需的参数和可选的参数。所以对于一个 ArcGIS 初学者来说，ArcToolbox 中所有的工具都一样。

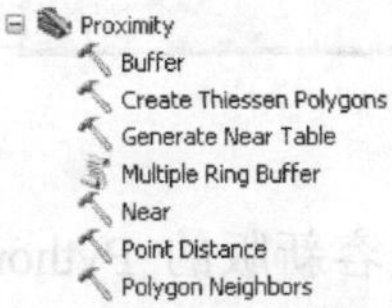

图 2.38

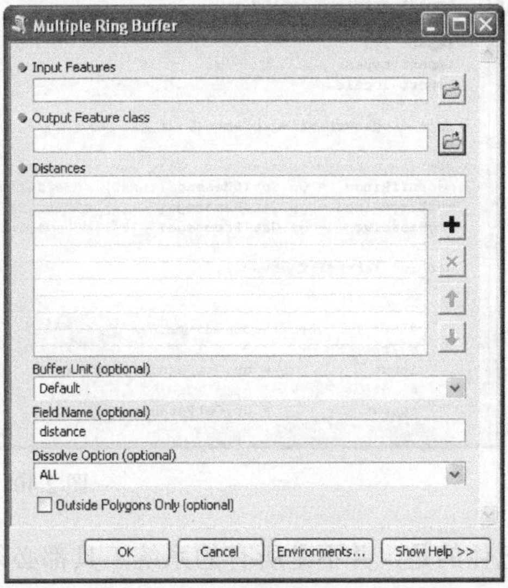

图 2.39

对于 ArcGIS for Desktop 中大多数的系统工具而言，内部代码是不可见的。而对于脚本工具，可以打开脚本来查看详细的代码。右击脚本然后单击 Edit，可以看到脚本的内容。从脚本的内容中可以知道该工具调用了一个名为 MultipleRingBuffer.py 的脚本。这些脚本通常位于 C:\Program Files\ArcGIS\Desktop10.1\ArcToolbox\Scripts 目录下。ArcGIS for Desktop 中有几十个系统工具都是脚本工具，它们的代码都可以通过上述方式查看。

与 Multiple Ring Buffer 工具相对应的 MultipleRingbuffer.py 脚本如图 2.40 所示。

阅读这段代码将有助于读者编写自己的代码。由于这个脚本太长，所以在这里不做详细讨论。但这里想说明的是：可以创建一个脚本，然后把它作为一个工具添加到工具箱中，这样其他用户就可以直接使用这个脚本工具，而不需要再编写具有这种功能的脚本。

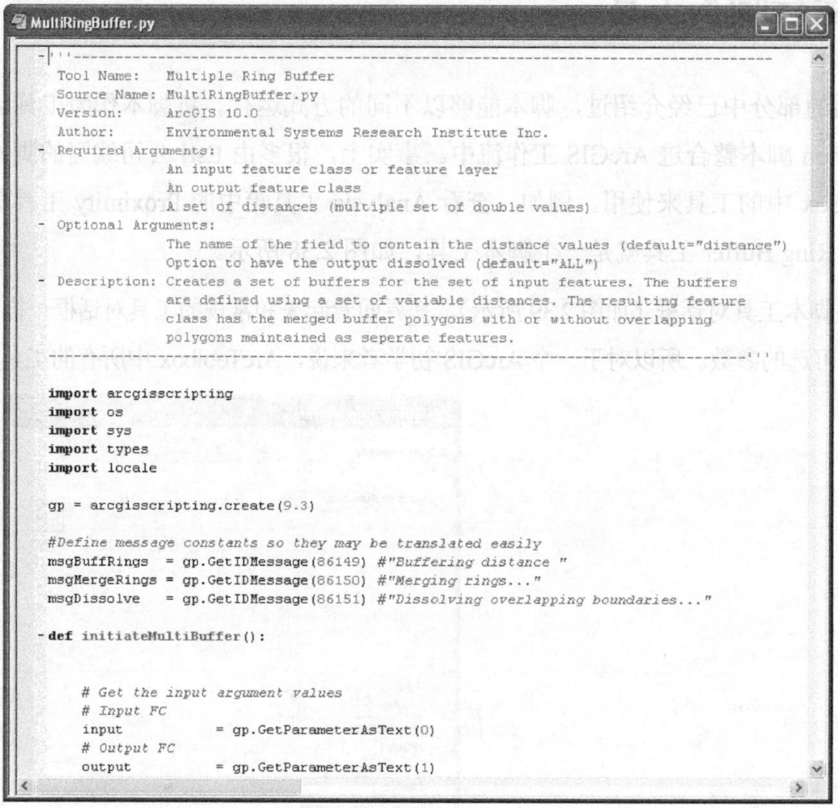

MultiRingBuffer.py

```
'''----------------------------------------------------------------------------------
 Tool Name:    Multiple Ring Buffer
 Source Name: MultiRingBuffer.py
 Version:      ArcGIS 10.0
 Author:       Environmental Systems Research Institute Inc.
 Required Arguments:
               An input feature class or feature layer
               An output feature class
               A set of distances (multiple set of double values)
 Optional Arguments:
               The name of the field to contain the distance values (default="distance")
               Option to have the output dissolved (default="ALL")
 Description: Creates a set of buffers for the set of input features. The buffers
               are defined using a set of variable distances. The resulting feature
               class has the merged buffer polygons with or without overlapping
               polygons maintained as seperate features.
----------------------------------------------------------------------------------'''

import arcgisscripting
import os
import sys
import types
import locale

gp = arcgisscripting.create(9.3)

#Define message constants so they may be translated easily
msgBuffRings  = gp.GetIDMessage(86149) #"Buffering distance "
msgMergeRings = gp.GetIDMessage(86150) #"Merging rings..."
msgDissolve   = gp.GetIDMessage(86151) #"Dissolving overlapping boundaries..."

def initiateMultiBuffer():


    # Get the input argument values
    # Input FC
    input          = gp.GetParameterAsText(0)
    # Output FC
    output         = gp.GetParameterAsText(1)
```

图 2.40

需要记住的是，并不是所有的系统工具都必须进行更新来兼容新版的 Python。例如，Multiple Ring Buffer 脚本一直使用 ArcGISscripting 模块，它是 ArcPy 站点包的前身。这也是为什么会看到 gp=ArcGISscripting.create(9.3)这句代码，并且在后面不断调用这个地理处理对象。由于在旧版的 ArcGISscripting 模块下，工具能运行正常，因此 Esri 没有必要更新该脚本的所有代码。如果旧版的脚本工具需要修改，则通常会利用 ArcPy 进行重写。

作为系统工具的一部分，脚本工具是只读且不能编辑的。但是，可以复制部分的脚本代码，或者将该脚本文件复制到另一个位置，然后进行编辑。

2.12 模型转为脚本

模型和脚本是相似的，它们都被用来创建一个地理处理工作流。模型可以转换为 Python

脚本。在 ModelBuilder 菜单栏中，单击 Model>Export>To Python Script。

看一下之前创建的模型，如图 2.41 所示。

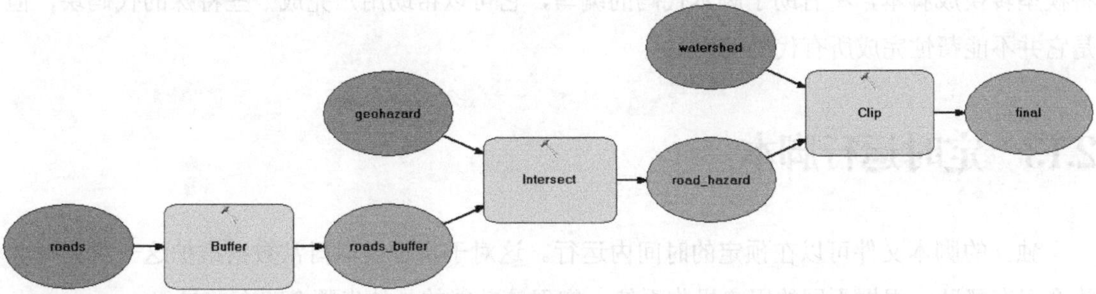

图 2.41

将模型导出为脚本后，其脚本代码如图 2.42 所示。

model.py

```
# -*- coding: utf-8 -*-
# ---------------------------------------------------------------------------
# model.py
# Created on: 2012-03-13 20:15:54.00000
#   (generated by ArcGIS/ModelBuilder)
# Description:
# ---------------------------------------------------------------------------

# Import arcpy module
import arcpy

# Local variables:
roads = "C:\\Data\\roads.shp"
geohazard = "C:\\Data\\geohazard.shp"
watershed = "C:\\Data\\watershed.shp"
roads_buffer = "C:\\Data\\roads_buffer.shp"
road_hazard = "C:\\Data\\roads_hazard.shp"
final = "C:\\Data\\final.shp"

# Process: Buffer
arcpy.Buffer_analysis(roads, roads_buffer, "1000 Feet", "FULL", "ROUND", "ALL", "")

# Process: Intersect
arcpy.Intersect_analysis("C:\\Data\\roads_buffer.shp #;C:\\Data\\geohazard.shp #", road_hazard, "ALL", "", "INPUT")

# Process: Clip
arcpy.Clip_analysis(road_hazard, watershed, final, "")
```

图 2.42

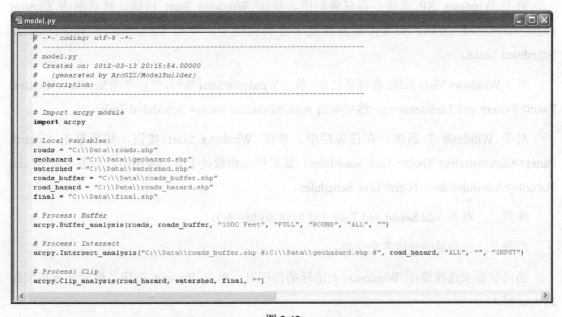

这个脚本包含来自模型的所有元素：输入数据（道路数据、地质灾害区数据、流域数据）和工具（Buffer 工具、Intersect 工具、Clip 工具）。

尽管模型能够转换为脚本，但是脚本却不能转换成模型。Python 脚本比 ModelBuilder 具有更多功能，因此 Python 脚本不能转换为模型。

创建一个模型，然后把它转成一个脚本，这是学习脚本和熟悉 Python 语法的一个好方法。

当一个模型被转换成脚本时，Python 会严格按照模型中的元素和顺序进行编码，而且不会再向脚本中添加其他代码。例如，最终的脚本不会包含任何验证或错误处理过程。总而言之，将模型转换成脚本，将有助于脚本代码的编写，它可以帮助用户完成一些特殊的代码块，但是它并不能帮忙完成所有代码的编写。

2.13 定时运行脚本

独立的脚本文件可以在预定的时间内运行。这对于执行类似日常数据维护这一类的任务将会很有帮助。根据不同的用户操作系统，实现该功能的具体步骤会略有差异。

步骤一：获取计划任务。

对于 Windows XP 系统：在任务栏中，单击 Windows Start 按钮，然后单击 Control Panel>Scheduled Tasks。如果控制面板处于分类视图中，单击 Performance>Maintenance> Scheduled Tasks。

对于 Windows Vista 系统：在任务栏中，单击 Windows Start 按钮，然后单击 Settings >Control Panel>System and Maintenance，然后单击 Administrative Tools> Scheduled Tasks。

对于 Windows 7 系统：在任务栏中，单击 Windows Start 按钮，然后单击 Control Panel>Administrative Tools> Task Scheduler。如果控制面板处于分类视图中，单击 System and Security>Administrative Tools>Task Scheduler。

步骤二：双击 Add Scheduled Task（或创建基础任务）。

步骤三：在向导中完成各个选项。

当向导要求选择需在 Windows 上运行的程序时，单击 Browse 按钮，然后选择相应的 Python 脚本。

很多 Python 脚本需要设置参数才能正常运行。这些设置是计划任务的一部分。在计划任务向导的最后一个窗口中，选中 Open advanced properties 复选框，如图 2.43 所示。

在打开的对话框中，将要运行的脚本会显示在 Run 窗口里，如图 2.44 所示。

对于带参数的脚本，在任务属性对话框中，将“Run”字段中的内容更改为包含 Python 可执行程序、脚本和需要传递给脚本的参数，代码如下所示。

```
c:\python26\python.exe c:\data\testscript.py c:\data\streams.shp
```

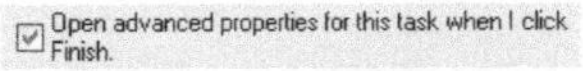

图 2.43

图 2.44

这些参数与从脚本工具传输到脚本的参数很相似。如果运行脚本所需要的所有信息都在脚本中设置好了，那么就不需要这些参数。

在预定的时间运行一个 Python 脚本运行看起来相对简单，但是也有一些潜在的困难。首先，计算机需要处于工作状态，从而保证一个计划任务能按时执行。其次，计划任务通常需要管理权限，当任务建立时需要提供注册信息。最后，很多基于 Windows 平台的个人电脑在一定时间内不活动就会锁屏或注销当前用户，这样就会干扰计划任务的运行。所以在以这种方式运行脚本运行之前，需要检查电脑的设置来确保计划任务能够正常运行。

本章要点

- ArcGIS 地理处理框架为组织和运行工具提供了强大而灵活的功能。
- ArcGIS 有大量的工具，它们组织在 ArcToolbox 的工具箱和工具集中。这些不同类型的工具包括内置工具、脚本工具、模型工具和自定义工具。
- 工具需要设置参数才能运行，这些参数包括输入和输出数据，还有其他一些控制工具如何执行的参数。
- 环境设置同样能控制工具的运行，并可以在不同的级别进行设置。
- 可以用模型和脚本创建自己的工具。一旦创建了自定义的工具，它们会和普通工具一样运行。

- ModelBuilder 为创建地理处理工作流提供了一种可视化程序语言。模型的创建过程看上去像一个流程图。

- Python 为创建地理处理工作流提供了一种文本编程语言。Python 代码可以直接在 ArcGIS 里的 Python 窗口中运行。Python 脚本（.py 文件）通常由复杂的代码组成，它能够以不同的方式执行，如直接在操作系统中运行，用 Python 编辑器（例如 PythonWin）运行，或者是从 ArcGIS 脚本工具中调用。

- 运行模型和脚本同运行 ArcGIS 工具的过程是一样的。模型可以转换为脚本，但是脚本不能转换为模型。把模型转换为脚本是学习编写 Python 脚本的一个好方法。

第3章 Python 窗口

3.1 引言

Python 窗口是一种针对 Python 代码的交互式解释器，它可以直接在 ArcGIS for Desktop 软件中使用。前面已经介绍了一些使用 Python 窗口的示例，本章将详细介绍如何使用 Python 窗口。

3.2 Python 窗口简介

Python 窗口取代了早期 ArcGIS 发布的用于执行地理处理的 Command Line 窗口。在 Python 窗口中，既可以高效、便捷地运行地理处理工具，也可以通过第三方 Python 模块和库来实现其他功能。对于 Python 初学者而言，Python 窗口是学习 Python 的最佳方法。

在 Python 窗口中，可以运行一行或多行 Python 代码。它是运行和测试 Python 语法和代码的一个十分有效的工具。在 ArcGIS for Desktop 中，还可以通过 Python 窗口测试大型脚本中部分代码的用途。因此，Python 窗口将 Python 功能植入 ArcGIS for Desktop 应用程序中，为高效地访问和执行地理处理任务和脚本任务提供了一种强大的机制。

在任意 ArcGIS for Desktop 的应用程序中，单击标准工具条上的 Python 按钮，就可以打开 Python 窗口。Python 窗口如图 3.1 所示

Python 窗口由两部分组成。左边是交互式 Python 解释器，此处可输入 Python 代码。窗口使用三个大于号 (>>>) 表示主提示符。右侧是 Help 面板，它会根据左侧不同的输入代码进行更新。

窗口可以处于停靠或不停靠状态，也可以调整大小。中间的垂直分隔栏可以随意移动。如果不需要使用 Help 面板，可以将分隔栏移到最右边，如图 3.2 所示。如果仍需要使用 Help 面板，则再将分隔栏往左移。

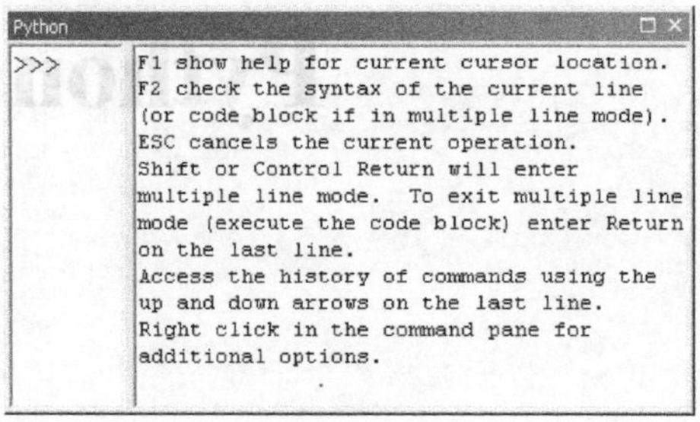

图 3.1

图 3.2

3.3 编写并运行脚本代码

Python 窗口一次只运行一行 Python 代码，运行结果会立即显示，如图 3.3 所示。

注释：

Python 语言的基础知识会在第 4 章中介绍。所以现在不需要太关注 Python 的语法。

在每一行的末尾按 Enter 时，代码就会被执行。所有的结果都会显示在下一行，接下来的一行会以一个新的命令提示符（>>>）开始。然而，在某些情况中，一行代码却无法被执行，这是因为它是某段代码块的其中一部分，如图 3.4 所示。

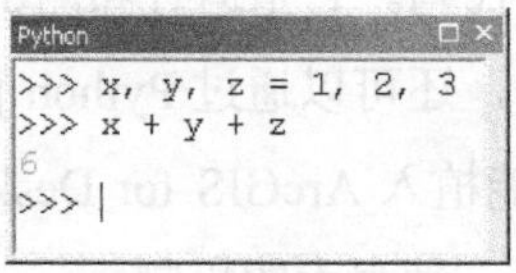

图 3.3

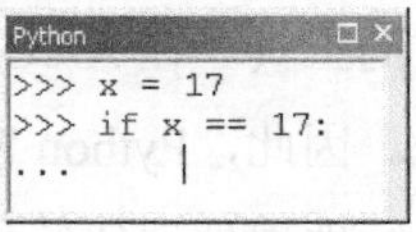

图 3.4

If 语句是代码块的一部分，它至少还需要一行代码才能被执行。因此，下一行应该是一个连续行，此时需要使用二级提示符，用三个点（...）来表示。

由于 If 语句是一个代码块的起点，因此下一行需要进行缩进，如图 3.5 所示。

在代码还没运行时，下一行仍会以二级提示符开头。在这种情况下，Python 窗口会认为代码块还没有结束，因此代码将不会被执行，此时，还可以继续在该代码块中输入代码。

当完成代码块，并准备运行的时候，只需要在二级提示符的右边按 Enter 键即可。通过这种方式运行代码块，结果将显示在下一行，然后在结果的下一行会出现一个新的主提示符，如图 3.6 所示。

```
>>> x = 17
>>> if x == 17:
...     print "Correct"
...
```

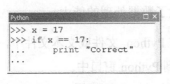

图 3.5

```
>>> x = 17
>>> if x == 17:
...     print "Correct"
Correct
>>>
```

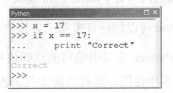

图 3.6

输入一行命令后，要想接着输入代码行而不执行代码，需要使用二级提示符。只需要在该行命令输入完成后同时按 CTRL 键和 ENTER 键即可。如果之后还想接着输入代码而不运行，只需要按下 ENTER 键即可。将光标放在二级提示符右边，然后按 ENTER 键就能运行代码，如图 3.7 所示。

在 Python 窗口中使用地理处理工具的示例如图 3.8 所示。Get Count 工具是用来确定一个要素或表的总行数。在这个例子中，要素是当前地图文档里的一个图层，Get Count 工具的结果将显示在 Python 窗口中。

```
>>> a = 5
... b = 7
... print a * b
...
35
>>> |
```

图 3.7

```
>>> import arcpy
>>> count = arcpy.GetCount_management("floodzone")
>>> print count
21308
>>>
```

图 3.8

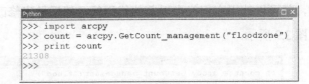

在这个例子中，仍不用太关注语法问题。通过这个例子，是想让读者了解 Python 窗口可以调用一切可用的地理处理工具。可以在 ArcMap 或 ArcCatalog 的 Python 窗口里调试代码，学习 Python 语法并保存代码。

刚开始的时候，在 Python 窗口中运行工具似乎比直接使用工具对话框更费时间。但是，使用 Python 窗口仍会有很多优点：

- 通过导入 ArcPy 站点包，可以获得所有地理处理工具的功能。其他非工具功能，如列表、描述数据、环境设置、获取地理处理信息，也可以通过 ArcPy 站点包获得。

- 自动补充功能将有助于提高编写代码的准确性。自动补充功能将会在本章的后面进行介绍。

- 可以通过 if-then-else 语句实现条件控制。
- 可以通过 for 和 while 循环实现大批量数据的迭代处理。
- 可以访问所有 Python 标准模块中的功能，包括字符串、文件和文件夹的处理。
- Python 可以访问许多第三方模块，从而扩大了数据处理的能力。
- 在 Python 窗口中编写的代码块可以保存在 Python 文件或文本文件中，以便日后在 Python 编辑器中使用。现有的脚本代码也可以加载到 Python 窗口中。

3.4 获取帮助

在使用 Python 窗口的时候，可以通过一些快捷键来获取帮助。

F1 键：按 F1 键会在 Help 面板中显示关于当前光标位置的帮助信息。

F2 键：按 F2 键会检查当前代码行的语法。如果是多行模式，则检查代码块的语法。Help 面板中将显示所发生的任何错误。

键盘上的向上键和向下键可以用于访问之前输入的命令行。当发现前面输入的代码有错误的时候，就可以使用它们找出以前的代码行，然后做出修改，而不需要再重新输入所有的命令，如图 3.9 所示。

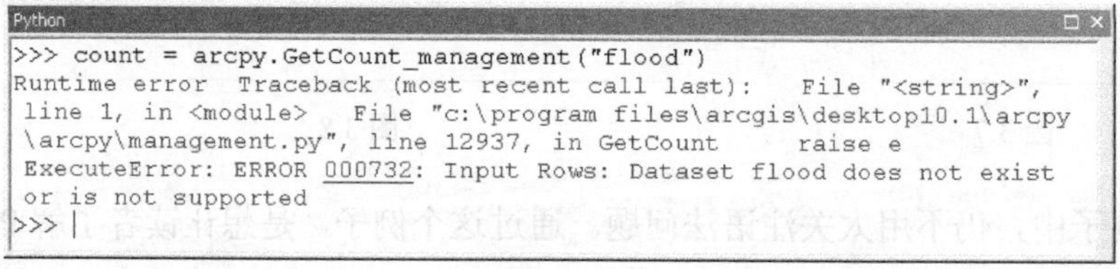

图 3.9

Flood 图层并不在当前地图文档中，应该是 floodzone。按向上键返回到这一行代码，如图 3.10 所示。

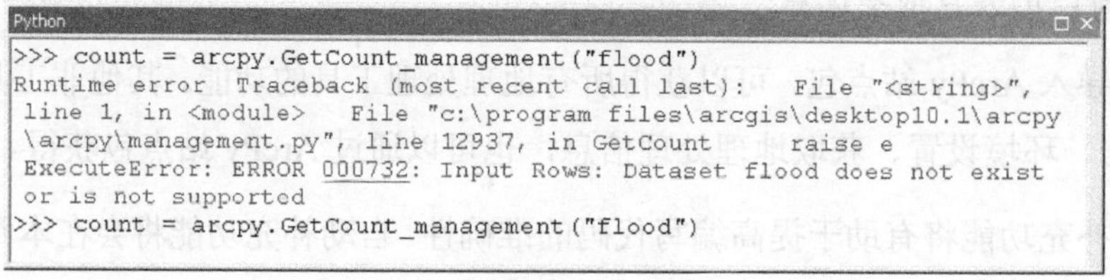

图 3.10

现在只需要做一点修改，代码就可以正常运行，如图 3.11 所示。

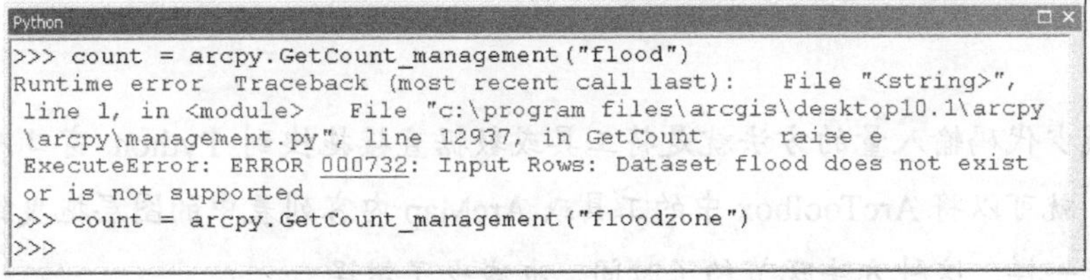
Python
>>> count = arcpy.GetCount_management("flood")
Runtime error Traceback (most recent call last):   File "<string>",
line 1, in <module>   File "c:\program files\arcgis\desktop10.1\arcpy
\arcpy\management.py", line 12937, in GetCount   raise e
ExecuteError: ERROR 000732: Input Rows: Dataset flood does not exist
or is not supported
>>> count = arcpy.GetCount_management("floodzone")
>>>

图 3.11

使用向上和向下键访问之前的代码也会有行数的限制。

自动输入功能可以减少代码的输入量。例如当用户输入 arcpy.Get 时，会出现一个下拉列表，这个列表中包含了 ArcPy 函数中所有以 Get 开头的函数。可以使用滚轮或者上下键浏览函数，一旦选中某个函数，就可以双击或者使用 TAB 键自动完成函数的输入，如图 3.12 所示：

Python 窗口也能完成参数的自动输入。例如当用户希望输入一个要素作为工具参数时，就会出现一个可供选择的图层列表，如图 3.13 所示。

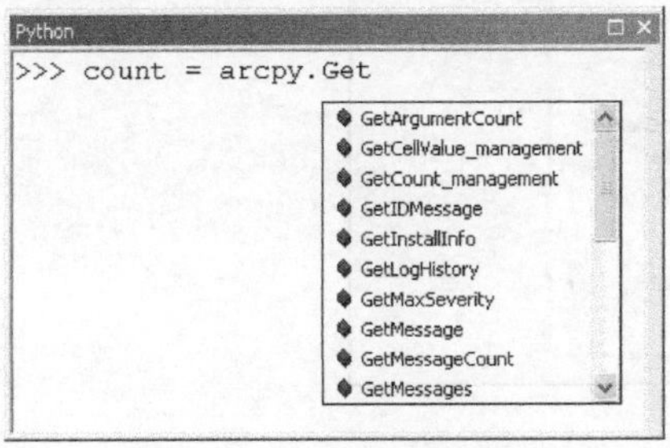

图 3.12

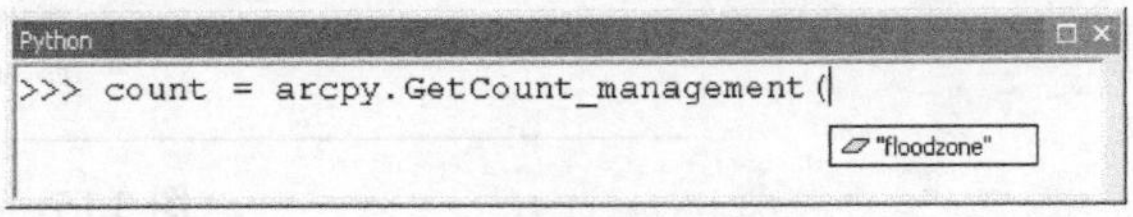

图 3.13

Python 窗口中的提示功能也适用于在窗口里定义的变量。例如，当输入 print c 时，会出现一列以 c 开头的元素。在本例中，就出现了 count 变量，它在前面的代码中已经被定义并赋值，如图 3.14 所示。

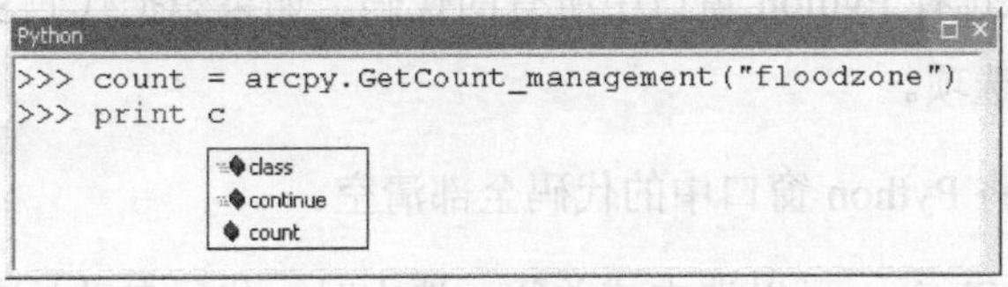

图 3.14

利用这些提示可以有效减少代码的输入量，同时也降低了出错的机率。这些提示也会让编写者记住正确的语法，所以它们可以帮助使用者学习如何编写 Python 代码。

提示：

另一种减少代码输入量的方法就是将工具或数据直接拖拽到 Python 窗口内。只要打开 Python 窗口，就可以将 ArcToolbox 中的工具或 ArcMap 内容列表中的图层拖曳到窗口内。同自动补充功能一样，这种方法既节约了时间，也减少了错误。

3.5 Python 窗口选项

右击 Python 窗口，会出现一些选项，如图 3.15 所示。

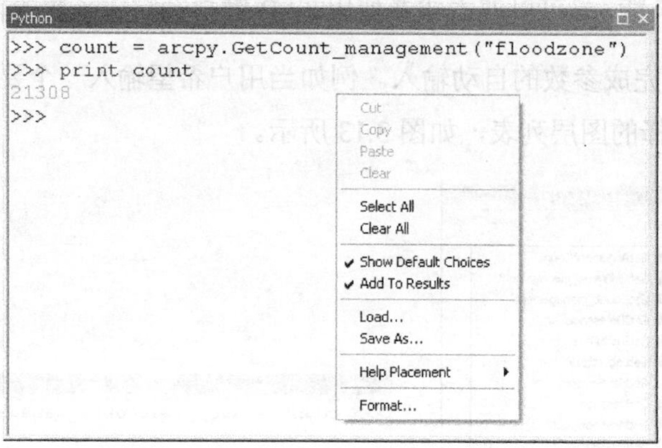

图 3.15

在这些选项中：

- Cut、Copy、Paste 和 Clear 提供了代码编辑的基本功能。通过鼠标选择一部分代码，就可以使用这些选项
- Select All 可以选择 Python 窗口中所有的代码。如果想把代码复制到其他文件中（例如脚本），可以使用该选项。
- Clear All 可以将 Python 窗口中的代码全部清空。
- Show Default Choices 可以选中或关闭。选中时，代码自动补充功能会开启。通常情况下，建议将此选择选中。
- Add To Results 也可以选中或关闭。选中时，Python 窗口中运行的所有工具都会显示在 Results 窗口中。是否需要选中该选项可根据用户习惯确定。

- Load 可以将脚本文件的中代码加载到 Python 窗口中。
- Save As 可将 Python 窗口中的代码保存到一个文本文件(.txt)或 Python 文件中(.py)。
- Help Placement 用于确定 Help 面板与 Python 提示符的相对位置。
- Format 用于进行相关格式设置，包括设置字体和颜色。

在这些选项中，Load 和 Save As 是最有用的，在下一节将对它们进行介绍。

3.6 保存脚本

Python 窗口适用于运行相对较短的 Python 代码。可以用它来测试 Python 语句或者快速获得结果，单行代码也能快速执行两次。然而，Python 窗口并不适用于编写庞大且复杂的代码。因此，需要使用 Python 脚本。

为了继续使用在 Python 窗口中编写的代码，可以右击 Python 窗口，并单击 Save As 选项，将 Python 窗口中的代码保存为文本文件（.txt）或 Python 文件（.py）。

（1）文本文件：该格式可以保存 Python 窗口中的所有文字，包括提示符和相关信息。它就相当于进行了全选操作，然后复制并粘贴到文本编辑器中。

（2）Python 文件：这种格式只保存 Python 代码，不保存提示符和相关信息。

例如，图 3.16 所示为一段在 Python 窗口中编写的代码。

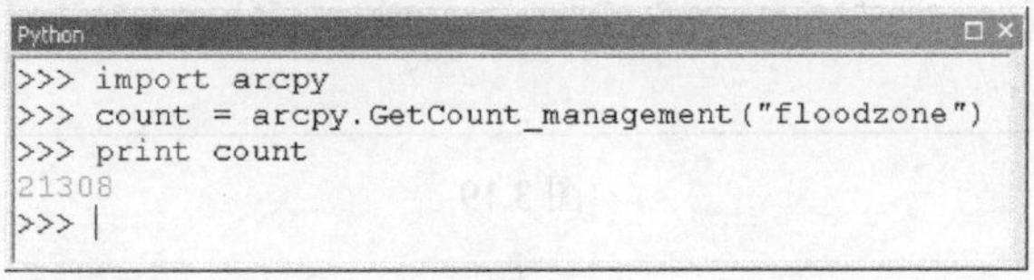

图 3.16

如果将 Python 窗口的内容保存到文本文件中，就会保存所有的文字和符号，如图 3.17 所示。

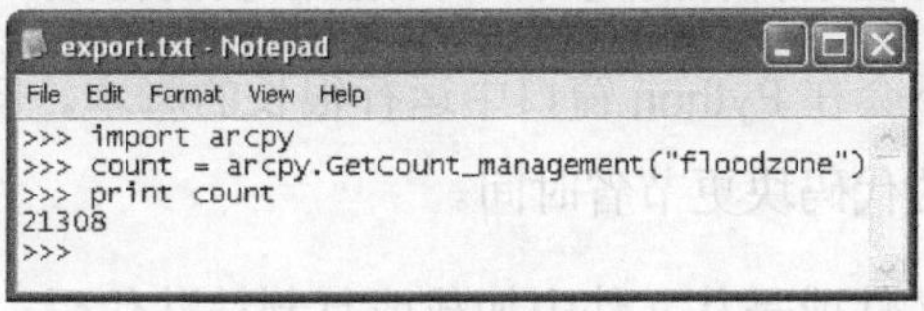

图 3.17

如果将 Python 窗口内容到 Python 文件中，就只会保存代码，而不保存提示符和相关信息，如图 3.18 所示。

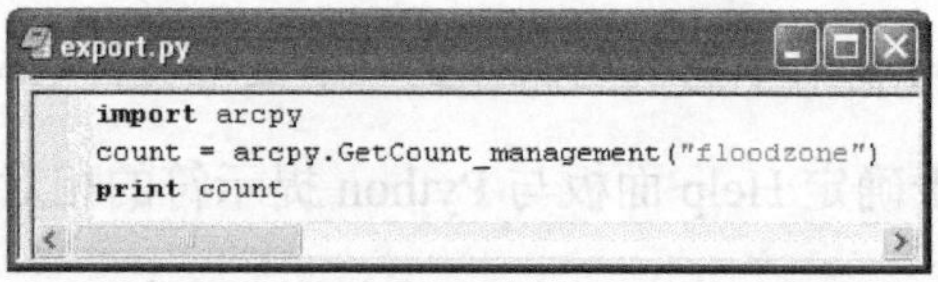
export.py
import arcpy
count = arcpy.GetCount_management("floodzone")
print count

图 3.18

如果想把一些能够运行的代码保存成脚本时，可以简单地从 Python 窗口中复制并粘贴到 Python 编辑器中即可。然而，对于较长的代码，则使用 Save As 选项进行保存，可以选择是否保存非代码元素（例如提示符和相关信息）。

3.7 在 Python 窗口中加载代码

Python 窗口是一个交互式解释器。通常情况下，可以用它来快速执行一些短的代码行。但是，也可以在 Python 窗口中加载一些已经编写好的代码。可以从 Python 编辑器中复制代码，然后把它粘贴进 Python 窗口，也可以使用 Load 选项来导入脚本。

假设 Python 窗口中的代码已经提前导出为 export.py 文件。打开一个新的 Python 窗口，右击 Python 窗口，单击 Load。然后选择 export.py 脚本文件，该脚本的代码就会被加载到 Python 窗口中，如图 3.19 所示。

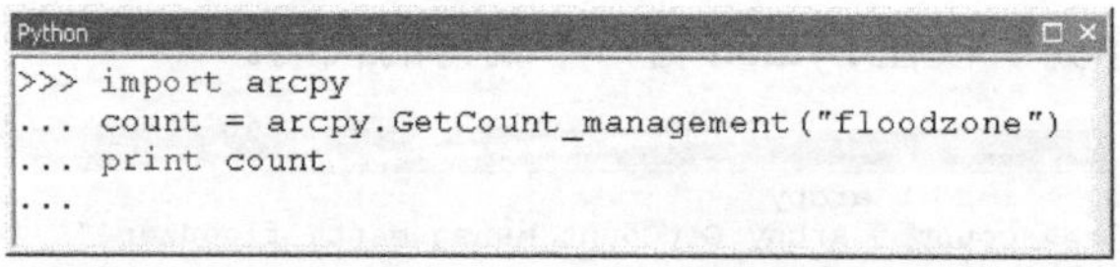
Python
>>> import arcpy
... count = arcpy.GetCount_management("floodzone")
... print count
...

图 3.19

在加载脚本文件后，会发现除了第一行外，其他的代码行前都加了一个二级提示符。这个二级提示符表明脚本中的代码行都没有运行——也就是说，它们在加载时并没有逐行运行。这使用户可以在代码运行前检查所有的代码，并做出必要的修改。

通常情况下，可能并不会在 Python 窗口中运行很长的脚本，但是相比输入或复制粘贴独立代码行而言，加载现存的代码块更节省时间。

将编写的代码保存成文件或是从文件中加载或复制粘贴代码，会使编写者在 Python 窗口和 Python 编辑器的转换过程中变得游刃有余。通常情况下，编写者会想要将最终代码保存为脚本文件以供后期使用。

本章要点

- 在 Python 窗口中，既可以高效、便捷地运行地理处理工具，也可通过第三方 Python 模块和库来实现其他功能。对于 Python 初学者而言，Python 窗口是学习 Python 的最佳方法。

- 可以将Python窗口中的代码保存成脚本文件，也可以将现有的脚本文件加载到Python窗口中。

第4章

Python 基础

4.1 引言

本章将介绍 Python 的基础知识。其中，第一部分将介绍构成 Python 脚本的基本元素，包括数字、字符串、变量、语句、表达式、函数以及模型等；第二部分将介绍如何控制工作流程，包括如何使用条件语句、分支语句和循环语句。这些语句不仅是编写 ArcGIS 脚本的重要元素，也是执行批处理操作的基础；第三部分将介绍编写 Python 脚本的相关规范，包括变量命名的规范以及脚本注释的方法。本书将使用 PythonWin 编辑器来编写示例脚本。

4.2 Python 文档和资源

在学习 Python 语法之前，最好先了解一下如何查阅 Python 文档。如果 Python 是通过 ArcGIS for Desktop 安装包进行安装，则需要单击任务栏中的开始菜单，然后选择 All programs> ArcGIS> Python 2.7> Python Manuals，从而打开 Python 手册。该手册包含了 Python 2.7 所有的帮助文档。

这些文档也可以在网上（http://docs.python.org）查阅。每一个版本的 Python 都有对应的文档，这些版本包括 2.6、2.7、3.1、3.2 等。也可以下载这些文档，并保存成 PDF、HTML 和 text 等格式的文件。

Python 文档的内容很多。以 PDF 格式的《Python Library Reference》为例，就有 1000 多页。这一数字对于 Python 初学者来说，有些吓人。虽然内容很多，但没有必要一页一页地查阅。一般情况下，只需要根据特定的目标有选择地查看相关的语法。本章将要介绍一些 Python 的基础知识，以便使用者了解 Python 的基本术语，这些术语可以提高文档检索和使用的效率。

在 Python 的官方网站（http://www.python.org）上，还有许多 Python 的学习资源，包括

《Beginner's Guide to Python》（http://wiki.python.org/moin/BeginnersGuide）和一系列的 Python 入门教程（http://wiki.python.org/moin/BeginnersGuide/NonProgranmers）。在这个网站里，使用者会发现大量的 Python 学习资源，这些丰富的资源是由一个庞大并且活跃的用户社区提供的。

4.3 数据类型与数据结构

Python 支持多种数据类型，包括字符串、数字、列表、元组、字典等。不同类型的数据可以存储不同类型的值，并进行不同类型的操作。其中，字符串是由一个或多个字符组成，这些字符可以是字母、数字或者其他类型的字符；数字可分为整数和浮点数两种；列表、元组和字典是较为复杂的数据类型，它们都是由一组数据元素构成的。

除了支持多种数据类型之外，Python 也支持多种数据结构。数据结构是指相互之间存在某种关系的数据元素的集合，例如将元素按某种方式编号。Python 中最基本的数据结构是序列，序列中的每一个元素都有一个索引值。字符串、列表、元组都是序列。由于不同类型的序列具有相同的数据结构，所以可以对不同类型的序列执行同一种操作。在本章后续的内容里，将介绍使用序列的例子。

字符串、数字和数组是不可变的数据类型，即不能单独修改数据元素的值。列表和字典是可变的数据类型，可以对它们的数据元素进行修改。本章主要介绍数字、字符串和列表。元组和字典将在第 6 章进行介绍。

4.4 数字

Python 中的数字可以分为整数和浮点数。整数就是没有小数部分的数，例如 1 和−34。浮点数就是有小数部分的数，例如 1.0 和−34.8307。尽管整数和浮点数都属于数字类型，但是它们却有着不同的功能，所以区分整数和浮点数是很重要的。

如下例所示：

```
>>> 3 * 8
```

输出的结果是 24，这个例子很简单，再来看一个例子：

```
>>> 16 / 4
```

输出的结果是 4，那么下面这个例子将如何运算：

```
>>>17 % 4
```

%表示取模运算，所以 17 % 4 求的是 17 / 4 的余数，结果是 1。

下面，我们来看一下 Python 的一个特殊之处：

```
>>> 7 / 3
```

输出的结果怎么会是 2？这个结果是怎么得到的呢？当 Python 执行整数除法时，得到的结果也是整数，小数部分都将被忽略。如果想做浮点除法（即真正的除法运算），那么在输入的数值中需要至少有一个数是浮点数。

```
>>> 7 / 3.0
输出的结果是 2.33333333333
```

关于整数和浮点数数学运算的规律如表 4.1 所示。

表 4.1　　整数及浮点数的数学运算符使用说明

操作符	符号说明	整数		浮点数	
		示例	结果	示例	结果
*	乘法运算	9 * 2	18	9 * 2.0	18.0
/	除法运算	9 / 2	4	9 / 2.0	4.5
%	取模运算	9 % 2	1	9 % 2.0	1.0
+	加法运算	9 + 2	11	9 + 2.0	11.0
−	减法运算	9 − 2	7	9 − 2.0	7.0

注释：

从 Python3.0 开始，现有的除法规则将被取消，所有的除号都执行真正的除法运算。

4.5　变量及其命名规则

Python 脚本使用变量存储信息。每一个变量都有一个变量名。一个变量名代表一个变量值。例如，如果想用一个变量 x 表示数字 17，则需要在 Python 中输入如下代码：

```
>>> x = 17
```

这是一个赋值语句，它的功能是将数字 17 赋给变量 x。变量只有被赋值后，才能在表达式中使用。例如：

```
>>> x = 17
>>> x * 2
34
```

这个例子表明在使用变量前需要给这个变量进行赋值，所以将数字 17 赋给变量 x 的赋值语句 x = 17 要在 x * 2 的前面。

提示：

建议在运算符的两侧都加一个空格，例如 x = 17，而不是 x=17。

这里需要适当提一下其他的编程语言。在使用 VBA 或者 C++这些编程语言时，需要预先声明变量的类型（例如字符型、数字型等），再对变量进行赋值；而 Python 则不需要预先声明变量的类型，就可以直接对变量进行赋值。这种变量的使用方式相当直观、简洁和高效。

如果不预先进行变量声明，那么 Python 是如何确定这些变量的类型呢？其实，变量的类型在变量赋值的那一刻就已经被隐式声明了。例如 x = 17 表示 x 是一个整型变量，x = 17.629 表示 x 是一个浮点型变量，x = "GIS"表示 x 是一个字符串变量。这就是所谓的动态赋值。也可以给变量赋予不同类型的值来改变变量的类型。

下面是变量命名的一些规则：

- 变量名可以由字母、数字、下划线组成。
- 变量名不能以数字开头，所以 var1 是一个合法的变量名，但是 1var 就是一个非法的变量名。
- Python 的关键字不能用作变量名，如 print 和 import。在本章后续的部分，将会学习到更多的关键字。

除了以上必须遵守的命名规则之外，还有一些重要的命名原则：

- 使用描述性的变量名。在命名前，要先想想什么样的变量名方便记忆并且有助于代码的编写。例如，变量名 count 就比简单地命名为 c 更有意义。
- 遵循命名规范。大多数编程语言都有一定的命名规范。Python 也有一个官方的命名规范《Style Guide for Python Code》。Python 中变量名最好不要太长，并且尽可能全部小写，字母之间可以用下划线隔开，以增强代码的可读性。最好避免在首字母使用下划线，因为首字母为下划线的变量在 Python 中有特殊的含义。完整的编码风格指南可以在如下网址查看：http://www.python.org/dev/peps/pep-0008/。

- 变量名尽量简短。虽然长的变量名是符合 Python 语法规范的，但是为什么要使用像 number_of_cells_in_a_raster_dataset 这么长的变量呢？冗长的变量名会增加出错的概率，同时也会降低代码的可读性。

在 Python 中进行变量命名的时候，需要遵循上述命名规则和原则。

提示：

多个变量可以在同一行赋值，这样可以让脚本显得更加紧凑。

例如：

```
>>> x, y, z = 1, 2, 3
```

它等同于以下语句

```
>>> x = 1
>>> y = 2
>>> z = 3
```

4.6 语句和表达式

Python 的语句和表达式可以用来处理各种变量。

一个表达式就代表一个值，例如 2*17 是一个表达式，它代表数字 34。简单的表达式是由运算符和操作数（例如 17）构成。复杂的表达式是由几个简单的表达式构成。表达式中也可以有多个变量。

语句可以理解为操作指令，它指示电脑进行何种操作。这些指令包括给变量赋值、在屏幕上输出结果以及导入模块等。

表达式和语句之间的差异虽然很小，却不容忽视，如下例所示：

```
>>> 2 * 17
34
```

在本例中 2 * 17 是一个表达式，它表示数值 34，并自动输出到交互式编译器的窗口里。再看下面这个例子：

```
>>> x = 2 * 17
```

这里的 x = 2 * 17 是一个语句，通过这个语句，可以给变量 x 赋值，但是这个语句本身并不是一个值。这是由语句的性质决定的。它只能表示一种操作，而不能表示一个值。因此，在上面的例子中，Python 编译器不会自动输出结果，需要使用 print 语句。

```
>>> x = 2 * 17
>>> print x
34
```

在任何编程语言中，赋值语句都是相当重要的。乍一看，赋值语句只是为数值提供一个临时的容器，但是，它的真正作用在于利用变量表示数值后，用户只需要对变量进行处理，而不需要时刻了解具体的数值。所以在编写 Python 脚本时，不需要将每一个变量的值都表示出来。

4.7 字符串

另一个重要的数据类型是字符串。字符串是一串用引号括起来的文字。例如 print "Hello Word"中"Hello Word"就是一个字符串。可以通过给一个变量赋予一串字符来创建字符串变量。

在 Python 中，单引号（''）和双引号（""）的作用是一样的。引号类似于书签，它能让计算机知道字符串从哪里开始并从哪里结束。用这两种方式表示字符串具有较大的灵活性。例如，在使用双引号表示字符串的时候，还可以在双引号内使用多个单引号，反之亦然。例如：

```
>>> print "I said: 'Let's go!'"
```

如果在上面这个字符串中仅使用单引号，就会显得很混乱，而且还会导致语法错误。

在地理处理脚本中需要经常用到字符串，特别是在设置工具参数的时候。例如，工具输入数据和输出数据的绝对路径或相对路径就是以字符串形式表示的。因此，字符串操作符对于处理不同工作空间内的数据集显得尤为重要。

可以利用字符串操作符进行一些简单的字符串操作。例如，通过加号将不同字符串连接起来。

```
>>> x = "G"
>>> y = "I"
>>> z = "S"
```

```
>>> print x + y + z
GIS
```

在连接字符串的时候，可能需要在字符串之间添加空格，这时可以使用双引号加空格（" "）的形式进行添加。如下例所示：

```
>>> x = "Geographic"
>>> y = "Information"
>>> z = "Systems"
>>> print x + " " + y + " " + z
Geographic Information Systems
```

字符串也可以包含数字，但是在连接数字和字符的时候，首先要将数字转换为字符串。如下例所示：

```
>>> temp = 32
>>> print "The temperature is " + temp + " degrees"
```

结果会报错，因为不可以将数字变量和字符串变量直接相加。可以使用 str 函数将数字变量转换为字符串变量，然后再相加。正确的代码如下：

```
>>> temp = 100
>>> print "The temperature is " + str(temp) + " degrees"
The temperature is 100 degrees
```

在上面的例子中，str 是一个函数，我们将在后面介绍它。将一个变量的值从一种类型转变为另一种类型叫做类型转换。在上面的例子中，是使用加号（+）将字符串进行连接。在本章后续的部分，还将学习其他字符串连接的方法。

4.8 列表

列表也是一个重要的数据类型。列表是由方括号（[ ]）来定义的。列表中的每一个元素通过逗号（,）隔开。这些元素可以是数字、字符串或者其他的数据类型。

在地理处理脚本中会经常用到列表。例如，可以将某个工作空间中的所有要素存储在一个列表中，然后对列表中的每一个要素执行同一种操作。

可以通过手工输入的方式创建列表。下面是新建一个数字列表的例子：

```
>>> mylist = [1, 2, 4, 8, 16, 32, 64]
```

列表中的每一个元素都是用逗号隔开的，每一个逗号后面都有一个空格。这个空格不是必需的，但是这个空格可以增强代码的可读性。

列表中的元素不只可以是数字，还可以是字符串。

```
>>> mywords = ["jpg", "bmp", "tif", "img"]
```

可以使用 print 语句输出列表的内容。

```
>>> print mywords
["jpg", "bmp", "tif", "img"]
```

输出的结果中，每一个元素都保持了它们在列表中的原始顺序。列表就是一组有序的元素集合。在本章后续的部分，将会学习如何操作列表。

4.9 Python 对象

目前，我们已经学习了 Python 中的一些数据类型（比如数字、字符串列表）。现在需要回顾一下 Python 作为一个面向对象编程语言的相关概念。Python 中每一个对象都拥有三个特征：值、标识以及类型。其中，标识用于唯一确定一个对象，类型决定了该对象可以保存什么类型的值。

如下例所示：

```
>>> name = "Paul"
```

这条语句新建了一个对象 name，并且这个对象的值是 paul。

```
>>> name
'Paul'
```

这个对象也有一个唯一的标识，同一个对象在不同的电脑上会有不同的标识。

```
>>> id(name)
593835200
```

计算机会给每一个对象提供一个唯一的标识，用于跟踪对象（以及对象的值与属性），但是一般不需要知道这个值。

最后，这个对象还有了一个类型。

```
>>> type(name)
<type 'str'>
```

一个重要的概念是 Python 中的变量是动态的，如下例所示：

```
>>> var1 = 100
```

```
>>> type(var1)
<type 'int'>
>>> var2 = 2.0
>>> type(var2)
<type 'float'>
```

对象的数据类型取决于所赋的值的类型。这是 Python 的特性，因为在其他的编程语言中，变量的类型是要预先声明的。

对象类型转换可以用类型转换函数来完成，如下例所示：

```
>>> var = 100
>>> newvar = str(var)
>>> type(newvar)
<type 'str'>
```

在上面的例子中，第二行代码将变量 var 转换成字符串，它的值仍然是 100，但是它现在是字符串，而不是整数。将字符串转换成整数，比如将字符串"Paul"转换成数字，这在逻辑上是不合理的，因此将会报错。但是，将整数转换成浮点数或将浮点数转换成整数是可行的。

4.10 函数

Python 中表达式和语句会用到变量和函数。变量在前面的内容中已经介绍过了。而函数就像一个小程序，它能实现某种操作。在 Python 中有一系列的核心函数，它们被称为内置函数，可以在任意语句中直接使用。下面是一个名为 pow 的 power 函数的例子：

```
>>> pow(2,3)
8
```

这个函数表示 2 的 3 次方，也就是 8，使用函数也称为函数调用。当调用一个函数时，需要提供参数(在本例中就是 2 和 3)，函数将返回一个值。因为它返回的是一个值，所以函数调用也是一种表达式。

想知道有哪些内置函数，可以翻阅 Python 手册，当然，也可以直接在 Python 中使用语句 dir(__builtins__)来查看。

```
>>> print dir(__builtins__)
```

注释：

在 builtins 前后各有两个下划线。

这句代码将会输出一个包含很多函数的列表。由于函数众多，很难在这里一一进行介绍，下面的几个例子将会介绍其中一部分函数。当确定所需要使用的函数时，需要先查看这个函数的说明和语法。可以通过语句__doc__查看指定函数的详细信息。

```
>>> print pow.__doc__
```

注释：

在doc前后各有两个下划线。

查看函数说明不一定非要用print语句，但是使用print语句会使输出的内容更具有可读性。看一下pow函数的说明：

```
pow(x, y[, z]) -> number. With two arguments, equivalent to x**y.
With three arguments, equivalent to (x**y) % z, but may be more efficient (e.g.
for longs).
```

注意，pow函数有三个参数，每个参数之间用逗号隔开。前两个参数（x和y）是必需的，第三个参数是用方括号括起来的，表明该参数是可选的。在函数说明中出现的操作符（**）是指求幂运算。

还有其他一些常见的内置函数，如表4.2所示。这个表虽然不是很详尽，但都是一些常用的函数。

表4.2　　Python中常用的数值函数

函数	作用	示例	返回值
abs(x)	返回x的绝对值	abs(-8)	8
float(x)	将x转换成浮点数	float("8.0")	8.0
int(x)	将x转换成整数	int("8")	8
pow(x,y[,z])	返回x的y次方	pow(4,3)	64
round(x[,n])	对x四舍五入，并保留n位小数	round(2.36)	2
str(x)	将x转换成字符串	str(10)	"10"

Python中除了内置函数外，还有模块内的函数，我们将在本章后续的部分进行介绍。也可以创建新的函数，这一内容将在第12章中进行介绍。

4.11 方法

方法类似于函数。它是一种与某个对象（例如数字、字符串、数组等）紧密联系的函数。方法调用的方式如下：

```
<object>.<method>(<arguments>)
```

这和函数调用有点类似，不同之处在于对象名在方法名的前面，且它们中间有个点号。下面是个简单的例子：

```
>>> topic = "Geographic Information Systems"
>>> topic.count("i")
2
```

在这个例子中，第一行代码将一个字符串赋给了变量 topic。因为变量 topic 属于字符串类型，所以它将自动支持字符串的所有方法。第二行调用了 count 函数。该函数的参数是一个字符（字母 i），输出的结果是 i 在字符串对象中出现的次数。count 方法名是区分大小写的。

除了字符串变量之外，Python 其他的数据类型也有相应的方法。这些方法广泛应用于对 Python 对象进行的操作和处理。

4.12 处理字符串

字符串类型是 Python 中最常见的一种内置数据类型。很多地理处理变量都是字符串类型，例如工作空间中地图文档的名称、地理数据库中要素类的名称、属性表中的字段名等。在很多情况下这些字符串会很复杂。例如，某个要素类的路径可能是 C:\Esripress\Python\Data\Exercise03\zipcodes.shp。因此，掌握一些字符串处理方法将有助于处理复杂的字符串。

lower 方法可以将所有大写字符转换成小写字符。

```
>>> mytext = "GIS is cool"
>>> print mytext.lower()
gis is cool
```

upper 方法可以将所有小写字符转换成大写字符。

```
>>> mytext = "GIS is cool"
>>> print mytext.upper()
GIS IS COOL
```

title 方法返回“标题化”的字符串，即所有单词都是以大写开始，其余字符均为小写。

```
>>> mytext = "GIS is cool"
>>> print mytext.title()
Gis Is Cool
```

字符串（包括其他类型的序列）都可以通过方括号（[]）中一系列的数字进行索引和定位。字符串中的每一个字符都对应一个索引值。索引值从 0 开始。空格和其他的字母一样计数。如下例所示：

```
>>> mystring = "Geographic Information Systems"
```

提取上述字符串首字母的代码如下：

```
>>> mystring[0]
'G'
```

通过这种方法可以获取任何一个字母。

```
>>> mystring[23]
'S'
```

也可以用负数从字符串末尾开始索引，字符串最后一位的索引值是-1。通过这种方法，即使不知道最后一个字符的索引值，也能读取最后一个字符。

```
>>> mystring[-1]
's'
```

一个字符串可以通过切片操作符（:）分成几个更小的字符串。切片操作符前后各有一个索引值。它们分别表示新字符串在原字符串中起始和结束的位置。例如，下面这段代码创建了一个新的字符串，这个字符串包含了原字符串中索引值从 11 到 22（不包括 22）之间的字符。

```
>>> mystring = "Geographic Information Systems"
>>> mystring[11:22]
'Information'
```

起始索引和结束索引都是可选的，如果只保留起始索引，或者只保留结束索引，那么切片操作会从字符串开头处开始，或者直到字符串末尾处结束。例如，下面这段代码创建了一个新的字符串，这个字符串包含了原字符串中索引值从 11 到最大值之间的字符。

```
>>> mystring = "Geographic Information Systems"
>>> mystring[11:]
'Information Systems'
```

find 方法可以用来确定一个子串是否包含在原字符串中，如果包含，则返回第一个符合字符的索引值，否则返回-1。

```
>>> mystring = "Geographic Information Systems"
>>> mystring.find("Info")
11
```

find 方法对大小写也是区分的。

```
>>> mystring = "Geographic Information Systems"
>>> mystring.find("info")
-1
```

当返回值是-1 的时候就表示字符串中没有该子串。

in 操作符类似于 find 方法，但是它返回的是布尔值：

```
>>> mystring = "Geographic Information Systems"
>>> "Info" in mystring
True
```

join 方法是将字符串列表中的所有元素合并为一个新的字符串。

```
>>> list_gis = ["Geographic", "Information", "Systems"]
>>> string_gis = " "
>>> string_gis.join(list_gis)
'Geographic Information Systems'
```

在上面的例子中，列表中的所有元素被合并成了一个新的字符串。字符串类型支持 join 的方法。在本例中，字符串对象（string_gis）一开始是一个空字符（" "），join 方法的参数是列表中的所有元素。

与 join 方法相对的是 split 方法，split 方法就是以它的参数为分隔符将原字符串分割成不同元素，一般情况下这个参数是空格号（" "）。

```
>>> pythonstring = "Geoprocessing using Python scripts"
>>> pythonlist = pythonstring.split(" ")
>>> pythonlist
['Geoprocessing', 'using', 'Python', 'scripts']
```

另一种经常用来处理路径和文件名的方法是 strip 方法。strip 方法是用于删除原字符串中起始和末尾处，属于字符串参数中的字符。例如：

```
>>> mytext = "Commenting scripts is good"
>>> mytext.strip("Cdo")
'mmenting scripts is g'
```

strip 方法是删除字符串起始或者末尾处，属于参数中给定的字符，换句话说，只要参数中的字符位于字符串的起始或末尾处，就删除掉。该方法并不考虑参数中字符的顺序，也不考虑字符串两端是否同时包含参数中的所有字符。

lstrip 和 rstrip 方法分别删除字符串首尾与参数匹配的字符。例如：

```
>>> mytext = "Commenting scripts is good"
>>> mytext.rstrip("Cdo")
'Commenting scripts is g'
```

注意，在这个例子中开头的”Co”并没有移除，那是因为 rstrip 方法只删除末端的字符。

如果 strip 方法不包含任何参数，那么它将删除字符串中的空格。这种方法有助于恢复那些被某个程序格式化过的字符串。

注释：

使用 strip 方法的时候要格外小心，因为该方法不考虑参数中字符串的顺序，这将很容易造成字符的误删。

replace 方法可以将字符串中的一个子串替换成另一个子串。这就类似于文本编辑器中的查找和替换功能。例如：

```
>>> mygis = "Geographic Information Systems"
>>> mygis.replace("Systems", "Science")
'Geographic Information Science'
```

replace 方法经常用于去除文件的后缀名，此时只需要用空字符串（""）替换表示文件后缀名的字符串即可。使用 replace 方法去除文件后缀名比使用 strip 函数更精确，因为无论后缀名在什么位置，replace 函数都可以去除。例如：

```
>>> myfile = "streams.shp"
>>> myfile.replace(".shp", "")
'streams'
```

format 方法通常用于字符串的格式化。它最基本的用法就是通过占位符在字符串中插入一个值。例如：

```
>>> temp = 100
>>> print "The temperature is {0} degrees".format(temp)
The temperature is 100 degrees
```

在这个例子中，{0}就是一个需要替换的字段，它将被 format 函数中的参数（本例中就是

temp）替换。这个方法可以同时实现多次替换。例如：

```
>>> username = "Paul"
>>> password = "surf$&9*"
>>> print "{0}'s password is {1}".format(username, password)
Paul's password is surf$&9*
```

注释：

在现有的脚本中应该会看到，字符串格式化还可以使用%操作符。但是，一般推荐使用 format 函数实现字符串的格式化。

提示：

在 Python 语言中，会遇到使用 Unicode 编码的字符串，这些字符串前都会有个前缀 u，例如，u'roads.shp'。总之可以将字符串看做是纯文本。这些文本按照特定的编码存储。不同的语言使用不同的编码方式。在跨平台时，它将导致一些问题，因为同一个字符在不同的平台下编码可能不一样。当试着用不同的语言浏览网页或者阅读电子邮件的时候也许会遇到这样的问题。为了解决这个问题，Unicode 编码系统被设计用来区分不同语言中每一个字符。Unicode 字符串和常规的字符串运行效果相同，但是在处理不同国家的语言时，Unicode 字符串会更加稳妥。

4.13 处理列表

列表是一种用途广泛的数据类型。在前面已经学习了如何将列表中的元素合并成一个字符串，也学习了如何将一个字符串分割不同的元素，并存储在列表中。在这一节中，将会学习更多有关列表的处理方法。

看下面这个列表：

```
>>> cities = ["Austin", "Baltimore", "Cleveland", "Denver", "Eugene"]
```

len 函数可以查询列表中元素的个数，例如：

```
>>> print len(cities)
5
```

sort 方法可以对列表内的元素进行排序，默认的排序方式是按照字母和数字的顺序。此外，也可以通过设置 sort 函数的参数 reversed 来实现列表的倒序排列。例如：

```
>>> cities.sort(reverse = True)
>>> print cities
['Eugene', 'Denver', 'Cleveland', 'Baltimore', 'Austin']
>>> cities.sort
>>> print cities
['Austin', 'Baltimore', 'Cleveland', 'Denver', 'Eugene']
```

与字符串一样，列表也是有索引的，索引值从 0 开始。这些索引值既可以用于获取列表中的某一个元素，也可以用于将列表分成几个更小的列表。从上面的列表中获取第二个元素的代码如下：

```
>>> cities[1]
'Baltimore '
```

也可以用负数从列表的最后一个元素开始索引。最后一个元素的索引值是-1。通过这种方法，即使不知道最后一个元素的索引值，也能获得最后一个元素。

```
>>> cities[-1]
'Eugene'
```

从列表中获取倒数第二个元素的代码如下：

```
>>> cities[-2]
'Denver'
```

列表可以通过切片操作符（:）分成几个更小的列表。切片操作符前后各有一个索引值。它们分别表示新列表在原列表中起始和末尾的位置。例如，下面的代码创建了一个新的列表，新列表包含原列表中索引值从 2 到 4（不包括 4）之间的元素。

```
>>> cities[2:4]
['Cleveland', 'Denver']
```

注释：

如果仅使用 1 个索引值（例如 cities[1]）将返回列表中的一个字符串值，但是切片操作返回的是一个新的列表。

起始索引和末尾索引都是可选的，如果只保留起始索引或者末尾索引，那么切片操作会从列表起始处开始，或者直到列表末尾处结束。例如，下面这段代码创建了一个新的列表，这个列表包含了原列表中索引值从 2 到最大值之间的元素。

```
>>> cities[2:]
['Cleveland', 'Denver', 'Eugene']
```

下面这段代码可以获得原列表中索引值从 0 到 2（不包括 2）之间的元素。

```
>>> cities[:2]
['Austin', 'Baltimore']
```

另一个重要的列表操作是使用 in 操作符判断某个元素是否包含在列表中。如果包含就返回 True，如果不包含就返回 False，如下例所示：

```
>>>cities = ["Austin", "Baltimore", "Cleveland", "Denver", "Eugene"]
>>> "Baltimore" in cities
True
>>> "Seattle" in cities
False
```

del 语句可以删除列表中的元素。下面的代码就是通过索引值删除列表中指定的元素。

```
>>> cities = ["Austin", "Baltimore", "Cleveland", "Denver", "Eugene"]
>>> del cities[2]
>>> cities
['Austin', 'Baltimore', 'Denver', 'Eugene']
```

除了上述列表操作外，还可以使用列表的方法来处理列表。列表的方法包括 append、count、extend、index、insert、pop、remove、reverse 和 sort 等。最后两个方法已经在本节中介绍过了。下面将对其他的方法做一些简单的介绍。

append 方法可以在列表的末尾处添加元素。

```
>>> cities = ["Austin", "Baltimore"]
>>> cities.append("Cleveland")
>>> cities
['Austin', 'Baltimore', 'Cleveland']
```

count 方法可以返回某个元素在列表中出现的次数。

```
>>> yesno = ["True", "True", "False", "True", "False"]
>>> yesno.count("True")
3
```

extend 方法可以将多个值一次性添加到列表中。

```
>>> list1 = [1, 2, 3, 4]
>>> list2 = [11, 12, 13, 14]
>>> list1.extend(list2)
>>> list1
[1, 2, 3, 4, 11, 12, 13, 14]
```

index 方法可以用于查询列表中某个元素第一次出现时的索引值。

```
>>> mylist = ["The", "quick", "fox", "jumps", "over", "the", "lazy", "dog"]
>>> mylist.index("the")
5
```

本书中使用右箭头符号表示跨行输入一行代码。

insert 方法可以在列表中指定的位置插入一个元素。

```
>>> cities = ["Austin", "Cleveland", "Denver", "Eugene"]
>>> cities.insert(1, "Baltimore")
>>> cities
['Austin', 'Baltimore', 'Cleveland', 'Denver', 'Eugene']
```

pop 方法可以删除并返回指定位置的元素。

```
>>> cities = ["Austin", "Baltimore", "Cleveland", "Denver", "Eugene"]
>>> cities.pop(3)
'Denver'
>>> cities
['Austin', 'Baltimore', 'Cleveland', 'Eugene']
```

remove 方法可以用于删除在列表中第一次出现的指定的元素。

```
>>> numbers = [1, 0, 1, 0, 1, 0, 1, 0, 1, 0]
>>> numbers.remove(0)
>>> numbers
[1, 1, 0, 1, 0, 1, 0, 1, 0]
```

没有必要熟记所有的方法名，代码的自动补充功能会列出所有符合条件的方法。以图 4.1 Python 窗口中的代码为例：第一行代码新建了一个名为 cities 的列表，在后续的代码中，Python 交互式解释器就会将 cities 作为一个列表进行处理。所以当用户在 cities 后输入一个点（.）时，就会有一个包含所有列表方法的下拉列表出现，如图 4.1 所示。

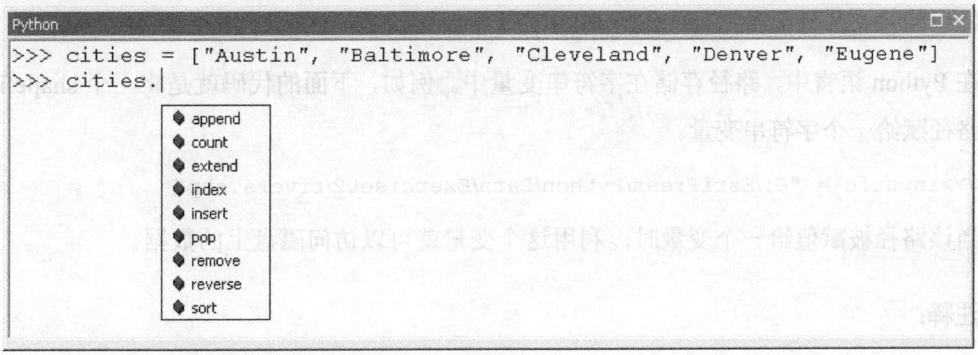

图 4.1

在第 6 章，将看到更多关于列表处理的例子。

4.14 处理路径

计算机中文件夹的组织结构可以确保计算机中的文件能够通过路径检索。路径由一系列文件夹名构成，每个文件夹名之间通过反斜杠（\）隔开。在最后一个文件夹名后面可以添加文件名。某个工作空间的路径示例如下：C:\EsriPress\Python\Data\Exercise04。某个 Shapefile 文件的路径示例如下：C:\EsriPress\Python\Data\Exercise02\rivers.shp。

需要注意的是，在输入路径的时候，会经常用到反斜杠（\）。但是，在 Python 中反斜杠（\）表示转义字符，例如\n 表示换行，\t 表示制表符。所以在输入路径时，要避免使用单个反斜杠（\）。在 Python 中，有以下三种正确的路径格式。

1．使用单斜杠（/），例如：

```
"C:/EsriPress/Python/Data".
```

2．使用两个反斜杠（\\），例如：

```
"C:\\EsriPress\\Python\\Data"
```

3．在路径前面加一个字母 r，例如：

```
r"C:\EsriPress\Python\Data"
```

字母 r 表示原始字符串（rawstring），这样反斜杠（\）就不会被当作转义字符。

每个人都可以按照自己的喜好选择路径输入的方式。建议选择其中一种输入格式，并一直保持下去。在本书中，代码部分将使用单斜杠的格式，例如“C:/Esripress/Python/Data”。不过最好也能熟悉另外两种路径的输入格式。

在 Python 语言中，路径存储在字符串变量中。例如，下面的代码就是将一个 shapefile 文件的路径赋给一个字符串变量。

```
>>>inputfc = "C:/EsriPress/Python/Data/Exercise02/rivers.shp"
```

当该路径被赋值给一个变量时，利用这个变量就可以访问磁盘上的数据。

注释：

本书将在正文部分使用常规的反斜杠（\）定义文件路径，例如 C:\EsriPress\Python\Data\Exercise02\rivers.shp

4.15 模块

在 Python 中除了内置函数以外，还有很多其他的函数。模块可以将一组相关但彼此独立的函数组织在一起。这些模块在被导入到 Python 后，就可以扩展 Python 的功能。一般来说，模块由一系列函数构成，可以通过 import 函数将其导入。Math 模块就是一个最常见的模块，其导入的方式如下：

```
>>>import math
```

模块导入成功后，就可以使用模块中定义的函数，调用函数的方式为<module>.<function>。如果要从 math 模块中调用 cosine 函数，需要使用如下代码：

```
>>>math.cos(1)
0.54030230586813977
```

需要注意的是，math.cos 函数的参数为弧度。可以使用__doc__语句查看函数的说明：

```
>>>print math.cos. __doc__
```

输出结果是

```
Cos(x): Return the cosine of x (measured in radians)
```

dir 语句可以用于获得 math 模块中所有函数的列表：

```
>>>dir (math)
```

之所以使用<module>.<function>语句来调用函数，是因为在不同的模块中可能会出现名称相同但功能不同的函数。如果确认在导入的所有函数中不会出现上述情况，可以使用另一种 import 语句，这样可以减少代码的编写量。

```
>>>from math import cos
>>>cos(1)
0.54030230586813977
```

如果使用 from <module> import <function>语句，就可以直接调用这个函数而不需要将模块的名称作为前缀。

另一种常见的模块是 time 模块，可以使用下面的代码查看 time 模块所包含的函数：

```
>>>import time
>>>print dir(time)
```

这句代码将以列表的形式输出 time 模块中所有的函数。下面将介绍其中几个简单的函数。

time.time 函数将返回从参考时间到当前时间之间的秒数，其中参考时间因平台而异，以 UNIX 平台为例，默认的参考时间为 1970 年 1 月 1 日 0 时。

```
>>>time.time()
1295104277.9679999
```

这个结果虽然会因为平台的不同而有所差异，但是这并不影响它的计时功能。例如，如果想知道执行某个程序所花费的时间，只需要记录程序开始运行和结束运行的时间，从而计算出运行的总时间。

Localtime 函数可以将以秒为单位的时间转换成当前时区的时间，并以结构化的时间格式表达，如下例所示：

```
>>>time.localtime()
time.struct_time(tm_year = 2011, tm_mon = 1, tm_mday = 15, tm_hour = 8, tm_min = 40, tm_sec = 35, tm_wday = 5, tm_yday = 15, tm_isdst = 0)
```

这句代码以元组的形式返回结果。这个元组包含以下元素：年、月、一月中的某一天、时、分、秒、星期几（星期一是 0）、一年中的某一天、夏令时。在后面的章节中，将学习关于元组的详细内容。

asctime 函数可以将时间类型转换成字符串类型。

```
>>> time.asctime()
'Sat Jan 15 08:44:05 2011'
```

Python 中包含很多关键字，这些关键字不可以作为变量名。可以使用 keyword 模块查看这些关键字。

```
>>>import keyword
>>>print keyword.kwlist
```

查看输出的关键字列表会发现 print 和 import 都在里面。随着学习的深入，读者将熟悉更多的关键字，例如 if、lif 以及 else 等流程控制语句，它们将在下一节中进行介绍。

Python 中还有很多可用的模块，在后续的章节中将逐步进行介绍。也可以从其他应用程序中导入模块。与本书最为相关的一个模块就是 ArcGIS 中的 ArcPy 模块。ArcPy 实际上可以看作一个站点包，因为它包含了众多的模块。在编写 ArcGIS 脚本时，通常首先要做的就是从 ArcGIS 中导入 ArcPy 模块，以获得 ArcGIS 中所有工具的使用权限。ArcPy 也使用 <module>.<function>语句结构进行函数调用。在第 5 章中，将会介绍这种语法结构的详细内容。

4.16 条件控制语句

迄今为止，我们所看到的代码都是简单的、单向的工作流。每一个语句和表达式都按照其出现的顺序逐步运行。而复杂的应用要求能够有选择性的运行代码中的某一部分，或者重复运行这个部分。分支语句就可以对工作流进行控制，主要用于在两条运行路径中做出选择。分支语句通常使用 if 语句及其变式来表达。程序会根据不同的条件，决定是继续运行 if 语句内的代码，还是直接跳出该 if 语句，下例所示：

```
import random
x = random.randint(0,6)
print x
if x == 6:
    print "You win!"
```

表达式 random.randint(0,6)随机返回一个 1 到 6 之间的整数，就像在掷一个骰子。在 PythonWin 中，函数产生的结果将会打印在交互式窗口中。如果随机函数的结果是 6，交互式窗口中还会输出字符串“You Win!”。如果结果不是 6，就将跳出 if 语句，从而不能输出上述字符串。

所有的 if 语句都有一个条件表达式：该条件表达式不是真就是假。Python 中有内置的值来表示真和假，其中，True 表示真，False 表示假，这样看起来会很直观，但是在早期版本的 Python 中，则使用 1 表示真，0 表示假。

在条件表达式中，通常会使用比较运算符。表 4.3 中列出了基本的比较运算符。注意，表示等于的符号是双等号（==），而不是单一的等号（=）。单一的等号是用来给变量赋值的。所以 x = 6 是一个赋值语句，而 x == 6 则是一个条件表达式。

表 4.3　　比较运算符

操作符	功能	示例	结果
==	等于	4==9	False
!=	不等于	4!=9	True
>	大于	4>9	False
<	小于	4<9	True
>=	大于等于	3>=3	True
<=	小于等于	3<=2	False

对于条件表达式的语法还需要注意以下几点：第一，条件表达式后面必须使用冒号（:），冒号表明下一行代码需要进行缩进；第二，if 语句可以单独使用，而不需要使用 else 或者 elseif 语句，这点和其他的编程语言一样；第三，if 语句的下一行代码需要进行缩进，这是保证 Python 编码正确的关键一点。

通过代码缩进，可以将几行代码变成一个代码块，一个代码块是由一个或多个具有相同缩进格式的代码行组成。代码缩进使得代码在视觉上比较清晰明确，并且符合逻辑。代码块通常可以作为分支结构的一部分。if 语句中的条件表达式如果为真的话，if 语句中的代码块或语句组合才会运行。在 Python 中缩进是不可或缺的，它是定义代码块唯一的方法。

回顾一下，if 语句的基本结构：

```
if x == 6:
    print "You win!"
```

在第一行代码中，关键字 if 后紧跟着的是条件表达式和冒号（:），然后是一个代码块，它是由一行或多行具有相同缩进格式的代码组成。如果条件判断是真，那么组成这个代码块的语句将会运行。如果条件判断是假，那么将会跳过这个代码块，直接执行后面的语句。如果读者熟悉其他的编程语言，就会发现 Python 中没有 endif 语句。那么 Python 如何知道 if 语句已经结束了呢？当结束使用代码缩进的时候，就表明 if 语句已经结束，所以正确的缩进格式才能保证 if 语句的正常运行。

提示：

可以使用 Tab 键或空格键表示缩进符。这两种方法哪一种比较好，还存在争议。如果使用空格键表示的话，那么要使用多少空格也存在一定的争议。不过，最终选用哪种方法还是取决于个人的习惯。关键是要前后一致，也就是说，如果使用四个空格对代码进行缩进，那么最好就一直使用四个空格。混合使用 Tab 键和空格键虽然看起来没有差别，但是这种方式容易出错。常用的方式是一个 Tab 键或两个空格或四个空格。可以随便选择哪一种方式，只要保证前后一致就行。

通过添加 elif 和 else 语句，if 语句还可以有多种形式。在下面的例子中，elif 语句仅在 if 语句中的条件表达式判断为假时才能执行。如果有需要的话，也可以使用多个 elif 语句。此时，程序会根据不同的输入执行不同的操作。

在 if 语句中，如果前面的条件表达式都为假，则执行 else 语句，它在一个 if 语句中只能被执行一次。else 语句位于所有 elif 语句后面，并且没有条件判断语句。它只能在前面的条件语句都为假的情况下才能被执行。例如：

```
import random
x = random.randint(0,6)
print x
if x == 6:
    print "You win!"
elif x == 5:
    print "Try again!"
else:
    print "You lose!"
```

if 语句的结构也可以称为分支结构，因为该语句可以根据不同的条件执行不同的操作。在 if 语句下，只有满足条件的语句才会被执行，其他的语句都会被跳过。

4.17 循环语句

另一种控制工作流的方法就是使用循环语句。这种类型的语句可以重复执行指定的一段代码，直到条件满足或者所有可能的输入值都使用结束。在 Python 中有两种循环形式：while 循环和 for 循环。

下面是一个 while 循环的例子：

```
i = 0
while i <= 10:
    print i
    i += 1
```

计数器 i 的初始值设置为 0，while 语句用于判断计数器的值是否满足条件。如果条件表达式为真，则继续执行。在 while 语句块中，首先输出计数器的值，然后将计数器加 1。在第一次循环之后，计数器的值就变成了 1。

代码块将会一直重复执行，直到条件表达式为假。上面的 while 语句将会输出 0 到 10 之间的数字。

while 语句需要一个退出循环的条件，在条件表达式中使用的 i 称为哨兵变量，这个哨兵变量将与其他的值进行比较。一定要确保退出循环的条件是可实现的，也就是说在经过多次循环后，这个循环可以结束。否则的话，这个循环将会一直执行下去。例如下面的例子：

```
i = 0
while i <= 10:
    print i
```

在这个例子中，由于哨兵变量的值一直不变，所以无法达到退出循环的条件。这就会导致一个死循环。在编写脚本的时候，一定要避免出现死循环的情况，不然就得通过终止应用程序来退出循环。因此，必须要确保退出循环的条件是可以实现的。

有多种退出死循环的方法。使用 Python 命令行时，则可以按 CTRL+C。使用 PythonWin 时，则可以右击通知栏里的 PythonWin 图标，然后点击"Break into running code"菜单。

注释：

如果上述退出死循环的方法都不管用的话，则需要终止正在使用 Python 的应用程序。在 Windows 平台中，按 CTRL+ALT+DELETE 将会出现一个任务管理器窗口。如果是在某个应用程序中（例如 PythonWin 或 ArcMap）运行 Python 代码，就需要通过任务管理器来终止这些程序。

另外，也要保证条件表达式能判断为真。否则，代码块将无法运行，如下例所示：

```
i = 12
while i <= 10:
    print i
    i +=1
```

在这个例子中，代码块就不能运行。因为赋给哨兵变量的值是 12，不符合 while 语句的条件表达式。虽然这只是一个简单的逻辑判断，但是，如果脚本越来越复杂的话，会容易忽视这些简单的问题。

while 循环是根据条件表达式的真假来判断是否执行循环。而 for 循环虽然也是有一部分代码需要重复执行，但其循环条件不是一个条件表达式，而是一个序列。for 循环按照序列中的每一个元素重复执行代码块。当序列中的所有元素都执行结束时，for 循环也就结束了。

下面是一个简单的 for 循环语句：

```
mylist = ["A", "B", "C", "D"]
for letter in mylist:
    print letter
```

在这个例子中，letter 是一个变量名。每一次循环，变量 letter 都被赋予不同的值。

循环的结果是输出序列中的每一个元素。for 循环每次只处理序列中的一个元素，直到序列中所有元素都遍历结束。上面的例子使用的是一个列表，它是 Python 中用来存储序列的数据类型（或者说是数据结构）。一个列表用方括号（[ ]）表示，其中的元素用逗号（,）隔开。其他类型的序列有元组和字典，这些数据类型将会在第 6 章进行介绍。

4.18 用户输入

许多 Python 脚本都需要从脚本外部输入参数。在 Python 中，有许多方法实现用户输入。第一种方法就是使用一个系统参数 sys.agv，它可以将相关参数传递给脚本。如图 4.2 所示，在 multiply.py 脚本中，需要用户输入两个参数。

当脚本开始运行时，需要在运行脚本对话框中设置参数。参数之间用空格隔开，参数通常可以是值，也可以是文件的路径，如图 4.3 所示。

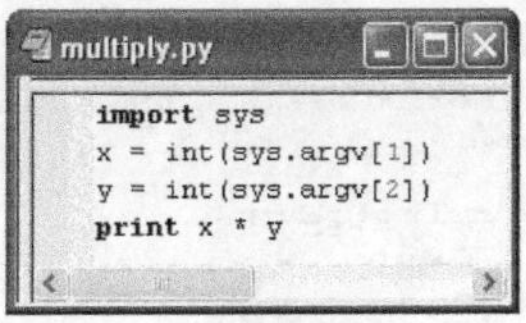

图 4.2

图 4.3

用户输入的参数默认为字符串类型，所以代码中需要使用 int 函数将参数值转换成数值型。脚本一旦在 PythonWin 中运行，结果将会输出到交互式窗口中。

传递到脚本中的系统参数的索引从数字 1 开始，因为 sys.argv[0]存储的是脚本自身的地址。sys.argv 方法经常被用来获取从应用程序传递的信息。在后面的章节中会介绍另一种更为有效的方法，这个方法经常在 ArcGIS 调用脚本时使用。

第二种获得用户输入的方法是使用 input 函数：

```
>>> x = input("")
```

在交互式 Python 编译器中运行这段代码，将出现一个文本框（如图 4.4 所示），用于接收用户输入。

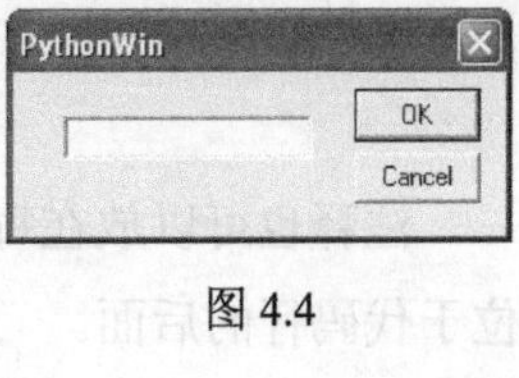

图 4.4

输入结束并点击 OK，输入值就可以在脚本中使用了。

注释：

input 函数仅能在 PythonWin 中使用，而无法在 ArcGIS for Desktop 中的 Python 窗口中使用。不同的 Python 编辑器对于 input 函数的使用方法也不一样。

4.19 注释

一个健壮的脚本语言需要有注释功能，它能帮助用户理解脚本。图 4.5 所示的是一个名为 AddressErrors.py 的脚本。脚本中的第一部分包含了脚本的开发者、版本信息、功能介绍以及运行脚本所需要的许可。AddressErrors.py 脚本是由 Esri 员工开发的。这些注释信息都是通过符号#进行注释的。当脚本运行时，以符号#开头的代码行都不能运行。

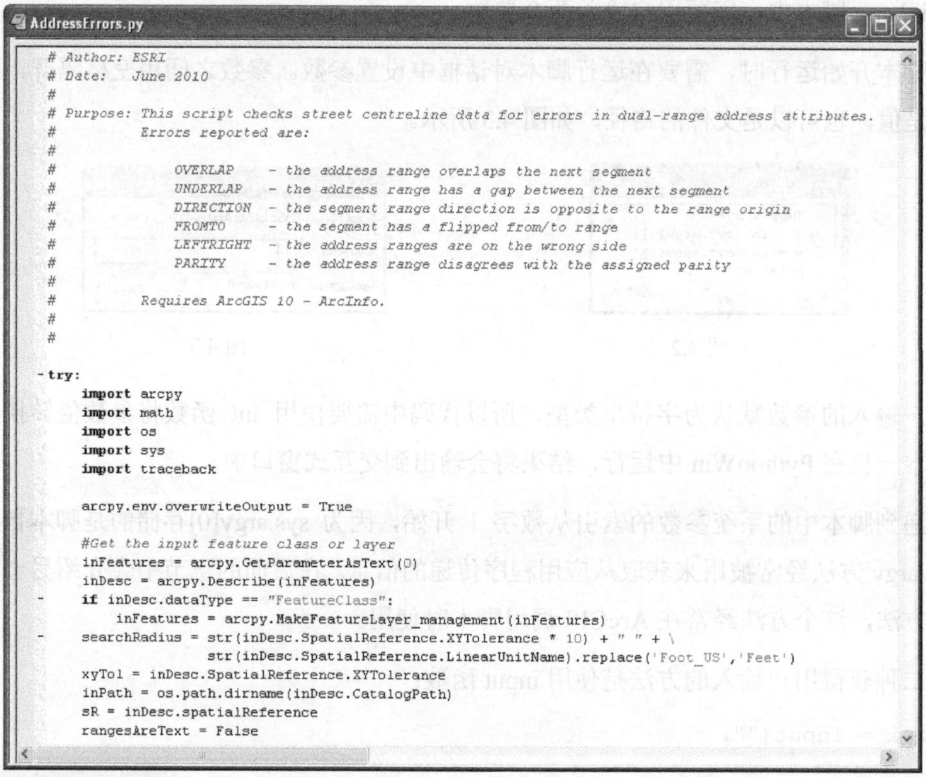
AddressErrors.py
Author: ESRI
Date: June 2010
#
Purpose: This script checks street centreline data for errors in dual-range address attributes.
Errors reported are:
#
OVERLAP   - the address range overlaps the next segment
UNDERLAP   - the address range has a gap between the next segment
DIRECTION   - the segment range direction is opposite to the range origin
FROMTO   - the segment has a flipped from/to range
LEFTRIGHT   - the address ranges are on the wrong side
PARITY   - the address range disagrees with the assigned parity
#
Requires ArcGIS 10 - ArcInfo.
#
#
try:
    import arcpy
    import math
    import os
    import sys
    import traceback
    arcpy.env.overwriteOutput = True
    #Get the input feature class or layer
    inFeatures = arcpy.GetParameterAsText(0)
    inDesc = arcpy.Describe(inFeatures)
    if inDesc.dataType == "FeatureClass":
        inFeatures = arcpy.MakeFeatureLayer_management(inFeatures)
    searchRadius = str(inDesc.SpatialReference.XYTolerance * 10) + " " + \
                   str(inDesc.SpatialReference.LinearUnitName).replace('Foot_US','Feet')
    xyTol = inDesc.SpatialReference.XYTolerance
    inPath = os.path.dirname(inDesc.CatalogPath)
    sR = inDesc.spatialReference
    rangesAreText = False

图 4.5

注释也可以放在每一行代码的后面。如图 4.6 所示，在这个脚本中，就有一些注释信息位于代码行的后面。

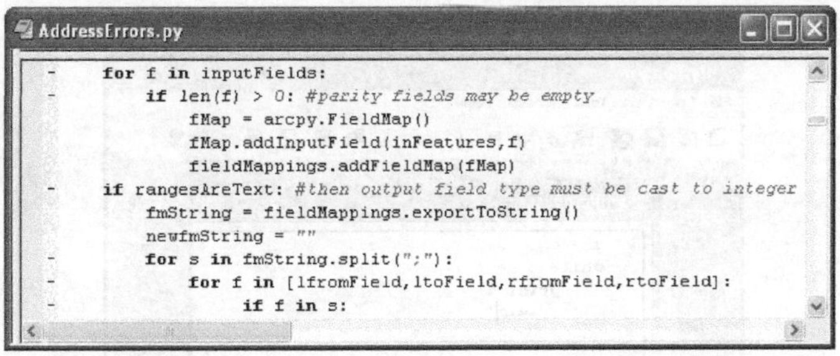

图 4.6

在#后面的注释信息是不会运行的，但是在同一行中，#前面的代码是可以运行的。注释就是用来对脚本的开发者和使用方法做一个简单说明，也包括对某些代码元素的相关信息进行说明。注释既可以帮助使用者理解脚本内容，也可以帮助原脚本的作者回忆当时是如何编写脚本的。

注释不会影响脚本的正常运行。使用注释是一个良好的编码习惯。它既可以帮助脚本使用者理解脚本的内容，也可以帮助脚本开发者回忆脚本的工作原理。每一个脚本至少要包含一段描述脚本功能、作者、开发时间以及使用要求等方面的说明。

注释：

脚本注释还可以使用两个#符号（##）。这种方式一般用于暂时注释一部分代码，以防代码被删除。不过，这两种方法的效果是一样的，不论是使用#还是##，被注释掉的代码都不会被运行。

除了注释符号，还可以使用空白行来组织代码。空白行在 Python 脚本运行时是被忽略的，但是它可以增强代码的可读性。通常情况下，空白行用于将不同部分的代码分隔开来。它和注释一样，也不会影响脚本的正常运行，但是使用空白行会使代码更易于阅读。

4.20 PythonWin 编辑器

由于很多脚本需要在编辑器中（例如 PythonWin）进行编写，因此，为了更好地编写脚本代码，需要了解一些关于编辑器的功能。看一下之前使用过的一个 while 循环的例子，如图 4.7 所示：

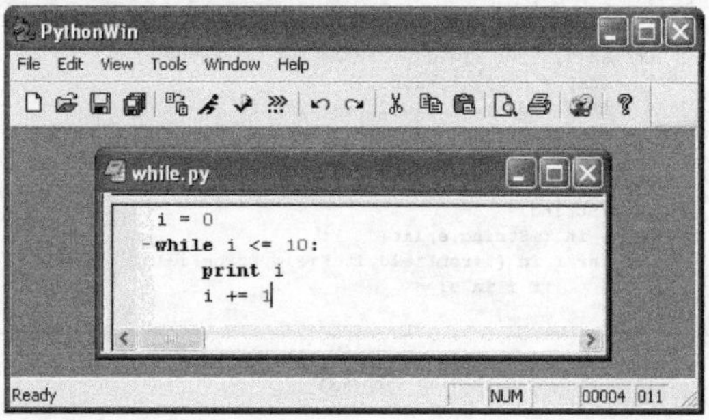

图 4.7

第一，在 PythonWin 右下角的任务栏中，会显示光标所在的位置。在 while.py 脚本中，光标位于最后一行代码的后面。此时，任务栏的第一个数字是行数（4），第二个数字是字符的位置（11）。对于大段的脚本而言，在脚本窗口中显示行号是很有用的。可以通过点击 PythonWin 菜单栏中的 View>Options 来改变显示选项。例如，在 PythonWin 的 Options 窗口中点击 Editor 选项，然后在 Margin Widths 区域提高行数的值，将行数提高到 30。

这一操作可以使行号可见，如图 4.8 所示：

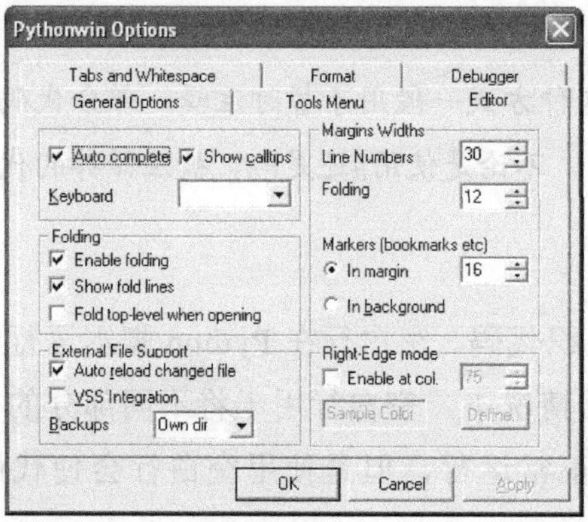

图 4.8

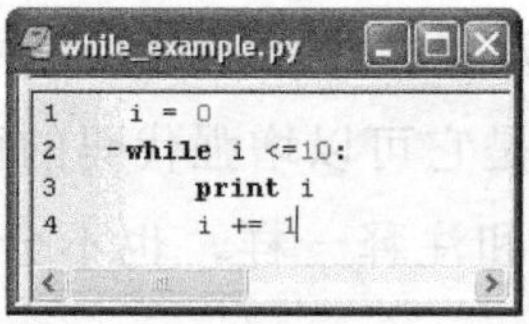

图 4.9

第二，图 4.9 中 while 语句之前有一个减号（-）。点击减号，可以折叠代码块。这可以提高大段代码的可读性。点击加号（+），可以展开代码块，如图 4.10 所示。

第三，空格和制表符默认是不显示的。如果想要显示空格和制表符的话（如图 4.11 所示），可以在 PythonWin 菜单栏中点击 View>Whitespace，这样就可以看到代码块中的空格。它将有助于检查缩进格式是否一致。

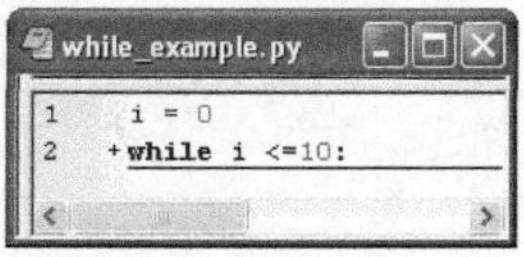

图 4.10

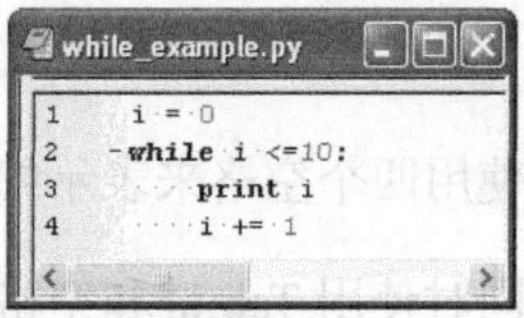

图 4.11

4.21 编码规范

Python 语言需要遵循一定的编码标准，不遵循这些标准的代码将会报错。此外，遵循一定的编码规范可以保证代码正确、高效、易读。在《Style Guide for Python Code》中，就正式地介绍了这个规范，它也被称为 PEP8。它只是 Python Enhancement Proposals（PEPs）中的一小部分。

以下是本书已经涉及的一些规范。这些规范既有 PEP8 中的一些规范，也有其他相关的规范。如果需要学习更多 Python 的知识或者需要自己编写 Python 脚本，最好能熟悉整个编码规范，网址是 http://www.python.org/dev/peps/pep-0008。下面介绍其中的一些规范。

变量名：

- 变量名需要以字母开头，不能用特殊的字符开头，例如星号（*）。
- 全部使用小写字母，例如 mycount。
- 如果需要的话，可以使用下划线，它能增强代码的可读性，例如 count_final。
- 使用描述性的变量名，但是要避免使用俚语或者缩写。
- 变量名要尽量简短。

脚本文件名：

- 脚本文件的名称需要遵循之前变量的命名规范，例如全部使用小写字母，可以使用下划线来提高可读性。

注释：

虽然在 Python 脚本的文件名中，每一个单词的首字母都可以是大写的，但第一个单词的首字母，如 myIntegerVariable。这种大写方式并不符合《Style Guide for Python Code》的规范，因此不推荐使用大写字母。

缩进：

- 建议使用四个空格来表示缩进。
- 不要同时使用 Tab 键和空格键来表示缩进。

注释：

- 需要适当在脚本中添加相关注释，例如每一个功能块都需要有相关的注释内容。
- 每一个脚本工具或函数文件前都需要有一个头文件，它应该包含脚本文件名、功能介绍、运行要求、作者以及开发时间等信息。

需要注意的是，不是一定要严格遵循上述编码规范，换句话说，即使违反了上述规范，也不一定会导致语法错误。但是，遵循上述规范可以提高代码的连贯性和可读性。

本章要点

本章介绍了 Python 语言的基础知识。虽然还有很多关于 Python 的知识需要学习，但是掌握这些基础知识就已经可以开始学习如何编写地理处理脚本了。

关于 Python 的几个注意点：

- Python 代码可以直接在交互式 Python 解释器中运行。也可以将代码保存在后缀名为.py 的脚本文件中。
- 在 Python 中可以使用表达式和语句。前者用来表示一个或多个值，后者用来表示一种操作。
- 变量名应该全部小写，并且可以包含字母、数字以及下划线。使用赋值语句可以为变量赋值。
- Python 包含很多标准的内置函数，它们都可以被调用。如果使用的函数不是内置函数，需要先导入相应的模块，再使用<module>.<function>的方式调用该函数。
- 可以用 Python 中内置的函数对字符串进行处理，这些函数包括子串查询、字符串连接、字符串分割、字符串过滤、字符串类型转换等。
- 列表是一种功能丰富的数据类型。列表中的某个元素可以通过索引值获取，索引值从

0 开始，例如 mylist[0]。Python 语言中有许多处理列表的内置函数和方法，其中包括列表排序、列表切片、删除元素、添加元素、插入元素等。

- 在 Python 脚本中可以使用循环和分支结构控制工作流。这些结构通过代码的缩进来构成代码块。代码缩进是 Python 语言中不可或缺的一部分。

- Python 语言在多数情况下是区分大小写的。

第二部分
编写地理处理脚本

第 5 章 使用 Python 进行地理处理

5.1 引言

本章首先将介绍 ArcPy 站点包，ArcPy 可以将 ArcGIS 和 Python 紧密地结合在一起。随后将介绍 ArcPy 的模块、类和函数，通过它们可以访问所有的地理处理工具。本章还将介绍一些与地理处理任务相关的非工具函数，这些函数包括环境设置函数、路径设置函数以及许可管理函数等。

5.2 ArcPy 站点包

使用 Python 中的 ArcPy 站点包可以访问 ArcGIS 的地理处理功能。Python 中的站点包是一个可以增加 Python 功能的函数库。这个站点包的使用方式与模块类似，但是它不仅包含了很多模块，还包含了很多函数和类。

为了使 Python 脚本更简单、更强大，ArcGIS 10 中引入了 ArcPy。在 ArcGIS 10 发布之前，Python 是通过使用 ArcGISscripting 模块访问 ArcGIS 地理处理功能。编写地理处理脚本也是使用这个模块。本书只重点介绍 ArcPy，而不会详细介绍旧版的模块。但是，有时候用户可能会用到旧版的脚本，所以在 5.4 节中，本书会简单地介绍旧版中的 ArcGISscripting 模块。ArcGIS10 依旧支持这个模块，所以使用这个模块的脚本还是可以继续运行的。

ArcPy 站点包由各种模块、函数、工具和类组成，它们将在本章的后续部分进行介绍。

5.3 导入 ArcPy

在使用 ArcPy 之前，需要先导入 ArcPy 站点包。因此，在常见的地理处理脚本中，第一行代码会是：

```
import arcpy
```

在导入 ArcPy 之后，可以运行 ArcGIS 标准工具箱中的所有地理处理工具。

ArcPy 包含很多模块，其中有两个专业模块，分别是自动化制图模块（arcpy.mapping）和地图代数模块（arcpy.sa）。可以使用以下语句导入这些模块：

```
import arcpy.mapping
```

当导入 ArcPy 或者其中的某个专业模块后，就可以使用该模块中的函数和类。

在编写 ArcGIS 脚本时，一般要先设置当前工作空间。例如，下面的代码会将 C:/Data 设置为当前工作空间。

```
import arcpy
arcpy.env.workspace="C:\Data"
```

注意，该路径是一个字符串变量。

注释：

不要在路径表达式中使用单个反斜杠（\），因为在 Python 中单个反斜杠（\）是转义字符。

在 ArcPy 中，地理处理环境参数可以通过 env 类的属性进行设置。类将在 5.8 节中进行介绍。属性可以写入和读取具体值。在上面的代码中，env 是一个类，workspace 是这个类的属性，使用该属性的语法如下：

```
arcpy.<class>.<property>
```

在本章将会有更多的关于这些语法结构的例子。

一般情况下，不需要使用模块中的所有内容。此时，可以使用 from-import 语句导入模块的一部分。在下例中，将导入 env 类（env 类包含所有地理处理环境）。此时就无需以 arcpy.env 的形式访问环境，而可以将其简化为 env。

```
from arcpy import env
env.workspace = "C:/Data"
```

也可以通过使用 from-import-as 语句，对模块或模块的一部分进行标识。虽然这种方法不会缩短代码的长度，但却使脚本更具可读性。

```
from arcpy import env as myenv
```

```
myenv.workspace = "C:/Data"
```

使用 from-import-as-*语句则更加简洁。模块的内容将被直接导入到命名空间中，这表示用户随后可以直接使用所有这些内容，而无需将诸如“myenv”或某个模块名作为它们的前缀。

```
from arcpy import env as *
workspace = "C:/Data"
```

注释：

使用 from-import-as-*语句虽然可以减少代码的长度，但是使用时一定要谨慎，因为具有相同名称的对象、变量或模块等都将被覆盖。因此，最好使用 arcpy import env 方式导入模块。

5.4 使用旧版 ArcGIS

ArcGIS10 引入了 ArcPy 站点包。在这之前，地理处理工具是通过访问 ArcGISscripting 模块获取。因此，以前在 Python 脚本中导入地理处理功能模块的语句与现在的 import arcpy 语句稍微有些不同。

使用 9.3 版的地理处理对象，语法如下：

```
import arcgisscripting
gp = arcgisscripting.create(9.3)
```

使用 9.3 版之前的地理处理对象，语法如下：

```
import arcgisscripting
gp = arcgisscripting.create()
```

可以注意到，在上面两个例子中首先都导入了 ArcGISscripting 模块，然后创建了一个地理处理对象。这个地理处理对象可以访问 ArcGIS 中所有的地理处理功能。而在 ArcPy 中，不再需要创建地理处理对象。

除了可以使用 ArcGISscripting 模块创建地理处理对象之外，还可以通过使用 Python win32com 模块创建地理处理对象，这些对象同样可以访问地理处理工具。下面是使用 win32com 模块的代码：

```
import win32com.client
gp = win32com.client.Dispatch("esriGeoprocessing.GpDispatch.1")
```

上述三种方法除了需要创建地理处理对象，其余的语法与 ArcPy 虽然不全一样，但也基本一致。在旧版本中设置当前工作空间的代码是：

```
gp.workspace = "C:/Data"
```

Python win32com 模块不再安装在 ArcGIS10 中。因此，在默认安装下，任何使用 win32com 模块的脚本都不能运行。不过，PythonWin 编辑器的安装包中包含了 win32com 模块，所以在那里可以使用 win32com 模块。

尽管语法相似，但是同时使用旧版本的 ArcGISscripting 和新版的 ArcPy 很容易导致混乱。本书重点讲解 ArcPy 的使用，因为它与早期版本相比，具有很多的优势。许多现有的 Python 脚本（也包括许多由 Esri 编写的脚本）都是用 ArcGISscripting 模块编写的。这些脚本还能继续运行是因为 ArcGIS10 还继续支持 ArcGISscripting 模块。但是 ArcGIS10 中很多新的功能在旧版的 ArcGIS 中都不可以使用。

Python 脚本初学者首先要做的就是学习 ArcPy 站点包。如果需要修改旧版本的代码，就需要掌握 ArcGISscripting 模块和 win32com 模块的相关内容。然而，在 ArcGIS Desktop 10 的帮助文档中不再包括这两个模块的使用说明和示例代码。此时，需要查阅 9.3 版本的帮助。这些帮助文档可以在网上找到，网址是 http://webhelp.esri.com/ArcGISdesktop/9.3。

注释：

这本书后面的部分将不再对 ArcGISscripting 和 win32com 模块做进一步介绍。

5.5　使用地理处理工具

ArcPy 可以访问 ArcGIS for Desktop 中的地理处理工具。在 Python 脚本里，可以通过工具的名称来调用工具。这些工具还具有各自的标签，它们是显示在 ArcToolbox 中的名称。工具的名称与工具的标签虽然很相似，但是在工具的名称中是不包含空格的。例如，在 Data Management 工具箱中工具 Add Field 标签是 Add Field，而其名称是 AddField。

除此之外，对于一些特殊的工具，还需要引用工具箱的别名来调用工具。因为不同的工具在不同的工具箱中可能会有相同的名字。例如，在 ArcToolBox 中，就有多个 Clip 工具：在 Analysis 工具箱中有一个，在 Data Management 工具箱中也有一个。工具箱的别名同工具箱的名称和工具箱的标签也不相同，它是工具箱名称的缩写。例如，Data Management 工具箱的别名是“management”。因此，在 Python 中，Data Management 工具箱中的 Clip 工具是 Clip_management。

需要注意的是，在 Python 中，不需要引用工具集（Raster>Raster Processing）的名称。

利用 Python 调用工具的方法有两种。最早是通过调用函数的形式调用工具，所有工具在 ArcPy 中均以函数的形式提供。一个 ArcPy 函数针对某一特定的任务完成相应的功能。通过函数调用工具的语法如下：

```
arcpy.<toolname_toolboxalias>(<parameters>)
```

下面是运行 Clip 工具的代码：

```
import arcpy
arcpy.env.workspace = "C:/Data"
arcpy.Clip_analysis("streams.shp", "study.shp", "result.shp")
```

也可以通过匹配工具箱别名的形式调用工具。以这种方式调用工具首先要引用工具箱的别名，随后是工具名，最后是工具参数。具体语法如下：

```
arcpy.<toolboxalias>.<toolname>(<parameters>)
```

下面是运行 Clip 工具的代码：

```
import arcpy
arcpy.env.workspace = "C:/Data"
arcpy.analysis.Clip("streams.shp", "study.shp", "result.shp")
```

两种方法具有同样的效果。使用哪一种方法取决于个人喜好和编码习惯。

注释：

本书中采用 arcpy.Clip_analysis 这样的方式调用工具，在其他书籍中可能会出现其他调用工具的方式。

关于 Python 语法的几点注意事项：

- Python 是区分大小写的，因此 Clip 是正确的，而 clip 是错误的。
- 代码中含有多个空格不会对代码的执行产生影响。例如，workspace="C:/Data"和 workspace = "C:/Data"是一样的。空格并不是必需的，但它能增强代码的可读性。不过，不能在模块、函数、类、方法和属性中使用空格，例如，env.workspace 是正确的，但是 env. workspace 就是错误的。也不要在函数和参数之间使用空格，例如<toolname>(<parameters>)是正确的，但是<toolname>　(<parameters>)就是错误的。
- 在 Python 中使用的引号都是英文引号("")，而不是中文引号(“ ”)。当使用 Python 编辑器编写代码的时候，会自动输入格式正确的引号。但是当从其他应用文件中（例如 Microsoft Word 文件或者 PDF 文件）复制代码的时候，就会出现引号格式不正确的情况。

运行地理处理工具的一个关键点就是要保证参数的语法正确。每一个地理处理工具都有参数，包括必选参数和可选参数。这些参数为工具的运行提供了必要的信息。常见的参数有输入数据集、输出数据集，还有控制工具运行的关键字。参数本身具有以下属性。

- 名称：每个工具的参数都具有一个唯一名称。
- 类型：所需数据的类型，如要素类、整型、字符串或栅格。
- 方向：定义是输入值还是输出值。
- 必选：表示该参数是必选参数还是可选参数。

每个工具的帮助文档都介绍了工具的参数和属性。一旦用户设置了有效的参数，工具就可以运行。大多数参数的值都是以字符串的形式表示，例如数据集的路径或关键字。

如图 5.1 所示是 Clip 工具的参数说明：

Parameter	Explanation	Data Type
in_features	The features to be clipped.	Feature Layer
clip_features	The features used to clip the input features.	Feature Layer
out_feature_class	The feature class to be created.	Feature Class
cluster_tolerance (Optional)	The minimum distance separating all feature coordinates as well as the distance a coordinate can move in X or Y (or both). Set the value to be higher for data with less coordinate accuracy and lower for data with extremely high accuracy.	Linear unit

图 5.1

Clip 工具有四个参数，最后一个参数（cluster_tolerance）是可选的。这个工具的语法如下：

```
Clip_analysis(in_features, clip_features, out_feature_class, {cluster_tolerance})
```

Clip 工具名字后面紧跟着由括号括起来的工具参数。参数之间使用逗号（,）隔开。大括号（{}）中的参数是可选参数。

使用地理处理工具的语法基本都遵循以下几个模式：

- 先输入必选参数，再输入可选参数。
- 通常第一个参数是输入数据集，随后是输出数据集，接下来就是其他必选参数，最后是可选参数。
- 输入数据集的参数名一般以“in_”作为前缀（例如 in_data、in_features、in_table, in_workspace），输出数据集的参数名一般以“out_”作为前缀（例如 out_data、out_features、

out_table)。

可选参数在参数列表中总是位于必选参数的后面，这样就可以省略一些用不到的可选参数。但是，有时候一些可选参数也是需要设置的，因为需要按照工具语法中规定的参数顺序设置参数，因此，在设置工具的参数时，有可能需要跳过一些可选参数。

下面以 Buffer 工具的语法为例：

```
Buffer_analysis (in_features, out_feature_class, buffer_distance_or_field,
{line_side}, {line_end_type}, {dissolve_option}, {dissolve_field})
```

下面是一段运行 Buffer 工具的代码：

```
import arcpy
arcpy.env.workspace = "C:/Data/study.gdb"
arcpy.Buffer_analysis("roads", "buffer", "100 METERS")
```

在这个例子中，怎样指定可选参数 dissolve_field，并且跳过其他可选参数呢？有以下几种不同的解决方法：

- 将可选参数设置为空字符串 ("")或井号 ("#")。
- 明确指定要使用的参数名称及其参数值。

Buffer 工具有三个必选参数，四个可选参数。为了指定可选择参数"dissolve_field"，需要跳过两个可选参数。有如下三种方法实现上述要求：

```
arcpy.Buffer_analysis("roads", "buffer", "100 METERS", "", "", "LIST", "Code")
arcpy.Buffer_analysis("roads", "buffer", "100 METERS", "#", "#", "LIST",
"Code")
arcpy.Buffer_analysis("roads", "buffer", "100 METERS", dissolve_option="LIST",
dissolve_field="Code")
```

上面每一种方法中的可选参数 line_side 和 line_end_type 都使用默认值。

注释：

上述三种方法都是正确的，而本书所有的示例代码都将选用第一种方法。

在上面的例子中，工具中数据参数的名称使用的都是实际的文件名（例如"roads"），表明参数是"硬编码"的，即参数并没有以变量的形式进行设置，而是直接输入参数值。尽管这个语法是正确的，并且能正常运行，但是不直接使用文件名而使用参数变量可以使代码更加灵活。首先，创建一个变量并且赋值。然后就可以将这个变量当作一个参数使用。这些变量的值将传递到工具中。例如，在 Clip 工具的例子中，代码如下：

```
import arcpy
arcpy.env.workspace = "C:/Data"
infc = "streams.shp"
clipfc = "study.shp"
outfc = "result.shp"
arcpy.Clip_analysis(infc, clipfc, outfc)
```

在这个例子中，数据集的名字虽然在调用工具的代码中不再是“硬编码”的，但是它在设置参数变量的时候依旧是“硬编码”的。因此，下一步需要学习如何通过用户或者其他工具提供参数值，这样脚本中就不会再出现文件名。例如，下面是运行 Copy 工具的代码。在这段代码中，使用了 GetParameterAsText 函数来获取输入和输出参数：

```
import arcpy
infc = arcpy.GetParameterAsText(0)
outfc = arcpy.GetParameterAsText(1)
arcpy.Copy_management(infc, outfc)
```

本章后续的部分将介绍如何使用函数，GetParameterAsText 和相关的函数将会在第 13 章中进行介绍。脚本工具经常需要根据用户的输入设置参数，以这种方式使用变量可以增加代码的灵活性和可重用性。

以下是关于 Python 中变量名的一些注意事项。变量名可以包含任何有效字符，但最好能具有统一的命名风格。《Style Guide for Python Code》推荐使用小写字符，为了增强代码的可读性，还可以使用下划线，例如 my_clip 以及 clip_result。变量名要简短（但要有一定含义），这样可以减少代码的编写量以及错误，例如用 clipfc 代替 clipfeatureclass。

ArcPy 将以对象的形式返回输出结果。当输出结果是一个新的要素，则结果对象需要包含新要素的路径。工具执行的结果可以是字符串、数字或者布尔值。使用结果对象的优点是它可以保留工具执行的相关信息，包括消息、参数和输出。

例如，下面这段代码运行了一个地理处理工具并且以对象的形式输出结果：

```
import arcpy
arcpy.env.workspace = "C:/Data"
mycount = arcpy.GetCount_management("streams.shp")
print mycount
```

这一段代码的结果对象是以字符串表示：

```
3153
```

当输出结果包含一个要素，则结果对象输出的是这个要素的路径。例如，下面是运行 Clip 工具的代码：

```
import arcpy
arcpy.env.workspace = "C:/Data"
myresult = arcpy.analysis.Clip("streams.shp", "study.shp", "result.shp")
print myresult
```

输出的结果是以字符串形式表示的路径。

```
C:/Data/result.shp
```

结果对象具有属性和方法，在本章的后续部分将进行详细介绍。

结果对象也可以作为其他函数的输入。例如，在下面的代码中，一个要素类执行了 Buffer 工具，并以对象形式输出结果。这个结果对象又被作为 Get Count 工具的输入，代码如下：

```
import arcpy
arcpy.env.workspace = "C:/Data/study.gdb"
buffer = arcpy.Buffer_analysis("str", "str_buf", "100 METERS")
count = arcpy.GetCount_management(buffer)
print count
```

尽管很多工具都只有一个输出，但是也有一部分工具有多个输出。结果对象中的 getOutput 方法可以通过索引值来获得指定的输出。获取地理处理结果的通用方法如下：

```
import arcpy
arcpy.env.workspace = "C:/Data/study.gdb"
buffer = arcpy.Buffer_analysis("str", "str_buf", "100 METERS")
count = arcpy.GetCount_management(buffer).getOutput(0)
print str(count)
```

可以创建一系列地理处理操作，就像 ModelBuilder 一样，并且这一系列操作只向调用脚本的应用程序返回最终的输出结果。

5.6 使用地理处理工具箱

ArcPy 站点包被导入 Python 后，就可以使用 ArcGIS 所有的系统工具。在 Python 中导入自定义工具箱，也可以使用其中的自定义工具。所以即使自定义工具箱被添加到 ArcToolbox 中，如果没有使用 import 语句导入自定义工具箱，那么也无法通过 Python 访问这些工具。使用 ImportToolbox 函数可以解决这一问题。下面的代码显示了如何导入工具箱：

```
import arcpy
arcpy.ImportToolbox("C:/Data/sampletools.tbx")
```

ImportToolbox 函数引用的是磁盘上实际的工具箱文件（.tbx），而不是仅仅引用工具箱的名称。

在导入工具箱后，利用 Python 获取工具的语法如下：

```
arcpy.<toolname>_<toolboxalias>
```

获取自定义工具的语法与获取系统工具的语法几乎一样。ArcPy 根据工具箱的别名访问并运行工具。系统工具箱都有明确的别名，但是自定义工具箱却没有。工具箱的别名同工具箱的名称（即.tbx 文件名）以及工具箱的标签（工具箱显示的名称）都不一样，它需要单独命名。由于没有默认的别名，因此给自定义的工具箱定义别名是一个良好的习惯。如果一个工具箱没有别名，则可以通过 ImportToolbox 函数的第二个参数，设置一个临时别名，具体的代码如下：

```
arcpy.ImportToolbox("sampletools.tbx", mytools)
```

一旦设置了别名，就可以通过 Python 访问工具箱中的工具。例如，如果文件 sampletools.tbx 包含一个叫作 MyModel 的工具，访问这个工具的代码如下：

```
arcpy.MyModel_mytools(<parameters>)
```

或者：

```
arcpy.mytools.MyModel(<parameters>)
```

ImportToolbox 函数还可以用于从网络或本地服务器上加载地理处理服务。

尽管 ArcPy 提供了访问 ArcGIS 中所有工具的接口，但是工具是否可用还依赖于 ArcGIS 的许可级别（基础版、标准版、高级版）以及是否安装并授权了相关的功能扩展模块。此外，安装自定义工具箱可以提供除系统工具之外的一些新的地理处理工具。

在 Python 中，可以通过 Usage 函数获取工具的语法。例如，下面的代码输出了 Editing Tools 工具箱中所有工具的语法：

```
import arcpy
tools = arcpy.ListTools("*_analysis")
for tool in tools:
print arcpy.Usage(tool)
```

这些语法也可以在每个工具的帮助文档中获得，但是使用 Usage 函数可以直接在 Python

中查阅相关工具的语法。

另一种在 Python 中直接访问语法的方法就是使用 Python 内置的 help 函数。例如，下面的代码将输出 Clip 工具的语法：

```
print help(arcpy.Clip_analysis)
```

5.7 ArcPy 函数

Python 中的函数具备特定的功能，它能完成某项特定任务。所有地理处理工具都可以通过函数的形式调用。此外，ArcPy 还提供了很多非工具函数。它们可以实现很多有用的功能，例如处理数据集列表、查询数据集属性、确定数据是否存在、检查数据集名称的有效性等。这些函数是为实现 Python 工作流而设计的，因此它们和 ArcToolbox 中的工具不一样，只能在 ArcPy 中使用。所以在 ArcPy 中，所有的工具都是函数，但函数不一定都是工具。

在 Python 中调用函数的方式和调用工具的方式十分相似。函数需要参数，有必选参数，也有可选参数。函数具有返回值。大多数函数是以对象的形式返回结果。这些结果对象可以是数据集、字符串、数值、布尔值或者地理处理对象。

函数的语法和工具的语法是一样的：

```
arcpy.<functionname>(<arguments>)
```

例如，下面的代码用于确定数据集是否存在，然后输出 True 或者 False：

```
import arcpy
print arcpy.Exists("C:/Data.streams.shp")
```

arcpy.Exists 函数返回的是一个布尔值。其他的函数返回其他类型的值，包括字符串或者数字。

函数可以分成以下几类：

- 光标函数
- 数据描述函数
- 环境和设置函数
- 字段函数
- 数据库管理函数
- 通用函数

- 通用数据函数
- 参数获取和设置函数
- 许可和安装函数
- 数据列表函数
- 日志函数
- 消息和错误处理函数
- 进度对话框函数
- 栅格数据函数
- 空间参考转换函数
- 工具和工具箱函数

将函数划分成不同类型主要是为了反映 ArcPy 函数的逻辑组织结构，这些类型的名称并不会出现在 Python 语法中。因此，与工具不同，函数基本都是直接调用的，不需要在调用函数前引用上述函数类型的名称。ArcGIS 的帮助文档提供了一份完整的 ArcPy 函数列表，并对它们进行了详细的说明。在后面的章节中将介绍其中一些函数。

从本质上讲，ArcPy 中所有的工具都是函数，并且这些工具的访问方式和 Python 函数的访问方式一样。为了避免混淆，ArcPy 函数被分为工具函数和非工具函数，这两种函数之间有几个重要的区别：

- 帮助文档的位置不同。工具的帮助文档位于地理处理工具的帮助文档中，也可以在使用 ArcToolbox 运行工具时，通过工具对话框获得相应的帮助文档。非工具函数的帮助文档位于 ArcPy 的帮助文档中。
- 工具是否可用取决于所获取的 ArcGIS 许可级别（基础版、标准版、高级版）以及扩展模块的类型（3D Analyst 模块、Network Analyst 模块、Spatial Analyst 模块等）。每一个工具都需要相应的许可。非工具函数并不需要独立许可。ArcPy 中所有的非工具函数与 ArcPy 一同安装，所以它们并不依赖于 ArcGIS 的许可。
- 工具会生成地理处理信息，这些信息可以通过很多函数访问。非工具函数并不生成这些信息。
- 调用工具需要使用工具箱别名或者模块名，非工具函数不需要。

- 工具返回结果对象，非工具函数则不需要返回结果对象。

5.8 ArcPy 类

很多工具的参数都属于简单的类型，例如要素类、字段名称、数值。它们处理起来相对简单，经常可以用字符串进行赋值。但是，有些工具的参数却比较复杂，例如，在处理栅格数据时，有时候需要将坐标系或者重分类表作为参数。这时，就需要使用类。类可以用来创建对象。对象创建成功后，就可以使用它的属性和方法。所以，空间参考或重分类表会以对象的形式传递给工具。

在本章前面的部分，已经使用过 ArcPy 的 env 类。env 类的属性包含了一系列的地理处理环境。例如，workspace 就是 env 类的一个属性，所以访问工作空间的语法是 env.workspace。

设置类属性的语法如下：

```
<classname>.<property> = <value>
```

设置当前工作空间的代码如下：

```
import arcpy
arcpy.env.workspace = "C:/Data"
```

另一个频繁使用的 ArcPy 类是 SpatialReference 类。这个类有很多属性，包括众多坐标系统参数。为了使用这些属性，这个类必须先实例化。初始化一个新的实例的语法如下：

```
arcpy.<classname>(parameters)
```

初始化一个新的 SpatialReference 类的代码如下：

```
import arcpy
prjfile = "C:/Data/myprojection.prj"
spatialref = arcpy.SpatialReference(prjfile)
```

在这个例子中，SpatialReference 类通过读取一个现有的投影文件（.prj）,创建了一个 spatialref 对象。该投影文件（.prj）已经在磁盘中，并且用于创建对象。对象创建成功后，就可以使用对象的属性。以 SpatialReference 类为例，可以设置空间参考里的任意参数，如坐标系统参数、容差以及属性域。

例如，下面的代码基于现有的.prj 文件创建了一个空间参考对象，然后使用该对象的名称属性来获得空间参考的名称：

```
import arcpy
prjfile = "C:/Data/streams.prj"
spatialref = arcpy.SpatialReference(prjfile)
myref = spatialRef.name
print myref
```

运行代码会显示出空间参考的名称，如下所示：

```
NAD_1983_StatePlane_Florida_East_FIPS_0901_Feet
```

类经常用来避免冗长复杂的字符。例如，用类来代替一些复杂的工具参数。大多数工具参数（例如数据集名称、路径、关键字、字段名、属性域、容差等）都使用简单的字符串表达。然而，有些参数很难用简单的字符定义，因为这些参数需要更多的属性。以一个要素类的坐标系统为例。对于一个 shapefile 文件来说，它的坐标系统存储在.prj 文件中，这个文件是一个带有.prj 扩展名的常规文本文件。在 Notepad 中打开一个.prj 文件，会看到如图 5.2 所示的内容。

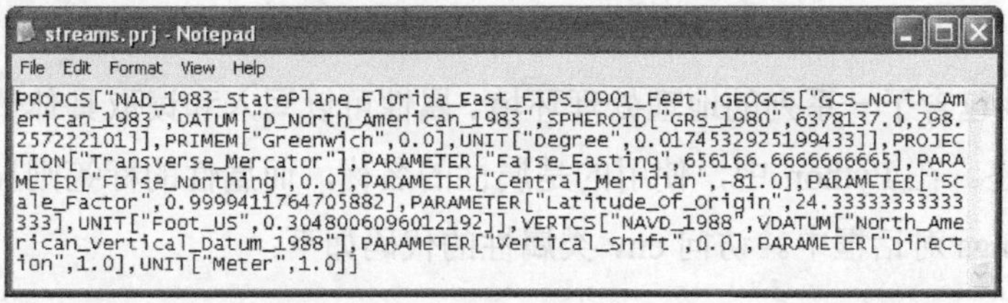

图 5.2

处理这种类型的字符串会有点复杂。如果仅用坐标系统名或.prj 文件来表示坐标系统，就会显得简单很多，而通过使用 SpatialReference 类，就可以实现这种功能。

例如，可以创建一个 SpatialReference 对象，并用它来定义一个新要素类的坐标系统。这个要素类是通过 Create Feature Class 工具创建的。在 Python 中使用这个工具的语法如下：

```
CreateFeatureclass_management(out_path, out_name, {geometry_type}, {template},
{has_m}, {has_z}, {spatial_reference}, {config_keyword}, {spatial_grid_1}, {spatial_grid_2},
{spatial_grid_3})
```

下面的代码创建了一个空间参考对象，然后用它来定义一个新要素类的坐标系统：

```
import arcpy
out_path = "C:/Data"
out_name = "lines.shp"
prjfile = "C:/Data/streams.prj"
spatialref = arcpy.SpatialReference(prjfile)
arcpy.CreateFeatureclass_management(out_path, out_name, "POLYLINE", "", "",
"", spatialref)
```

使用 SpatialReference 对象比尝试处理.prj 文件中的字符串要简单许多。

注释：

一般情况下，工具的可选参数是可以省略的，除非它后面有一个需要用户设置的可选参数。空字符串（""）表示可选参数使用默认值。在上面的例子中，空间参考参数前面有三个可选参数，它们使用空字符串表示。

5.9 环境设置

环境设置从本质上讲是影响工具执行结果的隐含参数。前面已经学习了如何使用 env 类进行环境设置，本章将详细介绍环境设置的具体内容，因为环境设置是控制地理处理工作流的重要基础。

env 类的属性包含了一系列的地理处理环境。属性可以写入和读取具体值。每一个属性都有一个名称和标签。在 Python 中，使用的是属性的名称，而属性的标签则显示在 ArcGIS 的 Environment Settings 对话框中。访问 env 类属性的代码如下：

```
arcpy.env.<environmentName>
```

例如，可以使用以下代码设置当前工作空间：

```
import arcpy
arcpy.env.workspace = "C:/Data"
```

也可以使用 from-import 语句访问 env 类：

```
import arcpy
from arcpy import env
env.workspace = "C:/Data"
```

env 类中还有很多其他的属性。在 ArcPy 帮助文档中可以找到一个完整的列表。有些属性是通用的，例如长度、输出坐标系、临时工作空间和 XY 域。有些属性只针对某一类型数据，例如要素类或栅格数据集。其中，栅格大小、掩膜等都仅用于栅格数据集。下面的代码将栅格大小设置为 30：

```
import arcpy
from arcpy import env
env.cellSize = 30
```

env 类属性不仅可以进行环境设置，也可以读取现有环境设置的值。例如，下面的代码读取了 XY 容差的值。

```
import arcpy
from arcpy import env
print env.XYTolerance
```

运行这段代码将会输出 XY 容差值。除非之前设置过 XY 容差，否则将会输出空值。

可以使用 ArcPy ListEnvironments 函数获得一个包含所有地理处理环境的列表：

```
import arcpy
print arcpy.ListEnvironments()
```

运行代码，将按字母顺序以列表形式输出所有地理处理环境。

此外，ArcGIS 中的地理处理选项也可以实现某些特定环境设置，例如覆盖地理处理操作的输出。在 ArcMap 中，地理处理选项不是 Environment Settings 对话框的一部分，而是菜单栏下 Geoprocessing>Options 中的一个分支选项。在 Python 中，它是 env 类的一个属性，属性名称是 overwriteOutput，其默认值为 False，下面的代码可以将该值设置为 True。

```
import arcpy
from arcpy import env
env.overwriteOutput = True
```

后面的章节还会再次学习环境设置，尤其是如何将某个脚本的环境设置应用到另一个脚本上。

5.10　工具消息

工具运行时，工具执行的相关消息将会被记录下来。工具和用户之间所有的通信均通过消息来实现。这些消息包含如下内容：

- 操作的开始及结束时间。
- 所使用的参数值。
- 工具操作进度的常规信息（信息性消息）。
- 潜在问题的警告（警告消息）。
- 导致工具停止执行的错误（错误消息）。

从 ArcToolbox 中运行工具时，如果没有启用后台处理，那么地理处理的消息就会显示在进度对话框中；从 Python 窗口中运行工具时，只会显示错误消息；从 ArcGIS for Desktop 运行工具时，消息会显示在 Results 窗口中。Results 窗口会在工具运行结束后显示出来，如图 5.3 所示。

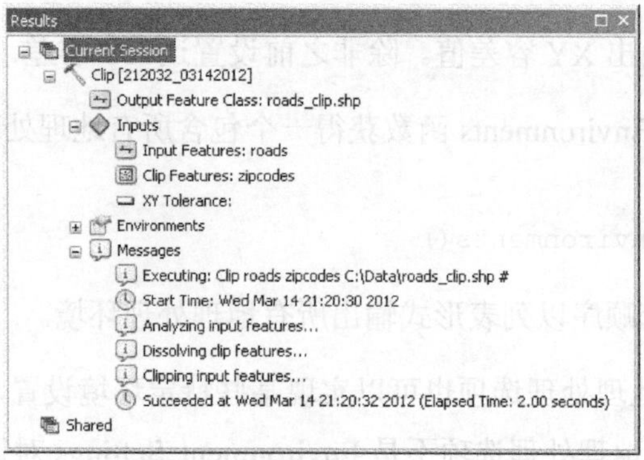

图 5.3

当运行一个独立的脚本时，这些消息不会在 Results 窗口中显示，但是可以通过 Python 脚本获取这些消息，并对其进行查询、打印或将其写入文件。

所有消息都具有严重性属性，即信息性、警告或错误。严重性用一个整数表示，其中 0 表示信息性，1 表示警告，2 表示错误。表 5.1 详细描述了这 3 个属性。

表 5.1　　信息的严重性

严重性	描述
信息性消息 （严重性 =0）	信息性消息提供有关工具执行的信息。信息性消息中只包含诸如工具进度、工具开始或结束运行的时间、输出数据特征或工具结果等常规信息
警告消息 （严重性 =1）	警告消息指示出潜在的问题。这些问题会在以下情况下产生：工具执行期间产生问题，或者运行结果可能不是预期结果。警告消息不会阻止工具的运行
错误消息 （严重性 =2）	错误消息表示工具运行失败。通常情况下，错误消息是由无效的参数设置引起的

警告消息和错误消息均带有 6 位 ID 码。这些 ID 码已记录在文档中。可以通过 ID 码在文档中查看这些消息产生的原因及处理方式。

最近一次执行工具时所生成的消息由 ArcPy 进行保存，并且可使用 GetMessages 函数进行查询。此函数会以字符串的形式返回最近一次执行工具时所生成的全部消息。可以通过严重性选项对返回的消息进行过滤。

获取并打印消息的基本语法如下：

```
print arcpy.GetMesssages()
```

例如，当运行一个 Clip 工具运行时，获取其消息的代码如下：

```
import arcpy
arcpy.env.workspace = "C:/Data"
infc = "streams.shp"
clipfc = "study.shp"
outfc = "result.shp"
arcpy.Clip_analysis(infc, clipfc, outfc)
print arcpy.GetMessages()
```

代码运行的结果如下：

```
Executing: Clip C:\Data\streams.shp C:\Data\study.shp C:\Data\result.shp #
Reading Features...
Cracking Features...
Assembling Features...
Succeeded at Fri Apr 30 17:12:05 2010 (Elapsed Time: 2.00 seconds)
```

可使用 GetMessage 函数检索单独的消息（注意该函数不同于 GetMessages 函数）。此函数具有一个参数，即消息的索引位置。例如，下面的代码只获取第一行消息：

```
print arcpy.GetMessage(0)
```

结果是：

```
Executing: Clip C:\Data\streams.shp C:\Data\study.shp C:\Data\result.shp #
```

注释：

索引位置从 0 开始。

GetMessageCount 函数会返回最近一次执行工具时所生成的消息数。这个函数一般用来获取最后一条消息。因为用户一般无法事先得知运行工具会产生多少条消息，所以可以使用消息计数来获取最后一条消息。获取消息计数的代码如下：

```
arcpy.GetMessageCount()
```

如果只想获取最后一条消息，那么使用如下代码：

```
count = arcpy.GetMessageCount()
print arcpy.GetMessage(count-1)
```

运行结果将是：

```
Succeeded at Fri Apr 30 17:12:05 2010 (Elapsed Time: 2.00 seconds)
```

此外，还可以使用 GetMaxSeverity 函数查询最严重消息的代码，代码如下：

```
print arcpy.GetMaxSeverity()
```

在前面运行 Clip 工具的例子中，运行这段代码会返回 0。这是因为运行该工具后只产生了信息性消息。

虽然 GetMessage、GetMessageCount、GetMaxSeverity 函数都很实用，但是在实际运用中，GetMessage 函数是使用最广泛的。工具运行失败时，消息将显得更为重要。所以 GetMessage 函数经常会与错误控制技术结合使用。错误控制将在第 11 章进行介绍。

上面介绍的函数之所以可以用来查询工具运行时所产生的消息，是因为这些消息是由 ArcPy 保存的。然而，当另一个工具运行时，将不能再获取前一个工具的消息。为了在多个工具运行后还能获取它们的消息，需要使用结果类创建结果对象。结果对象可以获取并理解多个地理处理工具的消息。因此，不同于工具以文件形式输出结果，地理处理操作是以对象形式输出结果。例如：

```
import arcpy
arcpy.env.workspace = "C:/Data"
result = arcpy.GetCount_management("streams.shp")
```

结果类中有很多属性和函数。messageCount 返回信息的数量，getMessage 返回特定的消息。例如，运行下面的代码可以查看消息的数量，并打印最后一条消息。

```
import arcpy
arcpy.env.workspace = "C:/Data"
result = arcpy.GetCount_management("streams.shp")
count = result.messageCount
print result.getMessage(count-1)
```

可以发现语法和前面比较相似，但并不完全一样。

调用消息属性和调用消息函数的语法类似，但也不完全相同。当使用 arcpy.GetMessage() 时，是在调用一个函数；而使用<objectname>.getMessage()时，是在查询一个对象的属性。使用结果类比直接调用函数更具有优势，最为显著的一点就是在运行多个工具之后，仍可保留结果对象上的消息。结果类还含有许多其他的属性和函数，包括计算输出结果的数量以及处理某个输出结果。

5.11 查询许可

运行地理处理工具的前提是要先获得 ArcGIS 软件的许可，例如 ArcGIS for Desktop 许可和 ArcGIS for Server 许可等。从 ArcToolbox 运行工具需要许可，在 Python 脚本中使用工具也需要许可。如果没有所需的许可，工具将运行失败并返回错误消息。高级的许可支持访问更多的工具。例如，拥有 ArcGIS for Desktop 基础版许可的用户无法运行仅在 ArcGIS for Desktop 高级版里出现的工具。

ArcGIS 扩展模块中的工具，例如 3D Analyst 工具、Spatial Analyst 工具等，都需要额外的扩展模块许可。因此，如果没有获得 Spatial Analyst 模块的许可，那么该模块中的工具将无法运行。例如，下面的代码调用了 Spatial Analyst 模块中的坡度函数来处理 DEM 数据。

```
import arcpy
arcpy.sa.Slope("C:/Data/dem", "DEGREE")
```

如果没有获得 Spatial Analyst 模块的许可，就会产生如下错误消息：

```
ERROR 000824: The tool is not licensed.
Failed to execute (Slope).
```

每种工具都将进行许可检查，以确保具有相应的许可。如果不具有所需的许可，工具将运行失败。为避免工具在执行到一半时失败，可以在脚本开头执行检查，以尽早发现错误。

可以检查下面 6 种产品的许可：

- arcview
- arceditor
- arcinfo
- engine
- enginegeodb
- arcserver

在导入 ArcPy 之前，可以先导入合适的产品模块来设定产品的级别。例如，可以将桌面端的许可级别设置为 ArcGIS for Desktop 基础版（即 ArcView）。导入 arcview 模块的代码如下：

```
import arcview
import arcpy
```

一旦导入 ArcPy 后，就不能再设置桌面端的许可级别了。如果没有明确设置许可级别，那么在第一次导入 ArcPy 时，就会默认为最高级别的许可。因此，在 Python 中通常不需要设定许可级别，在许多脚本中都不会看到有这样的设置。

注释：

只有在独立脚本中才必须设置许可级别和扩展模块。如果从 Python 窗口运行工具或者使用脚本工具，许可级别已在应用程序内进行设置。可以通过“扩展模块”对话框激活相应的扩展模块。

CheckProduct 函数可用于检查桌面端软件许可的可用性。例如，下面的代码可以用来检查 ArcGIS for Desktop 高级版(即 ArcInfo）的许可是否可用：

```
if arcpy.CheckProduct("arcinfo") == "Available":
```

注释：

CheckProduct 函数中唯一的参数是字符串型，它是前面介绍的 6 种产品中的其中一种。该参数并不受大小写影响，所以“arcinfo”和“ArcInfo”在 Python 中是一样的。

CheckProduct 的输出是一个字符串型，有下面 5 种情况：

1. AlreadyInitalized——已在脚本中设置许可。
2. Available——请求的许可存在，可以设置。
3. Unavailable——请求的许可不存在，无法设置。
4. NotLicensed——请求的许可无效。
5. Failed——请求期间发生系统错误。

ProductInfo 函数能报告当前产品的许可级别，代码如下：

```
import arcpy
print arcpy.ProductInfo()
```

ProductInfo 函数的返回值是字符串型。如果没有设置许可，它将输出 NotInitialized；如果设定了许可，它将返回当前产品的许可级别。

可以在 Python 脚本中检索并使用扩展模块的许可，并在不用时将其释放。您也可以通过 ArcMap 或 ArcCatalog 中的 Customize>Extensions 选项来检查许可。CheckExtension 用于查看某个扩展模块的许可信息。

```
import arcpy
arcpy.CheckExtension("spatial")
```

注释：

类似于前面产品的许可级别，扩展模块的许可名称也不分大小写。

CheckExtension 函数的返回值为字符串型，一般有以下 4 个返回值：

1. Available——请求的许可存在，可以设置。

2. Unavailable——请求的许可不存在，无法设置。

3. NotLicensed——请求的许可无效。

4. Failed——请求期间发生系统错误。

一旦确定了许可的可用性，就可以使用 CheckOutExtension 真正地获取许可。脚本使用完特定扩展模块中的工具后，应使用 CheckInExtension 函数将许可返回许可管理器。例如，下面的代码首先检查了 ArcGIS 3D Analyst 模块的可用性，如果许可可用，将会获得许可并且在工具运行结束时将许可返回许可管理器。

```
import arcpy
from arcpy import env
env.workspace = "C:/Data"
if arcpy.CheckExtension("3D") == "Available":
    arcpy.CheckOutExtension("3D")
    arcpy.Slope_3d("dem", "slope", "DEGREES")
    arcpy.CheckInExtension("3D")
else:
    print "3D Analyst license is unavailable."
```

CheckOutExtension 函数返回类型为字符串型，有 3 个返回值：

（1）NotInitialized；（2）Unavailable；（3）CheckedOut。通常情况下，在使用 CheckOutExtension 函数之前，需要使用 CheckExtension 函数来检查许可的可用性。CheckInExtension 函数返回值为字符串型，有 3 个返回值，分别是：（1）NotInitialized；（2）Failed；（3）CheckedIn。

5.12 获取帮助

ArcGIS 帮助库中既介绍了如何使用 Python 进行地理处理，也介绍了 ArcPy 站点包。在 ArcMap 主菜单中，单击 Help>ArcGIS Desktop Help。或者在任务栏，单击 Start 按钮，然后在菜单中单击 All Programs>ArcGIS>ArcGIS for Desktop Help>ArcGIS 10.1 for Desktop Help。在帮助库的目录里，单击 Geoprocessing>Python。这里介绍了 Python 的使用基础，还有如何使用 Python 在 ArcGIS 中实现地理处理。

在帮助库的目录里，单击 Geoprocessing>ArcPy，找到 ArcPy 站点包。ArcPy 中所有的函数和类都列了出来，并且有详细介绍，也提供了示例代码。在帮助库中，也有单独的章节讲解 Data Access、Mapping、Network Analyst 以及 Spatial Analyst 等模块，如图 5.4 所示。

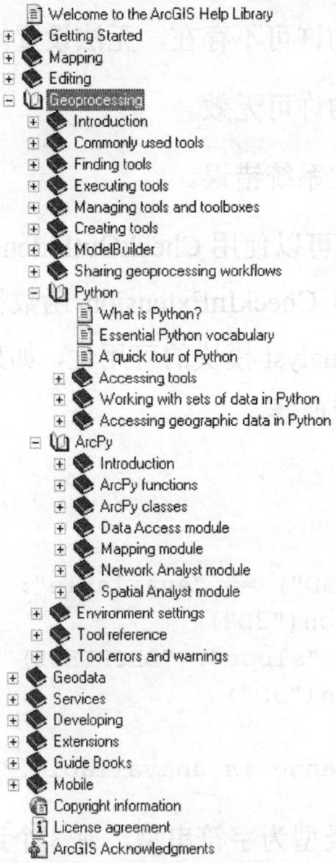

图 5.4

所有的帮助文档都包含示例代码。例如，Exists 函数的帮助文档（ArcPy>ArcPy functions>General data functions），如图 5.5 所示。

Exists (arcpy)

ArcGIS 10.1

Locate topic

Summary

Determines the existence of the specified data object. Tests for the existence of feature classes, tables, datasets, shapefiles, workspaces, layers, and files in the current workspace. The function returns a Boolean indicating if the element exists.

Syntax

Exists (dataset)

Parameter	Explanation	Data Type
dataset	The name, path, or both of a feature class, table, dataset, layer, shapefile, workspace, or file to be checked for existence.	String

Return Value

Data Type	Explanation
Boolean	A Boolean value of True will be returned if the specified element exists.

Code Sample

Exists example

Check for existence of specified data object.

```
import arcpy
from arcpy import env

# Set the current workspace
#
env.workspace = "C:/Data/MyData.gdb"

# Check for existance of the output data before running the Buffer tool.
#
if arcpy.Exists("RoadsBuff"):
    arcpy.Delete_management("RoadsBuff")

try:
    arcpy.Buffer_analysis("Roads", "RoadsBuff", "100 meters")
    arcpy.AddMessage("Buffer complete")
except:
    arcpy.AddError(arcpy.GetMessages(2))
```

图 5.5

示例代码跟 Python 脚本代码差不多，但是示例代码更侧重于介绍函数（或者是类）的使用方法。可以将全部或部分示例代码复制到 Python 编辑器中进行编辑。

每一个地理处理工具也有一个包括其工作原理、语法以及 Python 示例代码的帮助文档。可以通过以下几种方式获得帮助文档：(1)在 ArcToolbox 中右击一个工具，单击 Help；(2) 在一个工具对话框中，单击 Show Help 按钮，然后单击 Tool Help；(3) 在 ArcGIS10.1 的帮助库中，单击 Geoprocessing>Tool reference。第三种方法实现了以 ArcToolbox 的组织结构（工具箱—工具集—工具）访问相应工具的帮助文档。

例如，Data Management 工具箱中 Copy 工具的帮助文档（在通用工具集中），如图 5.6 所示。

在工具的语法说明中，详细地解释了每一个参数的作用。示例代码虽然比较简短，但展示了每一个工具的具体用法。

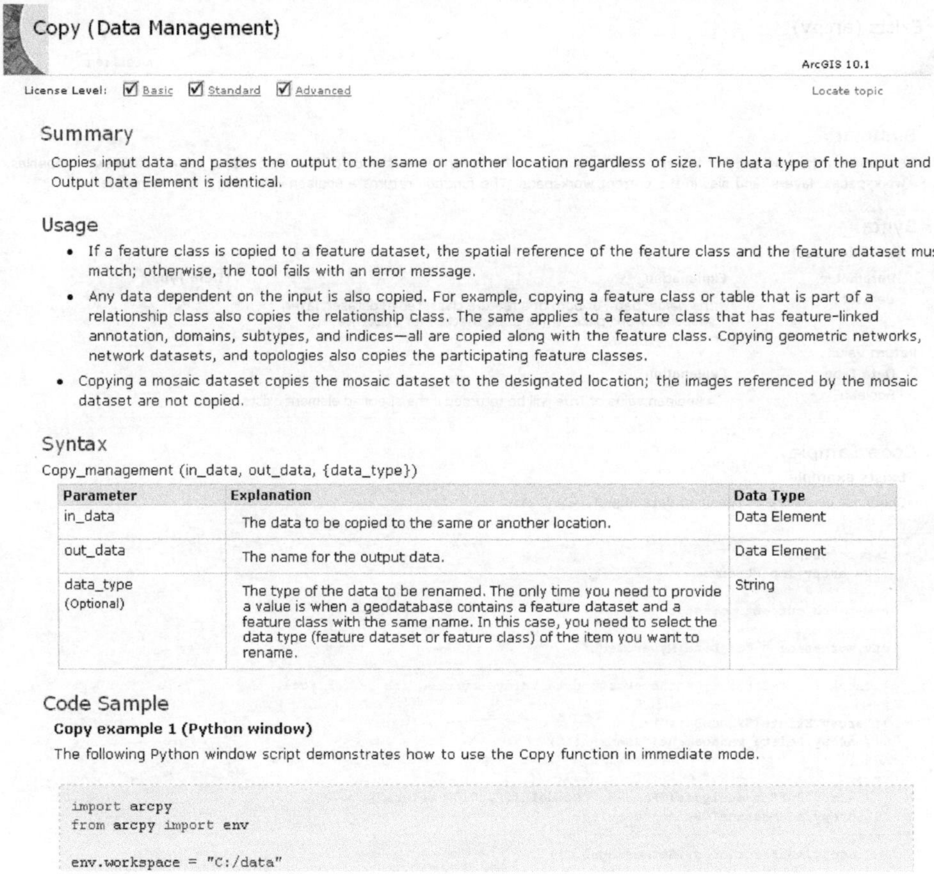

Copy (Data Management)

ArcGIS 10.1

License Level: Basic Standard Advanced

Locate topic

Summary

Copies input data and pastes the output to the same or another location regardless of size. The data type of the Input and Output Data Element is identical.

Usage

- If a feature class is copied to a feature dataset, the spatial reference of the feature class and the feature dataset must match; otherwise, the tool fails with an error message.
- Any data dependent on the input is also copied. For example, copying a feature class or table that is part of a relationship class also copies the relationship class. The same applies to a feature class that has feature-linked annotation, domains, subtypes, and indices—all are copied along with the feature class. Copying geometric networks, network datasets, and topologies also copies the participating feature classes.
- Copying a mosaic dataset copies the mosaic dataset to the designated location; the images referenced by the mosaic dataset are not copied.

Syntax

Copy_management (in_data, out_data, {data_type})

Parameter	Explanation	Data Type
in_data	The data to be copied to the same or another location.	Data Element
out_data	The name for the output data.	Data Element
data_type (Optional)	The type of the data to be renamed. The only time you need to provide a value is when a geodatabase contains a feature dataset and a feature class with the same name. In this case, you need to select the data type (feature dataset or feature class) of the item you want to rename.	String

Code Sample

Copy example 1 (Python window)

The following Python window script demonstrates how to use the Copy function in immediate mode.

```
import arcpy
from arcpy import env

env.workspace = "C:/data"
```

图 5.6

本章要点

- ArcGIS 10 引入了 ArcPy 站点包，该站点包为 Python 提供了访问地理处理功能的接口。它是早期 ArcGISscripting 模块的升级版，主要由模块、函数和类构成。
- ArcGIS 中所有的地理处理工具都是以函数的形式提供。当 ArcPy 导入到 Python 脚本中时，就可以使用 ArcGIS 标准工具箱中的所有地理处理工具。运行工具的语法是：arcpy.<toolname_toolboxalias>(<parameters>)。每一个工具的帮助文档都会详细介绍该工具运行所需要的必选参数和可选参数。此外，非工具函数可以用来辅助完成地理处理任务。
- ArcPy 中的类是用来创建对象的。常用的类有 env 类和 SpatialReference 类。设置类属性的代码为：arcpy.<classname>.<property> = <value>。

- 可以使用消息函数查阅工具运行期间产生的消息。消息函数主要包括 GetMessages、GetMessages 以及 GetMaxSeverity。消息可以是信息性消息、警告消息以及错误消息。

- 在 ArcPy 中，可以通过相关函数检查、获取以及返回软件及其扩展模块的许可。

- ArcGIS for Desktop Help 中包含许多 Python 的示例代码，其中也包括每个地理处理工具的帮助文档。

第6章 访问空间数据

6.1 引言

本章将介绍几种访问空间数据的方法，包括检查数据集的存在性以及描述某个工作空间中的数据集。处理列表的函数不仅可以列出数据集，还可以列出以列表形式存储的工作空间、字段以及属性表。列表是一种常见的 Python 数据类型，它可以遍历大量的数据元素。Python 中内置了许多处理列表的函数。本章还将介绍另外两种数据结构：元组和字典。

6.2 检查数据的存在性

在使用 ArcGIS 的地理处理工具时，通常需要在工具对话框中利用下拉菜单或者浏览按钮设置输入数据集。工具对话框内有内置的机制自动验证输入的数据是否合法。例如，如果输入一个不存在的数据集，工具对话框就会报错。在 Python 脚本中，也需要判断数据是否存在，此时，可以使用 Exists 函数。该函数返回一个表示数据是否存在的布尔值。它可以用来检查当前工作空间中的要素类、属性表、数据集、shapefile、工作空间、图层以及其他文件是否存在。

Exists 函数的语法如下：

```
arcpy.Exists(<dataset>)
```

下面的代码用于确定某个 shapefile 文件是否存在：

```
import arcpy
print = arcpy.Exists("C:/Data/streams.shp")
```

函数的返回值（True 或 False）会输出到屏幕上。

在 ArcPy 中，需要区分两种类型的路径：

- 系统路径——Windows 操作系统可以识别的路径。
- 目录路径——仅 ArcGIS 可以识别的路径。

例如，C:\Data 和 C:\Data\streams.shp 都是系统路径，它们既能被 Windows 识别，也能被 Python 识别。而 C:\Data\study.gdb\final\streets 则是一个目录路径，其中，study.gdb 是一个文件地理数据库，final 是一个要素数据集，streets 是一个要素类。该目录路径只能在 ArcGIS 中使用，它对于 Windows 系统或 Python 内置函数而言，并不是有效的系统路径。在 Python 中，可以使用诸如 os.path.exists 这样的内置函数判断系统路径是否存在，但是这些函数无法处理目录路径。为了能使 Python 处理目录路径，需要使用 ArcPy 中的函数，例如 Exists 函数。

目录路径的相关说明：

- 文件地理数据库的后缀为.gdb，例如 study.gdb。
- 个人地理数据库的后缀为.mdb，例如 study.mdb。
- 企业地理数据库的后缀为.sde，例如 study.sde。

目录路径包括两部分：工作空间和基本名称。在上面的例子中，C:\Data\study.gdb\final\是工作空间，streets 是基本名称。系统路径的最后一部分也包含一个基本名称，该名称后面没有反斜杠。例如，在 C:\Data\streams.shp 中，基本名称是 stream.shp。

识别目录路径中各组成部分具有一定的难度。例如，ArcPy 如何理解 C:\Data\study.gdb\final 这个字符串？是将 final 理解为要素类或要素数据集，还是将它理解为栅格数据或属性表？这需要根据它前后的内容来判断。例如，如果这个字符串是用来定义当前工作空间路径的话，final 就是要素数据集的名称；但是如果这个字符串是用来定义一个输出要素类，则 final 是要素类的名称。在下一节中，将会介绍如何确定所用的数据元素的类型。

6.3 描述数据

地理处理工具可以处理所有类型的数据。每种数据类型都有其特定的属性，这些属性可用于控制脚本工作流。Describe 函数可确定输入要素类的属性，例如要素的类型（点、线、面或者其他类型）。数据集的属性也经常用于验证工具参数的合法性，例如 Clip 工具中的参数 Clip Features 必须是多边形。Clip 工具对话框会提供一个内置的验证机制，该机制将会根据数据的形状属性排除非多边形要素。在 Python 脚本中，可以使用 Describe 函数确定输入数据集的形状类型。

描述数据集的语法如下：

```
import arcpy
<variable> = arcpy.Describe(<input dataset>)
```

运行这段代码会返回一个包含数据集属性的对象。可以使用<object>.<property>的语句访问这些属性。下面这段代码描述了一个 shapefile，然后输出它的形状类型。

```
import arcpy
desc = arcpy.Describe("C:/Data/streams.shp")
print desc.shapeType
```

Describle 函数可以用在各种类型的数据集上，包括地理数据库中的要素类、shapefile、栅格数据、属性表文件等。Describe 对象的属性是动态的，即不同的数据类型，会有不同的描述属性。

由于 Describe 对象中有许多不同的属性，所以需要将这些属性组织成不同的属性组。分组并不影响 Describe 函数的语法，但是它可以反映 Describe 对象中属性的逻辑组织结构。

在所有的分组中，有一个属性组是 FeatureClass。上面出现过的 shapeType 属性就属于该属性组。FeatureClass 属性组为要素数据类型（例如 geodatabase、shapefile、coverage 或者其他类型的要素类）提供了访问接口。

本节已经介绍了如何通过<object>.<property>语句来访问属性。在很多情况下，需要通过访问属性来设置工具参数。下面的代码首先确定裁剪要素的形状类型，并在形状类型为多边形时，运行 Clip 工具。

```
import arcpy
arcpy.env.workspace = "C:/Data"
infc = "streams.shp"
clipfc = "study.shp"
outfc = "streams_clip.shp"
desc = arcpy.Describe(clipfc)
type = desc.shapeType
if type == "Polygon":
    arcpy.Clip_analysis(infc, clipfc, outfc)
else:
    print "The clip features are not polygons."
```

在 Describe 函数中还有很多属性组，比如 Dataset 属性组，包括数据集的类型和空间参考等属性。下面的代码描述了一个 shapefile 文件，并输出数据集的类型和空间参考的名称。

```
import arcpy
fc = "C:/Data/streams.shp"
desc = arcpy.Describe(fc)
sr = desc.spatialReference
print "Dataset type: " + desc.datasetType
print "Spatial reference: " + sr.name
```

在上面的例子中，数据类型是一个要素类。然而在很多情况下，数据类型不是那么明显。例如，下面的代码获取了地理数据库中某个数据集的类型。

```
import arcpy
element = "C:/Data/study.gdb final"
desc = arcpy.Describe(element)
print "Dataset type: " + desc.datasetType
```

确定地理数据库中数据的类型是非常重要的，因为数据库中的数据元素没有文件扩展名。一个名为 final 的元素可能是要素类，也可能是要素数据集，还可能是地理数据库属性表或者其他有效的数据类型。Describe 函数可以识别很多数据集的类型，包括要素类、要素数据集、栅格波段、栅格数据集以及属性表等。在 Describe 函数的帮助文档中可以了解到它所支持的所有数据类型。

Describe 函数返回一个具有很多属性的 Describe 对象。这些属性包括文件路径、目录路径、名称、文件名称和基本名称等，运行下面的代码会输出这些属性。

```
import arcpy
arcpy.env.workspace = "C:/Data/study.gdb"
element = "roads"
desc = arcpy.Describe(element)
print "Data type: " + desc.dataType
print "File path: " + desc.path
print "Catalog path: " + desc.catalogPath
print "File name: " + desc.file
print "Base name: " + desc.baseName
print "Name: " + desc.name
```

运行后结果如下：

```
Data type: FeatureClass
File path: C:/Data/study.gdb
Catalog path: C:/Data/study.gdb/roads
File name: roads
Base name: roads
Name: roads
```

路径中的名称和文件的实际名称经常容易混淆，所以使用 Describe 函数，将有助于确定路径名称（特别是地理数据库中元素的路径名称）中哪些是路径名，哪些是文件名。

使用 Describe 函数处理栅格数据的内容将在第 9 章进行介绍。

6.4 列出数据

编写地理处理脚本的主要原因之一是它能执行批处理。在第 2 章中，已经介绍了多种实现批处理的方法，例如以批处理模式运行 ArcToolBox 中的工具。但是这种方式具有一定的局限性，而脚本的使用，则为批处理提供了一个更加强大且灵活的框架。

批处理的首要任务之一就是为数据创建目录列表，以便在处理过程中可以遍历数据。ArcPy 具有多个创建此类列表的函数。这些函数返回的结果都是一个 Python 列表，该列表为值列表。列表可以包含任何类型的值。在 ArcPy 列表中，最常用的是字符串类型。

脚本可以遍历并处理列表中的每一个值。处理 Python 列表通常需要一个 `for` 循环语句。ArcPy 中的列表函数包括 `ListFields`、`ListIndexs`、`ListDatasets`、`ListFeatureClasses`、`ListFiles`、`ListRasters`、`ListTables`、`ListWorkspaces` 和 `ListVersions`。

这些函数的参数是相似的。一些函数需要输入数据集，因为这些函数所要处理的数据存储在数据集中。其他函数则不需要输入数据集，因为它们所要处理的数据就在当前工作空间中。此时，需要预先设置当前工作空间的路径，因为在函数的参数列表中并没有可以设置工作空间的参数。所有函数都具有一个通配符参数（*），一个通配符定义了一个名称过滤器。只有符合名称过滤器中的规则，数据才能输入到列表中。

`ListFeatureClasses` 函数返回当前工作空间中的要素类。函数语法如下：

```
ListFeatureClasses ({wild_card}, {feature_type}, {feature_dataset})
```

这个函数有三个可选参数。这三个参数分别通过名称、要素类型和要素数据集来限制返回的结果。下面的代码返回当前工作空间中所有的要素类：

```
import arcpy
from arcpy import env
env.workspace = "C:/Data"
fclist = arcpy.ListFeatureClasses()
```

所有的列表函数都返回一个 Python 列表。为了查看列表的内容，可以使用下面的语句输出列表：

```
print fclist
```

一个要素类列表的输出结果如下所示：

```
[u'floodzone.shp', u'roads.shp', u'streams.shp', u'wetlands.shp', u'zipcodes.shp']
```

注释：

字符串之前的 u 表示该字符串是采用 Unicode 编码的。Unicode 字符串和常规的字符串运行效果相同，但是在处理不同国家的语言时，使用 Unicode 字符串会更加稳妥。

Python 列表的元素用中括号（[]）括起，元素之间用逗号隔开。在这个要素类列表中，所有的元素都是字符串。

可使用通配符过滤文件名，从而限制输出到列表中的数据集。例如，下面的代码将当前工作空间内以 w 开头的要素类创建成一个新的列表。

```
fclist = arcpy.ListFeatureClasses("w*")
```

在 ListFertureClasses 函数中，第二个参数是要素类型。这个参数可将列表的内容限制为特定的数据类型，例如仅匹配点要素类。下面的代码将当前工作空间的点要素创建成一个新的列表。

```
fclist = arcpy.ListFeatureClasses("", "point")
```

在上面的例子中，第一个通配符参数使用的是一个空字符("")。函数中的参数必须按照其语法说明中的参数顺序进行设置，不能省略。在本例中，使用"*"代替空字符也具有同样的效果。第二个要素类型参数可以是 annotation、arc、dimension、edge、junction、label、line、multipatch、node、point、polygon、polyline、region、route 和 tic。

可以使用 ListRasters 函数在当前工作空间中创建栅格数据集列表，其语法跟 ListFeatureClasses 函数语法非常相似：

```
ListRasters ({wild_card}, {raster_type})
```

该函数的两个参数都是可选的，这两个参数可以通过名称和数据类型限制输出到列表中的栅格数据。下面的代码将当前工作空间内的栅格数据创建成一个栅格数据列表：

```
import arcpy
from arcpy import env
env.workspace = "C:/Data"
```

```
rasterlist = arcpy.ListRasters()
```

为了将输出列表中的栅格数据限定为 TIFF 影像，可以设置如下所示的栅格类型参数。

```
rasterlist = arcpy.ListRasters("", "tif")
```

列表所能支持的所有栅格数据类型可以在 ArcGIS 的帮助文档中找到。栅格类型参数不是以栅格格式名称的形式设置，而是以文件后缀名的形式设置。例如一个 TIFF 文件的后缀名为 .tif，所以 tif 是正确的语法。同样，一个 JPEG 文件的后缀名是 .jpg，所以 jpg 是正确的语法。设置栅格类型参数不区分大小写，所以 TIF 和 tif 都是对的。还要注意的是 Esri 的 GRID 格式没有文件扩展名，这种情况下就使用 GRID 作为参数（也不区分大小写）。

另一个列表函数是 ListFields。该函数以列表的形式返回数据集中某个要素类或某个属性表的字段，其语法如下：

```
ListFields(dataset, {wild_card}, {field_type})
```

ListFields 函数有三个参数，分别是名称、字段类型和数据集。其中，数据集是必选参数。字段列表就是从所设置的数据集或属性表中获得。例如，下面的代码将 shapefile 中所有的字段创建成一个字段列表。

```
import arcpy
from arcpy import env
env.workspace = "C:/Data"
fieldlist = arcpy.ListFields("roads.shp")
```

另外两个可选参数可以通过名称和字段类型限制输出到列表中的字段。下面的代码将 shapefile 中所有的整型字段创建成一个字段列表。

```
fieldlist = arcpy.ListFields("roads.shp", "", "Integer")
```

有效的字段类型包括 ALL、BLOB（二进制对象）、Date、Double、Geometry、GUID（全局唯一标识符）、Integer、OID（对象标识符）、Raster、Single、SmallInteger 和 String。上述字段类型都以字符串格式表示，且不区分大小写。

ListField 函数返回的是一个字段对象列表，而其他大多数列表函数返回的是一个字符串列表。字段对象的属性包括字段名、别名、类型和长度。例如，下面的脚本创建了一个仅包含字符串类型的字段列表，并且输出列表中每个字符串的长度。

```
import arcpy
from arcpy import env
```

```
env.workspace = "C:/Data"
fieldlist = arcpy.ListFields("roads.shp", "", "String")
for field in fieldlist:
    print field.name + " " + str(field.length)
```

length 属性返回一个整数，并以字符串的形式输出。

6.5　对列表使用 for 循环

可以使用批处理对一个需要处理的列表进行操作。最常用的方法是使用 for 循环。for 循环可以遍历并处理列表中的每一个元素，当所有元素遍历结束后，循环即结束。使用 for 循环遍历栅格数据的代码如下：

```
import arcpy
from arcpy import env
env.workspace = "C:/Data"
tifflist = arcpy.ListRasters("", "TIF")
for tiff in tifflist:
    arcpy.BuildPyramids_management(tiff)
```

在这个例子中，ListRasters 函数用来创建一个 TIFF 文件列表。for 循环用来遍历列表中的每一个元素，并创建金字塔。这种自动化的任务处理方式功能强大。例如，如果手动为上百个栅格数据创建金字塔是很耗费时间的；但是使用上面的 Python 代码就可以自动完成这个任务，而且不管是几个还是几百个栅格数据，代码的内容都无需改变。

for 循环还可以与 ListFields 函数联合使用，它们可以提供字段及其属性的详细信息。下面的代码将为一个 shapefile 创建字段列表，并输出每一个字段的名字、类型和长度。

```
import arcpy
from arcpy import env
env.workspace = "C:/Data"
fieldlist = arcpy.ListFields("roads.shp")
for field in fieldlist:
    print "{0} is a type of {1} with a length of {2}".format(field.name,
field.type, field.length)
```

6.6　操作列表

列表是一种用途广泛的 Python 数据类型，它支持各种方式的数据操作。因此，针对 Python

列表而设计的函数也能处理由 ArcPy 函数创建的要素类列表、字段列表以及栅格列表。下面是几个示例。

使用 Python 内置的 Len 函数可以确定一个工作空间内要素类的数量，代码如下：

```
import arcpy
from arcpy import env
env.workspace = "C:/Data/study.gdb"
fcs = arcpy.ListFeatureClasses()
print len(fcs)
```

可以使用 sort 方法对列表进行排序。默认按字母顺序排序，也可以使用 sort 方法中的 reverse 参数实现倒序排序。下面的代码创建了一个要素类列表，将列表按字母顺序排序，输出它们的名称，然后倒序排序，最后再次输出倒序后的名称。

```
import arcpy
from arcpy import env
env.workspace = "C:/Data/study.gdb"
fcs = arcpy.ListFeatureClasses()
fcs.sort()
print fcs
fcs.sort(reverse = True)
print fcs
```

运行后，结果如下：

```
[u'hospitals', u'parks', u'roads', u'streams', u'wetlands']
[u'wetlands', u'streams', u'roads', u'parks', u'hospitals']
```

更多关于列表的内容在第 4 章中已经进行了介绍，其中包括使用索引、切片操作以及列表的相关方法。所有的方法都可以用来处理要素类列表、属性表列表、字段列表、栅格数据列表以及其他类型的列表。

6.7 元组

列表在 Python 中是很常见的。在地理处理脚本中也经常使用列表，它可以存储地图文档、图层、要素类、字段等。列表的用途很多，可以通过多种方式修改它的元素。但是，有时候不允许修改列表中的元素。这时，就需要引入元组。元组和字典是很重要的数据结构。元组是一组元素序列，它类似于列表，但是元组中的元素是不可改变的。创建元组的语法很简单——使用逗号(,)将一组值隔开，就可以得到一个元组。下面的代码将返回一个含有五个元素的元组。

```
>>> 1, 2, 3, 4, 5
```

结果是（1, 2, 3, 4, 5）。

只要在某个元素后添加一个逗号（,）就可以得到一个只含一个元素的元组。

```
>>>6,
```

结果是(6)。

处理元组的方式与处理列表的方式很相似。元组中的每个元素都有一个索引值，可以利用索引值调用元组中的某个元素。

```
>>> x = ("a", "b", "c")
>>> x[0]
```

结果是'a'。

但是，元组中元素的顺序不能修改。因此很多处理列表的方法不能应用于元组，如删除（deleing）、添加（appending）、移动（removing）等。只有计数（count）操作和索引（index）操作可以应用于元组，因为它们不需要修改元组中元素的顺序。还有一些操作可以处理元组，但是会返回一个新的元组。下面的代码将对元组进行切片操作，并得到一个新的元组。

```
>>> x = ("a", "b", "c", "d", "e", "f", "g")
>>> x[2:5]
```

结果是('c', 'd', 'e')。

注意，切片操作完成后会得到一个新的元组，而不是一个列表。所以仍不能像修改列表一样对新元组中的元素进行修改。

既然不能修改元组中的元素，那么为什么元组如此重要呢？首先，Python 里很多内置函数和模块的返回值都是元组，因此，需要对元组进行相关操作。其次，在字典数据类型中，需要经常用到元组，字典将在下一节中进行介绍。

提示：

一般来说，如果不需要修改元素的值，就使用元组，而不使用列表。

6.8　字典

列表和元组都可以将元素组合成一个整体，其中的每一个元素都可以通过对应的索引值

（从 0 开始）来访问。虽然这种数据访问方式很高效，但是也有其局限性。例如，下面是一个包含了城市名的列表：

```
cities = ["Austin", "Baltimore", "Cleveland", "Denver"]
```

假设再创建一个列表，该列表内的每一个元素对应为上面列表中每个城市所属的州名。创建该列表的代码如下：

```
states = ["Texas", "Maryland", "Ohio", "Colorado"]
```

由于索引值是对应的，所以可以根据一个列表中某个元素的索引值，获得另一个列表中对应位置的元素。例如，可以使用下面的代码得到 Cleveland 城市所属的州：

```
>>> states[cities.index("Cleveland")]
```

得到的结果是：'Ohio'。

这个操作是有效的，但是很繁琐。如果列表中有大量的元素，且每个州不一定只对应一个城市，就需要对列表进行修改，但这样会打乱列表内元素的顺序。虽然可以使用元组来保证元素的顺序不变，但这样仍然有局限性。这时候，需要用到查找表，例如：

```
>>> statelookup["Cleveland"]
```

得到结果：'Ohio'。

查找表是将一张数据表中的值作为索引，获取另一张数据表中的信息。ArcGIS 中的表连接操作就是一个应用查找表的例子。在 Python 中，实现表查找的一种方法就是使用字典。字典里包含了多对关键字及其对应的值。其中每一对被称为字典中的一个条目。一个条目中包含一个关键字，关键字后面有一个冒号（:），随后是关键字对应的值。不同条目之间用逗号（,）隔开。字典本身用大括号（{}）括起来。

用字典表示上面的例子：

```
>>> statelookup = {"Austin": "Texas", "Baltimore": "Maryland", "Cleveland":
"Ohio", "Denver": "Colorado"}
```

现在可以使用字典来查找每个城市所属的州：

```
>>> statelookup["Cleveland"]
```

得到结果是：'Ohio'。

字典中每一个条目的顺序是无关紧要的。字典是可以修改的，只要关键字和对应的值是完整的就可以，修改后的字典依旧保持原有的功能。记住字典中的关键字一定是唯一的，但是其对应的值不一定唯一。

字典可以在创建的同时进行赋值，就像前面那个查找城市的例子。也可以仅仅使用大括号来创建一个空的字典，然后再向其中添加条目。下面是创建一个空字典的代码：

```
>>> zoning = {}
```

字典中每一个条目可以通过中括号（[]）和一个赋值语句来添加，具体代码如下：

```
>>> zoning["RES"] = "Residential"
```

可以继续向字典中添加条目。每一个条目将按关键字的首字母排序，代码如下：

```
>>> zoning["IND"] = "Industry"
>>> zoning["WAT"] = "Water"
>>> print zoning
```

得到的结果是：

```
{'IND': 'Industry', 'RES': 'Residential', 'WAT': 'Water'}
```

可以使用上面的方法修改字典中任意一个条目，即利用关键字设置新值，从而覆盖现有值。

```
>>> zoning["IND"] = "Industrial"
>>> print zoning
```

得到的结果如下：

```
{'IND': 'Industrial', 'RES': 'Residential', 'WAT': 'Water'}
```

使用中括号（[]）和关键字 del 可以删除条目，示例代码如下：

```
>>> del zoning["WAT"]
>>> print zoning
```

得到的结果如下：

```
{'IND': 'Industry', 'RES': 'Residential'}
```

字典还有很多方法。keys 方法将以列表的形式返回字典中所有的关键字，示例代码如下：

```
>>> zoning.keys()
```

得到的结果如下：

```
['IND', 'RES']
```

values 方法将以列表的形式返回字典中所有的值，代码如下：

```
>>> zoning.values()
```

得到的结果如下：

```
['Industrial', 'Residential']
```

items 方法将以列表的形式成对返回字典中所有的关键字及其对应的值，代码如下：

```
>>> zoning.items()
```

得到的结果如下：

```
[('IND', 'Industrial'), ('RES', 'Residential')]
```

在 ArcPy 中，字典类型并不常见，但是 GetInstallInfo 函数会用到字典。GetInstallInfo 函数返回一个包含软件安装信息的 Python 字典。GetInstallInfo 函数的语法如下：

```
GetInstallInfo (install_name)
```

例如，下面的代码将返回软件的安装信息：

```
import arcpy
install = arcpy.GetInstallInfo()
for key in install:
    print "{0}: {1}".format(key, install[key])
```

GetInstallInfo 函数返回了一个字典，for 循环成对输出关键字及其对应的值。结果如下：

```
SourceDir: D:\Desktop\
InstallDate: 6/1/2012
InstallDir: C:\Program Files\ArcGIS\Desktop10.1\
ProductName: desktop
BuildNumber: 2414
InstallType: N/A
Version: 10.0
SPNumber: 2
Installer: Paul
SPBuild: 10.0.2.3200
InstallTime: 13:34:26
```

本章要点

- Exists 函数可以用来确定某个数据集是否存在。Describe 函数可以用来描述数据集的属性。这些函数经常用于确认脚本中的输入数据是否符合要求。

- 处理列表的函数可以用来实现批处理。列表创建成功后，就可以编写脚本来遍历并处理列表中的每一个元素。例如，`ListFeatureClasses` 函数可以将某个工作空间内的要素类创建成一个要素类列表，然后使用 for 循环遍历列表中所有的要素，并对每一个要素进行相同的操作。列表是一种常见的 Python 数据类型。列表函数可以处理不同类型的元素，包括工作空间、字段、数据集、要素类、文件、栅格、属性表等。

- 在 Python 中，元组和字典是两种很重要的数据结构。元组是一组元素序列，它类似于列表，但是元组中的元素是不可变的。字典是由多对关键字及其对应的值组成。字典的功能类似于查找表。

第 7 章 处理空间数据

7.1 引言

本章将介绍 ArcPy 的数据访问模块 arcpy.da。通过它可以控制编辑会话、编辑操作、游标、表或要素类与 NumPy 数组之间相互转换的函数以及对版本化和复本工作流的支持。本章将重点关注游标，游标可以用来遍历属性表中的每一条记录。不同类型的游标可以用来查询、添加以及更改记录。在 Python 中，搜索游标可以用于执行 SQL 查询语句。此外，文本和字段的处理也将在本章进行介绍。

7.2 使用游标访问数据

第 6 章介绍了如何使用列表函数遍历列表中的一系列数据，这些数据可以是要素类、属性表和字段。同样地，使用游标可以遍历属性表中的每一行数据。游标是一个数据库术语，它主要用于访问表格中的每一行记录或者向表中插入新的记录。在表格中，一条记录也被称为一行。在 ArcGIS 中，游标通常用于从表中或向表中按行读取或写入新几何结构。

游标有三种形式：搜索、插入和更新。这三种游标的功能如下：

- 搜索游标可用于检索行。
- 插入游标可用于向表或要素类中插入行。
- 更新游标可用于根据位置更新和删除行。

每种类型的游标均由 arcpy.da 模块中对应的 ArcPy 函数（SearchCursor、InsertCursor 和

UpdateCursor）创建。所有这三种游标可以在表、表格视图、要素类或要素图层上进行操作。表 7.1 介绍了各游标类型支持的方法。全部三个游标函数均可创建用于访问每一行记录的游标对象。游标对象支持的方法取决于游标的类型。

表 7.1　各游标类型支持的方法

游标类型	方法	功能
搜索	next	检索下一个行对象
	reset	将游标还原到初始位置
插入	insertRow	向表中插入行对象
	next	检索下一个行对象
更新	deleteRow	从表中删除行
	next	检索下一个行对象
	reset	将游标还原到初始位置
	updateRow	更新当前行对象

注释：

ArcGIS10.1 引入了 arcpy.da 模块。旧版 ArcGIS 的游标（例如 arcpy.InsertCursor）现在同样可用，但是新的 arcpy.da 中的游标具有更出色的性能。

游标只能向前导航。如果脚本需要多轮次遍历数据，应用程序必须重新执行游标函数。搜索或更新游标可以通过 for 循环或者 while 循环，并使用游标的 next 方法遍历每一行记录。如果要在游标上使用 next 方法来检索行数为 n 的表中的所有记录，脚本必须反复调用 next 方法 n 次。当游标遍历到最后一行时，再次调用 next 函数时会出现一个 StopIteration 异常。

这三种游标都有两个必选参数：输入表和字段名称列表（或组）。搜索和更新游标还有几个可选参数。调用三个游标的语法如下：

```
arcpy.da.InsertCursor(in_table, field_names)

arcpy.da.SearchCursor(in_table, field_names, {where_clause}, {spatial_reference},
{explore_to_points})

arcpy.da.UpdateCursor(in_table, field_names, {where_clause}, {spatial_reference},
{explore_to_points})
```

通过游标搜索得到的记录将会输出到一个字段列表中，列表内字段值的顺序和函数中 field_name 参数内字段值的顺序一致。

下面是一个使用搜索游标遍历表中所有记录的例子。在这个例子中，SearchCursor 函数用于搜索表中的所有记录，for 循环用来遍历所有搜索得到的记录并输出指定的字段。

```
import arcpy
fc = "C:/Data/study.gdb/roads"
cursor = arcpy.da.SearchCursor(fc, ["STREETNAME"])
for row in cursor:
    print "Streetname = {0}".format(row[0])
```

道路要素的属性表如图 7.1 所示。

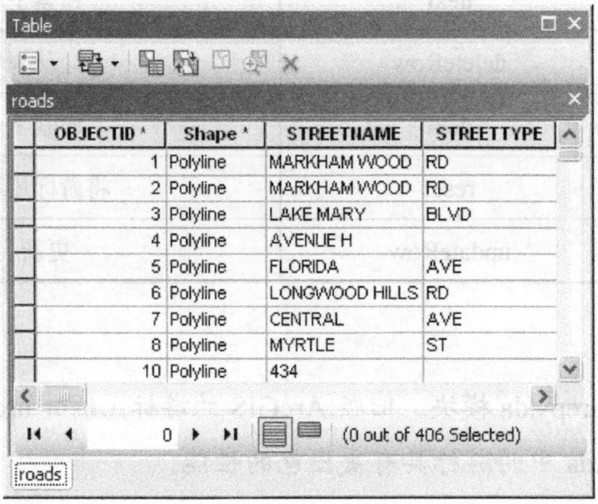

图 7.1

运行上面的脚本，会得到如下结果：

```
Streetname = MARKHAM WOOD
Streetname = MARKHAM WOOD
Streetname = LAKE MARY
Streetname = AVENUE H
Streetname = FLORIDA
Streetname = LONGWOOD HILLS
Streetname = CENTRAL
Streetname = MYRTLE
Streetname = 434
...
```

如何处理这些值将会在之后的章节中进行介绍。

搜索和更新游标还支持 with 语句。使用 with 语句后，无论游标成功运行还是出现异常，都可以保证数据库锁的关闭和释放，并重置迭代。下面的代码使用了 with 语句：

```
import arcpy
fc = "C:/Data/study.gdb/roads"
with arcpy.da.SearchCursor(fc, ["STREETNAME"]) as cursor:
    for row in cursor:
        print "Streetname = {0}".format(row[0])
```

下面将举例说明如何向表中插入新记录。使用 InserchCursor 函数创建一个游标对象，然后使用 insertRow 函数在新的一行中插入数据。代码如下：

```
import arcpy
fc = "C:/Data/study.gdb/roads"
cursor = arcpy.da.InsertCursor(fc, ["STREETNAME"])
cursor.insertRow(["NEW STREET"])
```

注释：

InsertCursor 函数的首字母需要大写，而 insertRow 方法的首字母不需要大写。ArcPy 普遍都采用这种命名风格。

也可以通过循环来插入多行数据：

```
cursor = arcpy.da.InsertCursor(fc, ["STREETNAME"])
x = 1
while x <= 5:
    cursor.insertRow(["NEW STREET"])
    x += 1
```

默认情况下，新插入的数据位于表的末尾。表中游标没有遍历到的字段会分配为默认值，通常是“null”（不同的数据库会有不同的默认值）。

更新游标可根据游标的位置更新和删除行。updateRow 方法用于对行对象进行更新。从游标对象中提取行对象后，可以根据需要对行进行修改，然后调用 updateRow 方法传入修改后的行。

在下面的例子中，游标对象通过 UpdateCursor 函数创建。在 for 循环中，一个字段（Acres）的值会根据另一个字段（Shape_Area）的值进行更新。假设 Shape_Area 字段的单位是平方英尺，那么需要将它除以 43560 才能得到以英亩为单位的面积值。

```
import arcpy
fc = "C:/Data/study.gdb/zones"
cursor = arcpy.da.UpdateCursor(fc, ["ACRES", "SHAPE_AREA"])
for row in cursor:
```

```
        row[0] = row[1] / 43560
        cursor.updateRow([row])
```

deleteRow 方法用于删除 UpdateCursor 当前位置所在的行对象。提取行对象后，可在游标上调用 deleteRow 方法删除行，代码如下：

```
import arcpy
fc = "C:/Data/study.gdb/roads"
cursor = arcpy.da.UpdateCursor(fc, ["STREETNAME"])
for row in cursor:
    if row[0] == "MAIN ST":
        cursor.deleteRow()
```

插入游标和更新游标均支持编辑操作。在 ArcGIS 地理处理框架中，创建游标对象的同时会在属性表上添加一个锁。这个锁能够防止多个进程同时更改同一个属性表。锁有两种类型：共享锁和排他锁。当访问表格或者数据集时，就会应用共享锁。例如在 ArcGIS 中加载要素类或者查询数据时，都会在数据集上产生一个共享锁。同一属性表中可以存在多个共享锁，但存在共享锁时，将不允许存在排他锁。对属性表或要素类进行更改，将应用排他锁。在 ArcGIS 中应用排他锁的示例包括：在 ArcMap 中编辑和保存要素类；在 ArcCatalog 中更改表或特征类的架构；或者在 Python 中在要素类上使用插入或更新游标。

使用插入游标或更新游标时都会在数据集上应用排他锁，它将阻止其他进程修改这些数据。此外，如果数据集上存在排他锁，则无法为属性表或要素类创建更新或插入游标。例如，两个脚本无法同时在一个数据集上创建更新或插入游标。

在应用程序或脚本释放数据集（通过关闭或明确释放游标对象）之前，锁将一直存在。在脚本中，可以使用 del 语句删除游标对象，以便释放该游标对象设置在数据集上的排他锁。否则，将会阻止所有其他应用程序或脚本访问该数据集。因此，在一个创建了插入游标或更新游标的脚本中，需要有两个 del 语句，一个删除行对象（del row），一个删除游标对象（del cursor）。例如：

```
import arcpy
fc = "C:/Data/study.gdb/roads"
cursor = arcpy.da.UpdateCursor(fc, ["STREETNAME"])
for row in cursor:
    if row[0] == "MAIN ST":
        cursor.deleteRow()
del row
del cursor
```

提示：

脚本末尾忘记使用 del 语句会报错，所以要确保在使用完插入和更新游标后，及时使用 del 语句删除行对象和游标对象。搜索和更新游标支持 with 语句，使用 with 语句可以保证数据库锁的关闭和释放。因此在使用了 with 语句后，就不需要再使用 del 语句。

7.3　在 Python 中使用 SQL

在地理处理中，经常需要使用结构化查询语言（SQL）查询数据。SQL 可以定义一个或多个由属性、运算符和算式组成的条件语句。例如，ArcMap 里的按属性选择功能就需要使用 SQL，ArcToolBox 里的很多工具（包括选择工具）也需要用到 SQL。

注释：

读者需要了解 SQL 表达式的基本语法。在 ArcGIS 中使用 SQL 的相关知识可以从 ArcGIS Desktop Help 的"Building a query expression"中获取。

在 Python 中使用 SearchCursor 函数可以执行 SQL 查询语句。SearchCursor 的语法如下：

```
SearchCursor(in_table,  field_names  {where_clause},  {spatial_reference},
{fields}, {explode_to_points})
```

其中，可选参数 where_clause 表示一个 SQL 表达式。查询不同的数据集，where_clause 参数中的 SQL 语句会存在细微差别，但是都遵循 SQL 的语法规则。

下面是一段使用 SQL 表达式的代码：

```
import arcpy
fc = "C:/Data/study.gdb/roads"
cursor = arcpy.da.SearchCursor(fc, ["NAME", "CLASSCODE"], '"CLASSCODE" = 1')
for row in cursor:
   print row[0]
del row
del cursor
```

SQL 的语法是比较繁琐的，因为针对不同格式的要素，会有不同的语法。例如，shapefile 和文件地理数据库中要素类的字段分隔符是两个引号（""），个人地理数据库的字段分隔符是中括号（[]），ArcSDE 地理数据库中要素类没有分隔符。为了防止混淆并确保字段分隔符的准确性，可以使用 AddFieldDelimiters 函数，其语法如下：

```
AddFieldDelimiters(datasource, field)
```

该函数可以识别正在使用的数据集的类型，如 shapefile 或者个人地理数据库，然后添加正确的字段分隔符。在下面的代码中，首先将字段名赋给一个变量，然后使用 AddFieldDelimiters 为该字段添加正确的分隔符，最后将它应用在 SQL 表达式中。

```
import arcpy
fc = "C:/Data/zipcodes.shp"
fieldname = "CITY"
delimfield = arcpy.AddFieldDelimiters(fc, fieldname)
cursor = arcpy.da.SearchCursor(fc, ["NAME", "CLASSCODE"], delimfield + " =
'LONGWOOD'")
for row in cursor:
    print row[0]
del row
del cursor
```

SQL 表达式在其他函数中也很常见。很多内置工具也使用 SQL 语句，例如 Select 工具。Select 工具的语法如下：

```
Select_analysis(in_features, out_feature_class, {where_clause})
```

where_clause 参数就是一个 SQL 表达式，为了避免不同字段分隔符之间产生混淆，下面的例子使用了 AddFieldDelimiters 函数：

```
import arcpy
infc = "C:/Data/zipcodes.shp"
fieldname = "CITY"
outfc = "C:/Data/zip_select.shp"
delimfield = arcpy.AddFieldDelimiters(infc, fieldname)
arcpy.Select_analysis(infc, outfc, delimfield + " = 'LONGWOOD'")
```

7.4 处理表和字段名

在处理不同的数据集时，要确保每个属性表和字段都有一个有效且唯一的名称，特别是在地理数据库中创建数据时。这样做可以避免数据被覆盖。第 6 章介绍过的 Exists 函数就可以确定某个表在给定的工作空间中是否是唯一的。

ValidateTableName 函数可以用来确定某个表名在给定的工作空间中是否有效。函数语法如下：

```
ValidateTableName(name, {workspace})
```

函数的参数是一个表名和一个工作空间路径，函数将为该工作空间返回一个有效的表名。如果表名原本就是有效的，那么函数就会返回原始的表名。如果表名是无效的，那么其中无效的字符都用下划线（_）代替。数据库中的保留字不能用在表名中。

例如，下面的代码用于确定在一个名为 study 的文件地理数据库中，表名 all rosds 是否有效。

```
import arcpy
tablename = arcpy.ValidateTableName("all roads", "C:/Data/study.gdb")
print tablename
```

在这个例子中，all_roads 作为表名返回。下划线（_）被添加到表名中，因为表名中不可以包含空格。从一个工作空间向另一个工作空间转移数据时，验证表名是一种常见的做法。例如，下面的代码使用 Copy Features 工具将所有的 shapefile 从文件夹转移到地理数据库中。首先通过 basename 属性把“.shp”文件扩展名从文件名中移除，随后验证文件名，并将 shapefile 拷贝到地理数据库的要素类中。代码如下：

```
import arcpy
import os
from arcpy import env
env.workspace = "C:/Data"
outworkspace = "C:/Data/test/study.gdb"
fclist = arcpy.ListFeatureClasses()
for shapefile in fclist:
    fcname = arcpy.Describe(shapefile).basename
    newfcname = arcpy.ValidateTableName(fcname)
    outfc = os.path.join(outworkspace, newfcname)
    arcpy.CopyFeatures_management(shapefile, outfc)
```

可以使用 ValidateFieldName 函数对字段名进行类似的操作。只有在字段名有效的情况下，才能添加字段。因此需要先验证字段名是否有效，否则脚本可能会报错。函数语法如下：

```
ValidateFieldName(name, {workspace})
```

该函数的参数是一个字段名和一个工作空间路径，函数将为该工作空间返回一个有效的字段名。所有无效字符都用下划线（_）代替。下面的代码将验证新字段名称的有效性，并通过 Add Field 工具将有效字段添加到数据中。

```
import arcpy
fc = "C:/Data/roads.shp"
fieldname = arcpy.ValidateFieldName("NEW%^")
arcpy.AddField_management(fc, fieldname, "TEXT", "", "", 12)
```

在这个例子中，字符串"NEW^% "被"NEW__"替代。

注释：

每一个无效字符都会被一个下划线取代，所以上面例子中有两个下划线。

类似于 ValidateTableName 函数，ValidateFieldName 函数也不会判断字段名是否存在，因此脚本仍然会报错，或者覆盖一个已经存在的字段。为了确定字段名是否存在，可以使用 ListFields 函数将属性表或要素类中的字段创建成一个字段列表，然后把新的字段名和表中的字段进行对比。

确定表名是否存在可以使用 CreateUniqueName 函数。这个函数通过在输入名称后追加数字的方式在指定工作空间中创建唯一名称。该数字会不断增大，直到名称是唯一的为止。例如，如果名字“Clip”已经存在，CreateUniqueName 函数会将输出表名改为“Clip0”；如果“Clip0”也存在，则改为“Clip1”。该函数仅可以在工作空间内创建唯一的表名，而无法处理字段名。应用该函数的代码如下：

```
import arcpy
from arcpy import env
env.workspace = "C:/Data"
unique_name = arcpy.CreateUniqueName("buffer.shp")
arcpy.Buffer_analysis("roads.shp", unique_name, "100 FEET")
```

代码第一次运行时，文件 buffer.shp 不存在，得到的要素类名称为 buffer.shp。第二次运行时，buffer.shp 存在，得到的要素类名称为 buffer0.shp。

在大多数地理处理工具对话框中，输出数据集的默认名称具有相似的命名方式。例如使用 Clip 工具处理一个要素时，默认的输出名称为输入的要素名加上“ _Clip”，如 river_Clip。当再次运行 Clip 工具处理该要素时，如果工作空间没有变，那么输出要素的默认名称则变为 rivers_Clip1。

7.5 解析属性表和字段名

ArcGIS 中的地理处理环境经常需要设置成要素或属性表的全限定名。例如，为了处理一个名为 roads 的要素类，地理处理工具的参数不仅需要要素类的名称，还需要要素类的路径、数据库名称以及数据的所有者。这些都是处理地理数据库过程中必不可少的信息。

ParseTableName 函数可以将数据集中的全限定名称分割为不同的组成部分。该函数的语法如下：

```
ParseTableName(name, {workspace})
```

ParseTableName 函数返回一个由逗号隔开，并含有数据库名、所有者名以及表名的字符串。下面的代码使用 ParseTableName 函数将一个要素类的全限定名分割开来，并将每个部分存入到列表中：

```
import arcpy
from arcpy import env
env.workspace = "C:/Data/study.gdb"
fc = "roads"
fullname = arcpy.ParseTableName(fc)
namelist = fullname.split(", ")
databasename = namelist[0]
ownername = namelist[1]
fcname = namelist[2]
print databasename
print ownername
print fcname
```

与 ParseTableName 函数类似，ParseFieldName 函数可以将表中某个字段的全限定名分割成不同的部分。该函数将返回一个由逗号隔开，并含有数据库名、所有者名、表名以及字段名的字符串。

注释：

也可以使用 Python 中的解析函数对全限定名进行解析。然而，Python 中解析函数的语法会因不同的数据集而异。例如，对于不同格式的地理数据（shapefile、个人地理数据库、SDE），解析函数的语法会存在一定差异。但 ArcPy 中的解析函数是专门为地理数据库而设计的，因此它具有更强的稳定性。

7.6 处理文本文件

到目前为止，本书中介绍过的诸如路径、数值、列表值等信息性数据都位于脚本内或 GIS 数据文件（例如 shapefile、地理数据库、数据库表）里。在很多情况下，信息性数据也会出现在纯文本文件中。Python 中有很多处理不同格式文本文件的函数。这些文本文件来自于不同的应用程序，使用 Python 可以读取这些文本文件的内容，并提供给 ArcGIS 使用。

可以使用 open 函数打开文件，语法如下：

```
open(name, {mode}, {buffering})
```

open 函数仅有一个必选参数，即文件名，该函数将返回一个对象。下面的代码从磁盘上打开了一个现有的文件：

```
>>> f = open("C:/Data/sample.txt")
```

只使用文件名作为参数只能返回一个只读的文件对象。如果想做其他操作，必须明确指定一种访问模式。最常用的访问模式有如下几种。

r：读取模式。

w：写入模式。

+：读/写模式（与其他模式合用）。

b：二进制模式（与其他模式合用，如 rb、wb）。

a：追加模式

如果没有指定访问模式，默认为读取模式。写入模式可以向文件中写入内容。读/写模式可以与其他模式合用，表明读/写都准许。二进制模式可以改变文件的处理方式。Python 默认处理的是包含字符的文本文件。如果要访问其他类型的文件，如图像文件，就可以在模式参数中添加 b，如“rb”。追加模式将所有写入到文件里的数据都自动添加到文件的末尾。

缓存参数可以决定文件是否需要进行缓存。默认情况下不进行缓存，而直接从磁盘读取数据和写入数据。当缓存参数设置为 True 时，Python 使用内存代替磁盘来提高读写速率。对于数据量不大的文件，一般不需要设置缓存参数。

下面的代码使用 open 函数创建了一个新的文件对象，并将其访问模式设置为写入模式。

```
>>> f = open("C:/Data/mytext.txt", "w")
```

还有几种处理文件的函数分别是 write、read 和 close，其示例如下：

```
>>> f = open("C:/Data/mytext.txt", "w")
>>> f.write("Geographic Information Systems")
>>> f.close()
```

运行上面的代码会创建一个新的文件对象。如果文件 mytext.txt 已经存在，就会重写这个已有的文件，因此要小心。write 函数用来向文件中写入一个字符串，close 函数用来关闭文件并保存文件内容。

读取文件的代码如下：

```
>>> f = open("C:/Data/mytext.txt")
>>> f.read()
```

得到的结果是：

```
'Geographic Information Systems'
```

如果仅仅是为了访问文件内容而打开一个文件，没有必要设置访问模式，因为系统默认的访问模式是读取模式。read 函数可以用来读取文件内容。没有设置参数时，默认读取整个文件的内容。也可以通过设置一个数值来限定读取字符的个数，例如：

```
>>> f = open("C:/Data/mytext.txt")
>>> f.read(3)
```

结果为：

```
'Geo'
```

文件被打开后，读取其中的字符串是单向进行的。当再次使用 read 函数时，脚本会从上次读取结束的位置继续读取。例如：

```
>>> f.read(5)
```

结果为：

```
'graph'
```

再次运行 read 函数：

```
>>> f.read()
```

结果为：

```
'ic Information Systems'
```

可以使用 seek 函数来设置当前读取文件的位置，从而不需要再重新打开这个文件。例如：

```
>>> f.seek(0)
>>> f.read(10)
```

结果为：

```
'Geographic'
```

很多文件都有很多行，在 Python 中有很多方法可以访问多行数据。例如 readline 方法可以读取一行文本，readlines 方法可以读取所有行并以列表的形式返回。

下面，看几个例子。文本文件如图 7.2 所示。

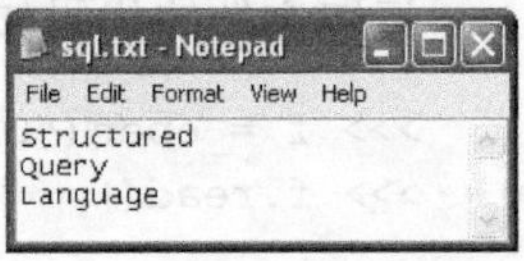

图 7.2

有很多方式读取该文件内容，首先看一下 read 方法：

```
>>> f = open("C:/Data/sqltext.txt")
>>> f.read()
```

结果为：`'Structured\nQuery\nLanguage'`

read 方法会读取所有行，并以一个单一的字符串形式返回。在返回的字符串中，行与行之间用\n 隔开。

下面是使用 readline 方法读取文本文件的代码：

```
>>> f = open("C:/Data/sqltext.txt")
>>> f.readline()
```

结果为：`'Structured\n'`

再次运行：

```
>>> f.readline()
```

结果为：`'Query\n'`

再次运行：

```
>>> f.readline()
```

结果为：`'Language'`

使用 readline 方法，每次读取一行并以字符串形式返回。继续调用 readline 函数会读取下一行，该函数同样会返回行分隔符（\n）。

最后，使用 readlines 方法读取所有行，并以列表的形式返回。例如：

```
>>> f = open("C:/Data/sqltext.txt")
>>> f.readlines()
```

结果为：`['Structured\n', 'Query\n', 'Language']`

write 和 writelines 方法可以创建一个多行的文件。添加新行时，需要使用行分隔符（\n）。例如：

```
>>> f = open("C:/Data/tintext.txt", "w")
>>> f.write("Triangulated\nIrregular\nNode")
>>> f.close()
```

运行上面的代码将会创建一个包含三行内容的文本文档，如图 7.3 所示。

writelines 方法可以用来修改字符串中指定的某一行，例如：

```
>>> f = open("C:/Data/tintext.txt")
>>> lines = f.readlines()
>>> f.close()
```

```
>>> lines[2] = "Network"
>>> f = open("C:/Data/tintext.txt", "w")
>>> f.writelines(lines)
>>> f.close()
```

在这个例子中，首先使用 readlines 函数将文本内容以列表的形式返回；然后关闭文件，并把新值分配给列表中某一个元素；再以写入模式打开文件，并使用 writelines 方法去更新指定行的字符串。运行这段代码，结果如图 7.4 所示。

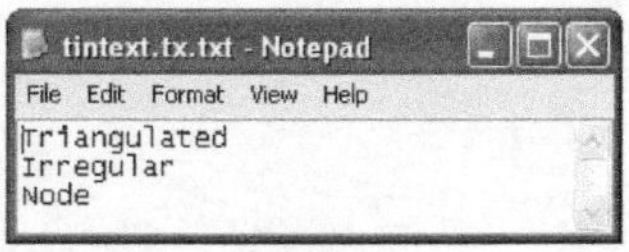

图 7.3

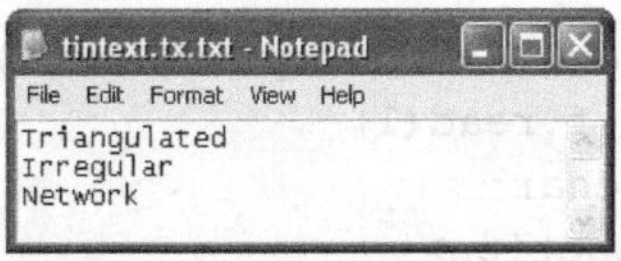

图 7.4

需要注意的是，在向文本文件中写入内容时，并不是自动换行的，而是要使用行分隔符(\n)。Python 中没有 writeline 方法，因为使用 write 方法就可以实现分行写入数据的功能。

通常情况下，需要使用 close 方法关闭文件。当脚本以读取模式打开文件时，并不一定需要使用 close 方法，因为使用该模式的程序在运行结束后，会自动关闭文件。但是，在文件使用结束后将其关闭是一个良好的习惯，这样可以避免文件被锁定。在将数据写入文件后，应当关闭文件，因为在写入数据时，Python 有可能只将数据存放在缓存中，如果此时程序崩溃，那么数据将不会写入到文件中。

上面的例子介绍了如何向指定的行写入新值。通过 Python 修改文本文件是一种常用的方法。许多应用程序产生的数据文件都是文本格式的，但是 ArcGIS 不能直接使用。不同于手动修改文本文件，Python 可以自动完成这些任务。在上面的例子中，仅对指定内容进行了更改。然而，对文本文件而言，更常用的操作是查询并替换，它可以更改任意位置的内容。

下面是一个包含地理坐标的文本文档：

```
ID: 1, Latitude: 35.099722, Longitude: -106.527550
ID: 2, Latitude: 35.133015, Longitude: -106.583581
ID: 3, Latitude: 35.137142, Longitude: -106.650632
ID: 4, Latitude: 35.093650, Longitude: -106.573590
```

为了方便使用这些数据，希望将它简化成以下形式：

```
1 35.099722 -106.527550
2 35.133015 -106.583581
3 35.137142 -106.650632
4 35.093650 -106.573590
```

此时，可以使用文本编辑器打开该文件，并执行查询和替换操作。这一操作在 Python 中同样可以完成。在 Python 中，需要以相同的操作迭代处理文件中的内容。有很多方法可以迭代文件中的数据。在大多数情况下，只需要会一种方法就可以了，但是知道其他几种方法也是有帮助的，特别是在查看别人编写的代码时。

在 while 循环中使用 read 方法是一种最基本的遍历文件内容的方法，例如下面的代码遍历了文件中的每一个字符：

```
f = open("C:/Data/mytext.txt")
char = f.read(1)
while char:
    <function>
    char = f.read(1)
f.close()
```

第 4 行的`<function>`表示对每一个字符进行相关处理。当读取到文件末尾时，`read` 方法返回的是空字符，此时 `char` 值为 `false`，`while` 循环结束。

另一种迭代处理的方法如下：

```
f = open("C:/Data/mytext.txt")
while True:
    char = f.read(1)
    if not char: break
    <function>
f.close()
```

尽管遍历每一个字符很有用，但是遍历行比遍历字符更常见。Python 中有很多方法可以实现行遍历。

第一种方法是在 Python 中直接使用 for 循环遍历每一行，代码如下：

```
f = open("C:/Data/mytext.txt")
for line in f:
    <function>
f.close()
```

这是最简洁的方法，代码简短而且可以直接遍历原始文件。

也可以通过 readline 方法遍历每一行。例如：

```
f = open("C:/Data/mytext.txt")
while True:
    line = f.readline()
    if not line: break
```

```
    <function>
f.close()
```

对于相对较小的文件，可以使用 read 方法（以字符串形式）或者 readlines 方法（以列表形式）直接读取整个文件。例如：

```
f = open("C:/Data/mytext.txt")
for line in f.readlines():
    <function>
f.close()
```

使用 read 方法或者 readlines 方法直接读取整个文件会占用相当多的内存。此时，可以在 while 循环下使用 read 方法，也可以使用 fileinput 模块代替 open 函数。该模块可以将文件中的内容创建成一个对象，然后就可以使用 for 循环迭代处理该对象内每一行的内容。例如：

```
import fileinput
for line in fileinput.input("C:/Data/mytext.txt")
    <function>
```

可根据个人习惯选择使用以上任何一种方法。

之前已经介绍了行遍历的基本方法，现在看一个具体的例子。该例将访问一个名为 coordinates.txt 的文本文件，文件如图 7.5 所示。

假设要去掉文本文件中的字段名（ID、Latitude、Longitude），只保留属性值，且每个属性值之间用空格分开。此时，可以逐行遍历，并使用 replace 方法实现。在文本文档处理结束后，最好把结果存到一个新的文件里面。这样，即使代码无法实现预期功能，也不会丢失原始数据。

下面的脚本首先以 read 模式打开一个已有的文件，然后在 write 模式中创建了一个新的文件，该文件将用于输出结果。for 循环用来迭代处理文件中的每一行。在下面的代码中，replace 方法被调用了 3 次，每次都会删除一个指定的字符串。处理后的结果将会输出到新的文件中。完整的代码如下：

```
input = open("C:/Data/coordinates.txt")
output = open("C:/Data/coordinates_clean.txt", "w")
for line in input:
    str = line.replace("ID: ", "")
    str = str.replace(", Latitude:", "")
    str = str.replace(", Longitude:", "")
    output.write(str)
input.close()
output.close()
```

运行后输出的结果如图 7.6 所示。

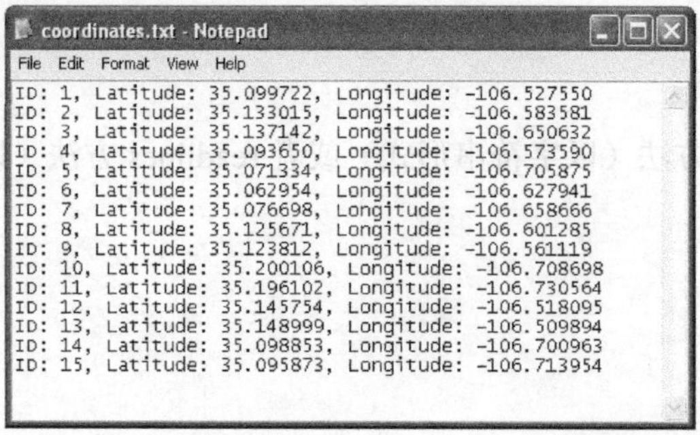


```
ID: 1, Latitude: 35.099722, Longitude: -106.527550
ID: 2, Latitude: 35.133015, Longitude: -106.583581
ID: 3, Latitude: 35.137142, Longitude: -106.650632
ID: 4, Latitude: 35.093650, Longitude: -106.573590
ID: 5, Latitude: 35.071334, Longitude: -106.705875
ID: 6, Latitude: 35.062954, Longitude: -106.627941
ID: 7, Latitude: 35.076698, Longitude: -106.658666
ID: 8, Latitude: 35.125671, Longitude: -106.601285
ID: 9, Latitude: 35.123812, Longitude: -106.561119
ID: 10, Latitude: 35.200106, Longitude: -106.708698
ID: 11, Latitude: 35.196102, Longitude: -106.730564
ID: 12, Latitude: 35.145754, Longitude: -106.518095
ID: 13, Latitude: 35.148999, Longitude: -106.509894
ID: 14, Latitude: 35.098853, Longitude: -106.700963
ID: 15, Latitude: 35.095873, Longitude: -106.713954
```

图 7.5

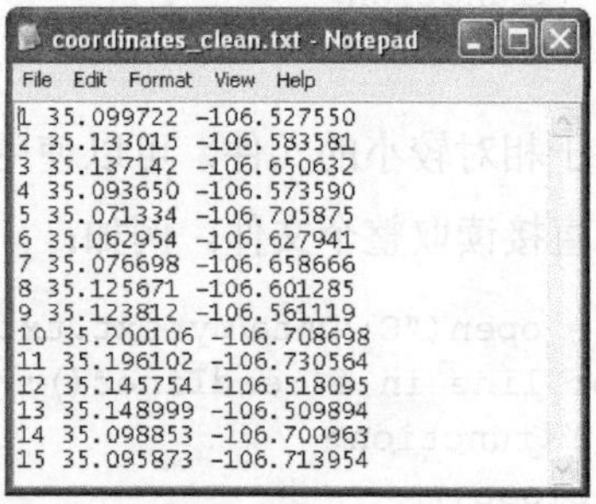


```
1 35.099722 -106.527550
2 35.133015 -106.583581
3 35.137142 -106.650632
4 35.093650 -106.573590
5 35.071334 -106.705875
6 35.062954 -106.627941
7 35.076698 -106.658666
8 35.125671 -106.601285
9 35.123812 -106.561119
10 35.200106 -106.708698
11 35.196102 -106.730564
12 35.145754 -106.518095
13 35.148999 -106.509894
14 35.098853 -106.700963
15 35.095873 -106.713954
```

图 7.6

第 8 章将会介绍如何使用如图 7.6 所示的文本文件来创建几何图形。

本章要点

- ArcPy 中的数据访问模块 arcpy.da 支持编辑操作和游标操作。
- 游标可以用来遍历属性表中的行，for 循环或 with 语句可以实现迭代操作。
- 搜索游标可用于检索行，更新游标可用于根据位置更新和删除行，而插入游标可用于向表或要素类中插入行。
- 在 Python 中使用搜索游标可以执行 SQL 查询语句。使用 AddFieldDelimiters 函数可以确保语法的正确。
- 可以使用 ValidateTableName 函数和 ValidateFieldName 函数分别验证表名和字段名。这些函数可以把无效字符转化为下划线（_）。CreateUniqueName 函数通过在输入名称后追加数字的方式在指定工作空间中创建唯一名称。
- 使用 ArcPy 的解析函数可以把表名和字段名分割成几个组成部分。
- Python 可以对文本文件中的内容进行操作。open 函数可以创建一个文件对象，该对象支持一系列文件读写的方法，例如 read、readline、readlines、write 和 writelines。最常见的一种文件操作是以相同的处理方式遍历文件中的内容，例如字符串查找和替换。

第8章 处理几何图形

8.1 引言

本章将介绍如何使用 Python 处理几何图形，包括如何在已有的要素类中创建几何对象以及如何读取这些几何对象的属性信息。矢量要素，例如点、线和多边形都可以被分解成若干个折点。反过来，通过一系列折点的坐标也可以创建几何对象。ArcPy 所具有的这种读取和写入几何的能力，使得它能够精细地操作组成各种要素的折点、线以及多边形。

8.2 处理几何对象

要素类中的每一个要素都包含一组用来定义点、线和多边形的折点。这些折点可以通过几何对象（例如 Point、Polyline、PointGeometry 和 MultiPoint）来访问，并以点对象数组的形式返回。

读取全部几何对象需要耗费较长的时间。因此，如果存储几何对象的数据集比较大，那么处理这个数据集的脚本就会运行得很慢。如果仅仅需要该几何对象的某几个属性，可以定义一个“几何短语”来获取几何对象的属性。例如，SHAPE@XY 会返回一组表示要素几何中心的 *x*、*y* 坐标值；SHAPE@LENGTH 会以双精度类型返回要素的长度；SHAPE@会返回整个几何对象。

下面的代码用于计算一个线要素类中所有线要素的总长度。

```
import arcpy
fc = "C:/Data/roads.shp"
cursor = arcpy.da.SearchCursor(fc, ["SHAPE@LENGTH"])
length = 0
```

```
    for row in cursor:
        length += row[0]
    print length
```

8.3 读取几何

要素类中的每一个要素都包含一组用来定义点、线和多边形的折点。在点要素类中，一个点要素代表一个折点。

线、多边形要素包含多个折点。每个折点都定义了一个坐标位置。图 8.1 展示了如何通过折点定义点、线和多边形。

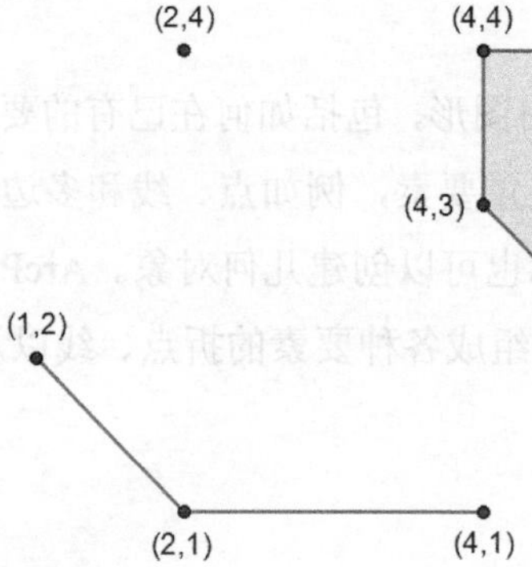

图 8.1

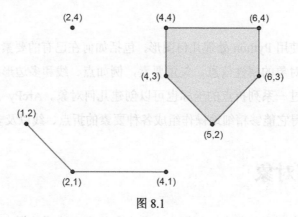

可以通过搜索游标访问上述折点。访问点要素时，将返回一个点对象；访问其他类型的要素（线、多边形、多点）时，将返回一个点对象数组。如果要素含有多个部分，则返回一个包含多个点对象数组的数组。多部分要素将在本章后面的部分进行介绍。

下面的例子使用搜索游标和 for 循环遍历了点要素类 hospitals.shp 中的每一个点要素，并通过一条几何短语获取所有点要素的 x、y 坐标。脚本程序如下：

```
import arcpy
fc = "C:/Data/hospitals.shp"
cursor = arcpy.da.SearchCursor(fc, ["SHAPE@XY"])
for row in cursor:
    x, y = row[0]
    print("{0}, {1}".format(x,y))
```

图 8.2 是点要素类 hospitals.shp。每个点都有一对 x、y 坐标。

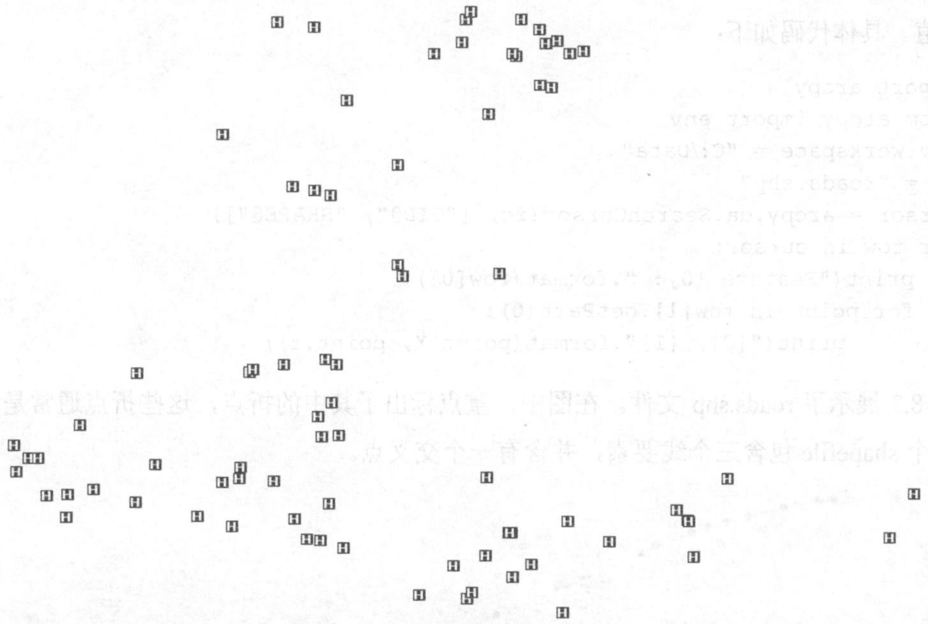

图 8.2

运行这个脚本将返回一列 x、y 坐标对，如下所示：

```
535054.323998 1573193.51843
536331.986799 1568007.16872
537099.102795 1573622.42036
509801.659767 1577555.46667
516240.163452 1568947.90507
511539.047392 1576059.89036
513866.290182 1571538.02958
510005.314649 1574390.10495
516315.610359 1571701.11945
...
```

点要素类是相对简单的，因为每个要素只有一个点对象。对于其他类型的要素类，例如线、多边形，访问其中的每一个要素都会返回一个点对象数组。想要处理这些数组，需要使用两次迭代。第一个 for 循环用来遍历表中的行对象（即一个线或多边形记录），第二个 for 循环用来遍历每一个线或多边形中的折点（即数组中的点对象）。

在下面的例子中，第一个 for 循环用来遍历 shapefile 文件中的行对象。在每一行中，需要输出 OID（对象标识符）字段，用来指明每一个点对象数组的起始位置和结束位置。访问每一个行对象都会获得一个几何对象，该对象是一个点对象数组。getPart 方法可以用来获取几何图形第一部分的点对象数组。第二个 for 循环用来遍历数组中所有的点对象，并输出其 x、 y 坐标值。具体代码如下：

```
import arcpy
from arcpy import env
env.workspace = "C:/Data"
fc = "roads.shp"
cursor = arcpy.da.SearchCursor(fc, ["OID@", "SHAPE@"])
for row in cursor:
    print("Feature {0}: ".format(row[0]))
    for point in row[1].getPart(0):
        print("{0}, {1}".format(point.X, point.Y))
```

图 8.3 展示了 roads.shp 文件。在图中，重点标出了其中的折点，这些折点通常是不可见的。这个 shapefile 包含三个线要素，并含有一个交叉点。

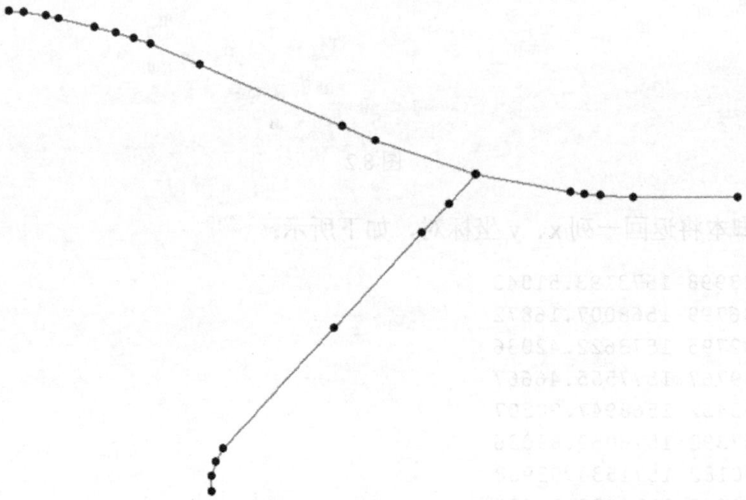

图 8.3

运行这个脚本，将以列表的形式输出三个要素中每个折点的 x、y 坐标。其中，突出显示的是交叉点的坐标。

```
Feature 0:
531885.67639 1628468.19487
531516.812298 1628594.51778
531390.493653 1628643.4524
530857.141374 1628870.30004
530669.823179 1628944.1247
530605.296405 1628964.82938
530534.895627 1628986.13347
530458.155951 1629004.96119
530320.821908 1629036.68192
```

```
530272.489 1629046.89221
530191.019018 1629058.52374
530132.914148 1629065.05982
Feature 1:
532869.396535 1628383.24097
532476.944893 1628385.50147
532355.168561 1628393.21733
532296.13948 1628398.46043
532242.764587 1628403.90793
531885.67639 1628468.19487
Feature 2:
531885.67639 1628468.19487
531787.985312 1628360.42343
531688.961888 1628255.70514
531358.17318 1627909.01489
530942.021781 1627471.36419
530911.913574 1627422.25799
530897.352579 1627370.96183
530895.624892 1627312.96063
```

在这个脚本中，还有几个地方需要注意。首先 getPart 方法中使用的索引值是 0。这时 getPart 方法只返回几何对象的第一部分。对于一般的（单部分）要素类，第一部分也是它仅有的部分。如果没有指定索引值，getPart 方法将会返回一个包含所有点对象数组的数组。多部分要素类的相关内容将在下一节中进行介绍。其次，这个脚本也适用于线和多边形要素类。

8.4　处理多部分要素

要素类中的要素可以分为多个部分，我们将其称为多部分要素。有时，需要创建由多个部分组成，但只共享一组属性的要素。夏威夷州的矢量图形就是一个典型的多部分要素。如图 8.4 所示，每个岛都是夏威夷州的一部分，但是在属性表中所有的岛只有一条记录，这些岛屿构成了一个完整的要素。

上述情况下的点要素，称为多点要素；而线要素和多边形要素，则称为多部分要素。

可以使用 Describe 函数中的 shapeType 属性来确定一个要素类是否为多部分要素。shapeType 的有效返回值是 Point、Polyline、Polygon、Multipoint 和 Multipatch，其中 Multipatch 表示三维数据。一个要素类是多部分的，并不代表要素类中的每个要素都是多部分的。几何对象的 isMultipart 属性可以用来确定某个要素是否为多部分的。partCount 属性将返回组成某个要素所有部分的数目。

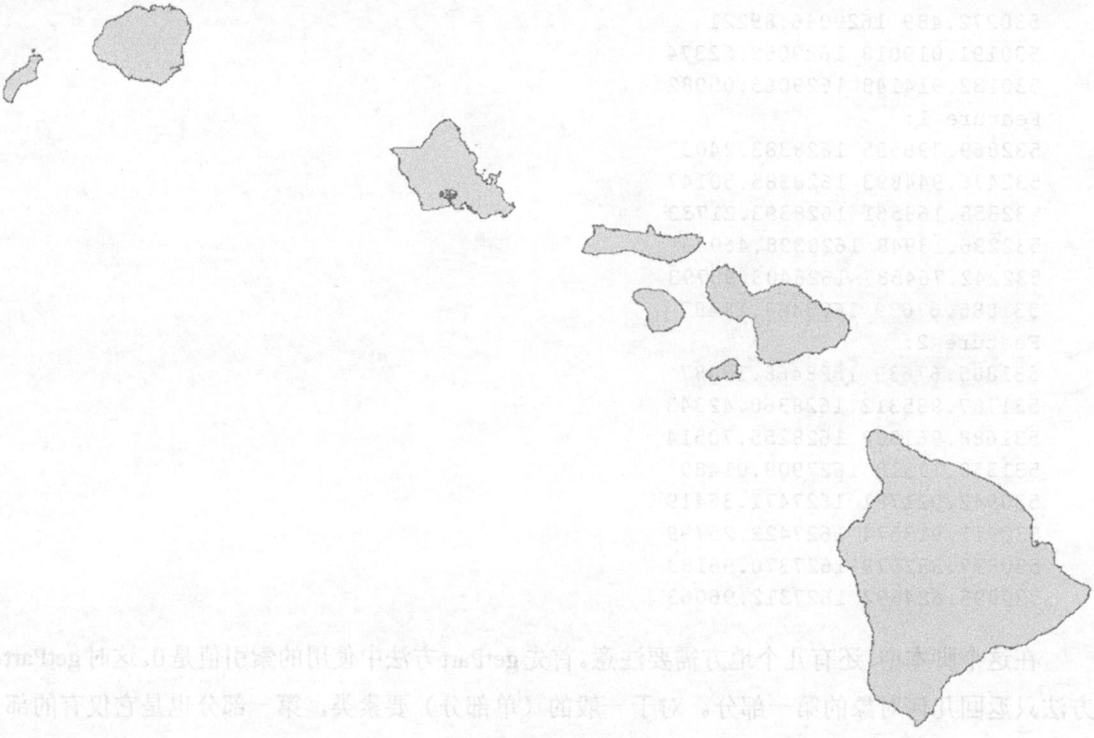

图 8.4

图 8.4

处理多部分几何对象的语法类似于处理单部分要素的语法。最大的不同在于多部分要素的返回值是包含点对象数组的数组，而单部分要素的返回值是单一的点对象数组。因此，访问多部分几何对象不仅要遍历表中每一行的几何对象，还要遍历每个几何对象中每个部分的数组。

下面的代码说明了如何访问多部分的线要素类和多边形要素类：

```
import arcpy
from arcpy import env
env.workspace = "C:/Data"
fc = "roads.shp"
cursor = arcpy.SearchCursor(fc, ["OID@", "SHAPE@"])
for row in cursor:
    print ("Feature {0}: ".format(row[0]))
    partnum = 0
    for part in row[1]:
        print("Part {0}:".format(partnum))
        for point in part:
            print("{0}, {1}".format(point.X, point.Y))
        partnum += 1
```

这段脚本对单部分要素和多部分要素都有效。对于单部分要素，所有部分的数目是 1，并且 for 循环中的语法块只运行一次。

该脚本既能处理线要素类和多边形要素类，也能处理单部分要素和多部分要素。

对 road.shp 文件运行该脚本，输出结果如下所示：

```
Feature 0:
Part 0:
531885.67639 1628468.19487
531516.812298 1628594.51778
…
Feature 1:
Part 0:
532869.396535 1628383.24097
532476.944893 1628385.50147
…
Feature 2:
Part 0:
531885.67639 1628468.19487
531787.985312 1628360.42343
…
```

在输出每个部分的折点坐标前，还将输出每个要素的序号以及要素内每个部分的序号。对于单一部分的要素，其序号永远是 0。对于多部分的要素，每一部分内的折点都会分开输出。例如，运行以上脚本访问夏威夷州的矢量数据时，会得到如下结果：

```
Feature 0:
Part 0:
893854.841767 2134701.2927
893846.673616 2134665.30299
…
Part 1:
912254.26006 2186306.54325
912224.615223 2186294.09826
…
Part 2:
912042.643477 2186622.39331
912012.925579 2186604.06848
…
Part 3:
822533.490168 2198560.73868
822527.657774 2198547.11324
…
Part 4:
```

```
829031.967738 2244295.66214
829042.696727 2244292.43166
…
```

提示：

单部分要素可能包含大量的折点，所以对于大数据量的要素类，使用上述脚本输出所有折点将会耗费很长的时间。

8.5 处理有孔洞的多边形

如果一个多边形内包含孔洞，那说明这个多边形包含很多环：一个外环和若干个内环。环是定义在二维平面上的闭合路径。路径由一系列点构成，其中包含起始点和终止点。而一个有效的环是由一个从起始点到终止点的路径构成，其中起始点和终止点的坐标相同。顺时针定义的是一个外部环，逆时针定义的是一个内部环。

对于一个含有孔洞的多边形，访问几何对象时将会返回一个包含外环和所有内环的点对象的数组。首先返回外环，其次返回所有内环。环和环之间用空的点对象分开。

读取含有孔洞的多边形和之前读取多部分要素的脚本很相似。只需要将读取多部分要素脚本中的第三个 for 循环替换为下面的代码即可：

```
for point in part:
    if point:
        print("{0}, {1}".format(point.Y, point.Y))
    else:
        print "Interior Ring"
partnum += 1
```

这段代码仅仅添加了一个 if-else 语句。对于一个含有多环的多边形，可以使用空的点对象作为多环之间的分隔符。因此，如果读取到的对象是一个空的点对象，那么下一个要读取的对象就是一个内环。这个语法块运行到空的点对象时即结束该层循环，此时，每个内环的点坐标都会被列出。

含有内环的多边形是很常见的，尤其是那些反映自然对象的要素类，例如植被和土壤。图 8.5 是一个典型的表示土壤类型的多边形数据。

图 8.5

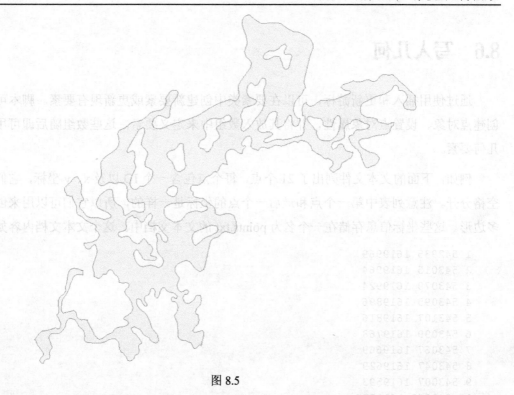

以图 8.5 所示的要素类为输入数据运行上述脚本，得到下面的输出结果。这是一个包含一个外环和多个内环的单部分要素。在这个例子中，并没有对环进行计数，其输出结果如下：

```
Feature 0:
Part 0:
549563.387926 1623728.65919
549615.387903 1623700.65924
…
Interior Ring
547042.700688 1625044.65659
546906.386611 1624984.65647
…
Interior Ring
548234.35805 1621938.65839
548210.169534 1621866.65838
…
Interior Ring
546255.274993 1623827.6562
546215.180853 1623815.65616
…
…
…
```

8.6 写入几何

通过使用插入和更新游标，可以在要素类中创建新要素或更新现有要素。脚本可以通过创建点对象、设置点对象属性，并将其放入数组中来定义要素。这些数组随后即可用于创建几何要素。

例如，下面的文本文件列出了 21 个点，每个点包含一个 ID 以及 x、y 坐标，它们之间用空格分开。注意列表中第一个点和最后一个点的坐标是一样的，所以它们可以用来创建一个多边形。这些坐标信息存储在一个名为 points.txt 的文本文档中。这个文本文档内容如下：

```
1 542935 1619969
2 543015 1619964
3 543079 1619924
4 543095 1619896
5 543107 1619816
6 543099 1619768
7 543067 1619669
8 543047 1619629
9 543007 1619593
10 542979 1619577
11 542923 1619569
12 542883 1619577
13 542810 1619625
14 542738 1619649
15 542698 1619701
16 542690 1619733
17 542699 1619773
18 542719 1619821
19 542775 1619893
20 542883 1619953
21 542935 1619969
```

可以使用 CreateFeatureclass 函数来创建一个空的要素类，并用来存储新的点对象，这些点的坐标可以从上面的坐标列表中读取。创建空要素类函数的语法如下：

```
CreateFeatureclass_management(out_path, out_name, {geometry_type}, {template},
{has_m}, {has_z}, {spatial_reference}, {config_keyword}, {spatial_grid_1}, {spatial_grid_2},
{spatial_grid_3})
```

其中，两个必选参数分别是新要素类的路径和名称。几何类型的默认值为多边形。空间参考没有默认值，因此如果没有设置，坐标系统会输出“unknown”。脚本第一部分的内容如下：

```
import arcpy, fileinput, string
from arcpy import env
env.overwriteOutput = True
infile = "C:/Data/points.txt"
fc = "C:/Data/newpoly.shp"
arcpy.CreateFeatureclass_management("C:/Data", fc, "Polygon")
```

运行这段脚本，就可以创建一个名为 newpoly.shp 的空要素类。

用于表示多边形中折点的点对象可以通过 ArcPy 的 Point 类创建。这些点对象需要存储在一个数组中。对象数组可以通过 ArcPy 的 Array 类创建。通常情况下，一个数组可以包含多个地理处理对象，例如点、几何图形或者空间参考等。在本例中，数组将存储点对象。此外，需要使用插入游标来创建一个新的行对象，即一个新的要素。具体语法如下：

```
cursor = arcpy.da.InsertCursor(fc, ["SHAPE@"])
array = arcpy.Array()
point = arcpy.Point()
```

接下来，就需要把文本文档中的内容设置成点对象的属性。此时，需要使用 Python 中的 fileinput 模块来读取文本文档的内容，并使用 split 方法将读取到的 ID 号、x 坐标、y 坐标分隔开。具体代码如下：

```
for line in fileinput.input(infile):
    point.ID, point.X, point.Y = line.split()
```

split 方法将参数作为分隔符对字符串进行分割，并存储在字符串列表中。当没有设置参数时，split 使用空格作为分隔符。在本例中，split 方法将每一行分割成三个字符串，这三个字符串分别赋值给 ID、X 和 Y。

最后脚本需要遍历文本文档中每行的数据，并为每行创建一个点对象。结果会得到一个包含 21 个点对象的数组。完整的脚本代码如下：

```
import arcpy, fileinput, os
from arcpy import env
env.workspace = "C:/Data"
infile = "C:/Data/points.txt"
fc = "newpoly.shp"
arcpy.CreateFeatureclass_management("C:/Data", fc, "Polygon")
cursor = arcpy.da.InsertCursor(fc, ["SHAPE@"])
array = arcpy.Array()
point = arcpy.Point()
for line in fileinput.input(infile):
    point.ID, point.X, point.Y = line.split()
    line_array.add(point)
```

```
polygon = arcpy.Polygon(array)
cursor.insertRow([polygon])
fileinput.close()
del cur
```

运行脚本，将创建一个名为 newpoly.shp 的单部分多边形要素，如图 8.6 所示：

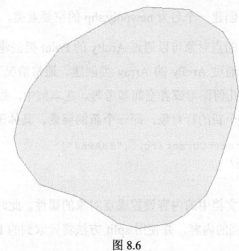

图 8.6

这个脚本还是相对简单的，因为所创建的多边形并没有其他的属性。不管怎样，它能够说明如何使用 Point 和 Array 类创建几何对象。

8.7 使用游标设置空间参考

要素类的空间参考描述了要素类的坐标系、空间域和精度。通常情况下，要素类的空间参考是在创建要素类的时候进行设置。但是空间参考并不是必选参数，如果要素类中没有设置空间参考，其空间参考的值为 unknown。此时，需要使用 Define Projection 工具来定义该要素类的空间参考。

一个要素类中所有要素的空间参考都是一样的。默认情况下，从搜索游标返回的几何对象的空间参考与通过游标打开的要素类的空间参考相同。但是，有时它们也不一定相同。例如，原始要素类的空间参考是国家平面坐标，现在需要插入一个采用 UTM 坐标的要素。在这种情况下，需要在更新或插入游标上设置空间参考。此时，可以新建一个插入游标，并将它的空间参考设置为 UTM 坐标系，这样新插入的几何对象的坐标系就会从 UTM 转换为国家平面坐标。

也可以在搜索游标上设置空间参考。如果搜索游标的空间参考与要素类的空间参考不一致，那么搜索游标会将要素类的空间参考转换为游标的空间参考。

下面的例子是以十进制的形式输出一个采用了国家平面坐标系的点要素类的 x、y 坐标。SearchCursor 函数是用来在国家平面坐标系上创建一个只读游标，但是这个游标的空间参考要设置为以十进制表示的地理坐标系。代码如下：

```
import arcpy
fc = "C:/Data/hospitals.shp"
prjfile = "C:/projections/GCS_NAD_1983.prj"
spatialref = arcpy.SpatialReference(prjfile)
cursor = arcpy.da.SearchCursor(fc, ["SHAPE@"], "", spatialref)
```

然后，使用 open 函数创建一个输出文件。通过写模式打开文件，然后就可以写入新的代码行了。语法如下：

```
output = open("result.txt", "w")
```

下一步遍历行，为每行创建一个几何对象，使用 write 方法把 x、y 坐标写入到输出文件中。这部分代码如下：

```
for row in cursor:
    point = row[0]
    output.write(str(point.X) + " " + str(point.Y) + "\n")
```

坐标以十进制字符串的形式写入，x、y 坐标用空格隔开，点坐标之间用换行符隔开。最后一步是使用 close 方法关闭输出文件。完整代码如下：

```
import arcpy
from arcpy import env
env.workspace = "C:/Data"
fc = "hospitals.shp"
prjfile = "C:/Projections/GCS_NAD_1983.prj"
spatialref = arcpy.SpatialReference(prjfile)
cursor = arcpy.da.SearchCursor(fc, ["SHAPE@"], "", spatialref)
output = open("result.txt", "w")
for row in cursor:
    point = row[0]
    output.write(str(point.X) + " " + str(point.Y) + "\n")
output.close()
```

在这个例子中，空间参考是使用已经存在的投影文件（.prj），它也可以从已有的要素类中获取。

注释：

尽管在搜索游标上设置空间参考可以转换空间坐标系，但是这并不是很好。实际上，在此处进行水准面转换并不是首选，相比之下它更应该作为环境设置的内容在脚本中进行设置。

8.8 使用地理处理工具处理几何对象

地理处理工具的参数通常需要输入要素类。然而，有时候这些要素类并不存在，需要通过相关坐标数据创建。这种情况下，可以先创建一个空的要素类，然后使用游标设置其属性值，最后再将其作为地理处理工具的输入要素。然而，这种方法很繁琐。另一种方法是用几何对象代替输入或输出要素，这样就可以使地理处理更简捷。

例如，下面的代码根据一系列坐标值，创建了一个几何对象列表，然后使用这些几何对象作为 Buffer 工具的输入要素。代码如下：

```
import arcpy
from arcpy import env
env.workspace = "C:/Data"
coordlist =[[17.0, 20.0], [125.0, 32.0], [4.0, 87.0]]
pointlist = []
for x, y in coordlist:
    point = arcpy.Point(x,y)
    pointgeometry = arcpy.PointGeometry(point)
    pointlist.append(pointgeometry)
arcpy.Buffer_analysis(pointlist, "buffer.shp", "10 METERS")
```

在这个例子中，几何对象通过点对象列表被创建。首先，使用 pointlist=[]创建一个空的列表。在 for 循环中，使用 Point 类将坐标列表创建成点对象。然后使用 PointGeometry 类将这些点对象创建成几何对象，这些几何对象被存放在列表中。这个列表就成了 Buffer 工具的输入要素。另一种方法是直接基于坐标列表创建一个要素类，但如果这个要素类在其他任何地方仍需要用到，那么使用几何对象就会使代码更高效。

几何对象也可以直接作为地理处理工具的输出。例如，下面的代码使用空的几何对象作为 Copy Features 的工具输出，其输出结果为几何对象列表。

```
import arcpy
fc = "C:/Data/roads.shp"
geolist = arcpy.CopyFeatures_management(fc, arcpy.Geometry())
length = 0
for geometry in geolist:
```

```
    length += geometry.length
print "Total length: " + length
```

使用几何对象可以提高代码运行效率。因为使用几何对象可以避免创建临时要素类，同时也可以利用游标遍历所有要素。

本章要点

- 几何对象有多个属性，包括长度和面积。通过相关几何短语可以非常方便地获取相关几何属性。

- 几何对象中的折点存储在点对象的数组中（多部分要素时，一个数组中会包含多个点对象数组）。

- 使用插入和更新游标，可以创建或者更新现有要素。脚本可以通过创建点对象、设置点对象属性，并将其放入数组中来定义要素。这些数组随后即可用于创建几何要素。

- 如果几何对象的坐标系和要素类坐标系不同，则可以通过在游标上设置空间参考的方式来访问这个几何对象。

- 可以用几何对象代替要素类作为地理处理工具的输入和输出，这样会使脚本更简捷。

第9章 使用栅格数据

9.1 引言

栅格数据是一个独特的空间数据类型。很多地理处理工具都是为了处理栅格数据而开发的。本章将介绍如何使用 ArcPy 函数列出并描述栅格数据。ArcPy 中有一个名为 arcpy.sa 的空间分析模块，该模块将地图代数全部整合到 Python 环境中，从而提高了脚本运行的效率。本章还将介绍地图代数中的操作符以及 arcpy.sa 模块中的函数和类。

9.2 列出栅格数据

ListRasters 函数是以 Python 列表的形式返回工作空间中的栅格数据，该函数语法如下：

```
ListRasters({wild_card}, {raster_type})
```

可选参数 wild_card 通过名称限制返回的结果，参数 raster_type 通过栅格数据的类型（JPEG 或者 TIFF）限制返回的结果。

下面的代码说明了如何使用 ListRasters 函数列出工作空间中的栅格数据。

```
import arcpy
from arcpy import env
env.workspace = "C:/raster"
rasterlist = arcpy.ListRasters()
for raster in rasterlist:
    print raster
```

输出结果如下：

```
elevation
landcover.tif
```

```
tm.img
```

每个栅格数据的名称会与文件扩展名一起输出到 PythonWin 的交互式窗口里或者 Python 窗口的下一行。例如，.img 是 ERDAS IMAGINE 格式的扩展名，.tif 是 TIFF 格式的扩展名，.jpg 是 JPEG 格式的扩展名等。但是，Esri 的 GRID 格式或者地理数据库中的栅格数据都没有文件扩展名。所以当没有文件扩展名显示时，需要确定该文件是 GRID 格式还是地理数据库中的栅格数据。

ListRasters 函数可以根据参数过滤一部分数据。下面的代码就只输出了 ERDAS IMAGINE 格式的文件名称。

```
import arcpy
from arcpy import env
env.workspace = "C:/raster"
rasterlist = arcpy.ListRasters("*", "IMG")
for raster in rasterlist:
    print raster
```

一旦获取到栅格数据，就可以将相关函数应用于这些栅格数据，例如下一节将要介绍的 Describe 函数。

9.3　描述栅格属性

栅格数据可以使用第 6 章介绍过的 Describe 函数进行描述。Describe 函数将返回指定数据元素的各种属性。这些属性是动态的，即不同的数据类型，会有不同的描述属性可供使用。例如，当使用 Describe 函数描述栅格数据时，除了有一些通用的属性之外，针对不同的栅格元素，还会有一些具有针对性的属性。

三种不同类型的栅格元素如下所示：

（1）栅格数据集——栅格数据集是一种栅格数据模型，它可以存储在磁盘上或者地理数据库中。栅格数据集有多种存储格式，包括 TIFF、JPEG、IMAGINE、Ersi GRID 和 MrSID。栅格数据集可以由单波段组成，也可以由多波段组成。

（2）栅格波段——栅格波段是栅格数据集中的一个图层，代表电磁光谱某个范围内或波段内的值。例如许多卫星影像，包含了多个波段。

（3）栅格目录——栅格目录是以表格形式定义的栅格数据集的集合，目录中的每条记录表示一个栅格数据集。栅格目录通常用于显示相邻、完全重叠或部分重叠的栅格数据集，而无需将它们镶嵌为一个较大的栅格数据集。

上述三种栅格元素具有不同类型的属性。例如，数据格式(TIFF，JPEG 等)是栅格数据集的属性，栅格单元的大小是栅格波段的属性。可以通过 dataType 属性来确定栅格元素的类型。这三种元素的所有属性都可以通过 Describe 函数获取。

下面的代码说明了使用 Describe 函数返回一个包含输入数据各种属性的属性对象，并将其输出。

```
import arcpy
from arcpy import env
env.workspace = "C:/raster"
raster = "landcover.tif"
desc = arcpy.Describe(raster)
print desc.dataType
```

上面的例子使用了 TIFF 格式的栅格数据，dataType 属性的返回值为 RasterDataset。栅格数据集的属性包含以下内容：

- bandcount——栅格数据集的波段数。
- compressionType——压缩类型(L277,JPEG,JPEG2000 或者 None)。
- format——栅格数据格式(GRID、IMAGINE、TIFF 等)。
- permanent——表明栅格数据的状态：False 代表临时数据；True 代表不是临时数据。
- sensorType——获取影像的传感器的类型。

如果一个栅格数据被确定为是一个栅格数据集后，就可以获取上述属性值。下面的代码用于输出 TIFF 文件的属性。

```
import arcpy
from arcpy import env
env.workspace = "C:/raster"
raster = "landcover.tif"
desc = arcpy.Describe(raster)
print desc.dataType
print desc.bandCount
print desc.compressionType
```

该文件是一个单波段、未压缩的 TIFF 格式的文件，因此其 bandCount 属性返回值为 1，compressionType 属性返回值为 None。

大多数与栅格数据相关的属性只能通过栅格波段获取。例如：栅格分辨率是非常重要的栅格属性，但是单个数据集中不同的波段可以有不同的分辨率，因此栅格波段有栅格分辨率属性，而栅格数据集则没有。许多属性都是栅格波段所特有的，包括下面内容：

- heigth——行数。
- isInteger——表明栅格波段中的数据是否为整型。
- meanCellheigth——栅格单元在 y 坐标方向上的大小。
- meanCellWidth——栅格单元在 x 坐标方向上的大小。
- noDataValue——栅格波段中的 NoData 值。
- pixeltype——像元类型，如八进制整数、十六进制整数、单精度浮点型等。
- primaryField——字段索引。
- tableType——表的类别名称。
- width——列数。

对于单波段的栅格数据集，并不需要指定波段（毕竟它只有 1 个波段）。因此，在描述栅格数据集时可以直接访问其属性。例如，下面的代码直接确定了栅格数据的分辨率和像元类型：

```
import arcpy
from arcpy import env
env.workspace = "C:/raster"
rasterband = "landcover.tif"
desc = arcpy.Describe(raster)
print desc.meanCellHeight
print desc.meanCellWidth
print desc.pixelType
```

在这个例子中，代码返回值为 30×30 和 U8——即分辨率为 30×30，像元类型为无符号八进制整数。度量单位的类型并不包含在这些属性中，它是 Spatial Reference 的属性。例如下面的代码获取了一个空间参考的名称及其度量单位：

```
spatialref = desc.spatialReference
print spatialref.name
print spatialref.linearUnitName
```

对于多波段栅格数据来说，需要指定特定的波段。假如没有指定波段，便无法访问栅格分辨率、行数、列数以及像元类型等属性。可以使用类似于 Band_1、Band_2 这样的形式指定波段。下面的代码说明了如何访问一个多波段栅格数据集中某个波段的属性：

```
import arcpy
from arcpy import env
env.workspace = "C:/raster"
rasterband = "img.tif/Band_1"
desc = arcpy.Describe(rasterband)
print desc.meanCellHeight
print desc.meanCellWidth
print desc.pixelType
```

注释：

多波段栅格数据的某一波段有时用 Layer_1、Layer_2 表示，而不用 Band_1、Band_2 表示。

9.4 处理栅格对象

ArcPy 中的栅格类可以用来处理栅格数据集。在 ArcPy 中，有两种方式创建栅格对象：（1）直接引用磁盘上已有的栅格数据；（2）使用地图代数语句。创建栅格类的语法如下：

```
Raster(inRaster)
```

下面的代码说明了如何通过引用磁盘上已有的栅格数据来创建栅格对象。

```
import arcpy
myraster = arcpy.Raster("C:/raster/elevation")
```

使用地图代数语句创建栅格对象的语句如下：

```
import arcpy
outraster = arcpy.sa.Slope("C:/raster/elevation")
```

通过这两种方式得到的栅格对象既可以用于 Python 语句中，也可以用于地图代数的表达式中。栅格对象有很多属性，这些属性同前面介绍过的栅格数据的属性类似，包括 bandcount、compressionType、format、height、width、meanCellHeight、meanCellWidth、pixelType、spatialReference 等。和 Describe 对象的属性相似，这些属性大多数为只读属性。

栅格对象只有一个方法：save 方法。由地图代数语句返回的栅格对象（包含栅格变量及栅格数据）默认为临时数据，这意味着它们将在使用结束后被删除。例如，当关闭 ArcGIS 或关闭一个独立的脚本时，临时数据就将被删除。save 方法可以使栅格对象永久的保存在磁盘中，其语法如下：

```
save({name})
```

在先前的例子中，栅格对象是临时的，但是可以使用下面的代码使之变成永久的数据：

```
import arcpy
outraster = arcpy.sa.Slope("C:/raster/elevation")
outraster.save("C:/raster/slope")
```

一个处理栅格数据的工作流会包含很多步骤。如果只需要最终的结果数据，可以将中间过程产生的数据设置为临时数据，这样可以减少输出文件的数据量。

9.5 Spatial Analyst 模块

ArcPy 中的 Spatial Analyst 模块 arcpy.sa 可以用来执行地图代数和其他相关操作。Spatial Analyst 模块所提供的功能和 Spatial Analyst 工具箱中的工具差不多。例如求取地表坡度，既可以使用 Spatial Analyst 工具箱中的 Slope 工具，也可以通过 arcpy.sa 模块直接调用 Slope 工具，这两种方法的效果是相同的。

Spatial Analyst 模块已经将“地图代数”整合到 Python 环境中。在 Python 中使用地图代数就类似于在 ArcToolbox 中使用 Raster Calculator、Single Output Map Algebra 以及 Multiple Output Map Algebra 等工具。ArcPy 的 Spatial Analyst 模块中有一系列支持地图代数运算的操作符。

Spatial Analyst 模块为所有的栅格处理工具提供了访问接口。以这种方式运行工具比使用 Spatial Analyst 工具更高效。下面的代码调用了 Slope 工具：

```
import arcpy
elevraster = arcpy.Raster("C:/raster/elevation")
outraster = arcpy.sa.Slope(elevraster)
```

Slope 工具的调用语句为 arcpy.sa.Slope。使用 Python 调用工具的一般语法是 arcpy.<toolboxalias>.<toolname>或 arcpy.<toolname>_<toolboxalias>。上面的例子是使用了前者，并没有使用后者，而且使用 arcpy.Slope_sa 是无效的。因为 sa 是一个模块名，它并不是工具箱的别名。代码还可以简化为：

```
import arcpy
from arcpy.sa import *
elevraster = arcpy.Raster("C:/raster/elevation")
outraster = Slope(elevraster)
```

该例使用 from arcpy.sa impor t*语句导入了 arcpy.sa 模块中所有的函数，随后就可以通过工具名直接调用工具。例如，使用 Slope 代替 arcpy.sa.Slope。或许您现在还不能体会它的简洁性，但是设想一下，如果某个地图代数表达式中有几十个栅格函数，而此时省略 arcpy.sa 几十次将会使代码更简短易读。

9.6 地图代数

arcpy.sa 模块除了可以提供访问 Spatial Analyst 工具的接口，还提供了一系列用于执行地图代数的运算符。其中，大多数运算符既可以作为 Spatial Analyst 工具箱下 Math 工具集中的工具，也可以作为 Python 中的运算符。下面的代码使用 Times 工具将高程值从英尺转换成米：

```
import arcpy
from arcpy.sa import *
elevraster = arcpy.Raster("C:/raster/elevation")
outraster = Times(elevraster, "0.3048")
outraster.save("C:/raster/elev_m")
```

使用地图代数的运算符（*）可以代替 Times 工具。将倒数第二行代码改为：

```
outraster = elevraster * 0.3048
```

替换后的代码显得更简洁，而且更易理解。

下面是一个适宜度模型的例子。在这个模型中，需要创建三个不同的栅格数据，分别代表模型中三种不同的因子。在最后一步的分析中，需要将这三个因子相加，并计算出平均适宜度得分。具体代码如下：

```
import arcpy
from arcpy.sa import *
f1 = arcpy.Raster("C:/raster/factor1")
f2 = arcpy.Raster("C:/raster/factor2")
f3 = arcpy.Raster("C:/raster/factor3")
temp1raster = Plus(f1, f2)
temp2raster = Plus(temp1raster, f3)
outraster = Divide(temp2raster, "3")
outraster.save("C:/raster/final")
```

需要使用两次 Plus 工具才能对三个栅格数据求和，因为 Plus 工具每次只能有两个输入。Divide 工具可以将三个栅格的和除以 3。使用地图代数表达式，可以将上述代码可简化为：

```
import arcpy
from arcpy.sa import *
```

```
f1raster = arcpy.Raster("C:/raster/factor1")
f2raster = arcpy.Raster("C:/raster/factor2")
f3raster = arcpy.Raster("C:/raster/factor3")
outraster = (f1 + f2 + f3) / 3
outraster.save("C:/raster/final")
```

这样可以减少代码的编写量，也使得地图代数表达式更容易理解。

如果您之前使用过 Raster Calculator，那么会比较熟悉上面的表达式。在早期版本的 ArcGIS 中，Raster Calculator 是在 Spatial Analyst 工具条里的，但是在 ArcGIS 10 中，它被添加到 Spatial Analyst 工具箱中。

Raster Calculator 对话框如图 9.1 所示。

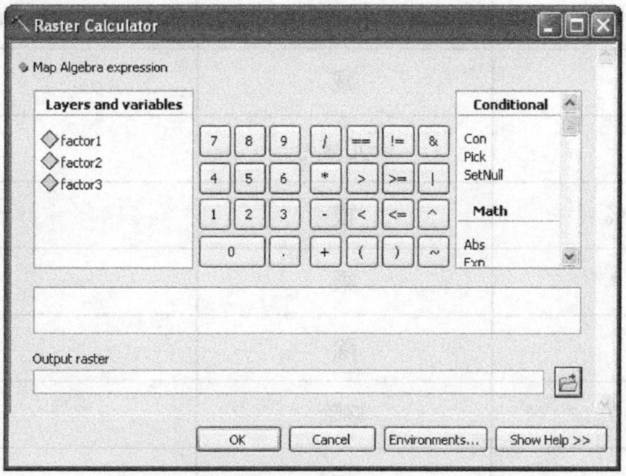

图 9.1

使用该对话框创建包含图层和相关函数的表达式。例如，适宜度模型的表达式，如图 9.2 所示：

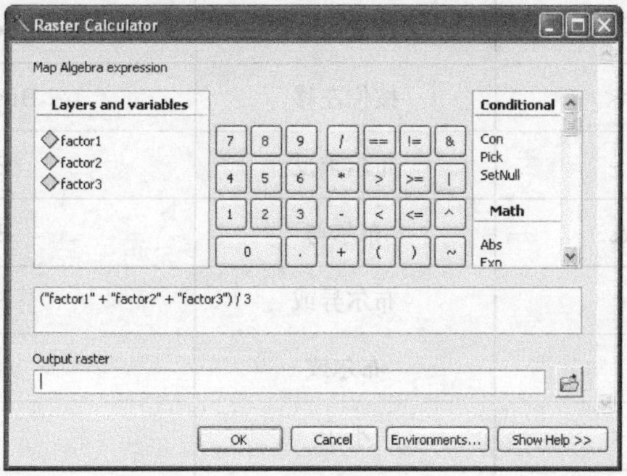

图 9.2

该表达式看起来很像 Python 早期的表达式。实际上，arcpy.sa 模块中含有运算符的表达式可以直接在 Python 中运行。Raster Calculator 工具也可以按如下方式调用：

```
RasterCalculator(expression, output_raster)
```

然而这样不会使代码更有效率，除非某些地图代数操作符不能直接用在 Python 表达式中，才使用这种方式执行栅格运算。

表 9.1 列出了 arcpy.sa 模块中可用的地图代数操作符。它们可分为四类：算数、按位、布尔、关系。

表 9.1　　　　地图代数操作符

<table>
<tr><th>类型</th><th>操作符</th><th>描述</th><th>Spatial Analyst 工具</th></tr>
<tr><td rowspan="9">算术</td><td>–</td><td>减</td><td>Minus</td></tr>
<tr><td>–</td><td>一元减号</td><td>Negate</td></tr>
<tr><td>%</td><td>模</td><td>Mod</td></tr>
<tr><td>*</td><td>乘</td><td>Times</td></tr>
<tr><td>/</td><td>除</td><td>Divide</td></tr>
<tr><td>//</td><td>整除</td><td>N/A</td></tr>
<tr><td>+</td><td>加</td><td>Plus</td></tr>
<tr><td>+</td><td>一元加号</td><td>N/A</td></tr>
<tr><td>**</td><td>幂</td><td>Power</td></tr>
<tr><td rowspan="2">按位</td><td>>></td><td>按位右移</td><td>Bitwise Right Shift</td></tr>
<tr><td><<</td><td>按位左移</td><td>Bitwise Left Shift</td></tr>
<tr><td rowspan="4">布尔</td><td>~</td><td>布尔求反</td><td>Boolean Not</td></tr>
<tr><td>&</td><td>布尔与</td><td>Boolean And</td></tr>
<tr><td>^</td><td>布尔异或</td><td>Boolean Xor</td></tr>
<tr><td>|</td><td>布尔或</td><td>Boolean Or</td></tr>
<tr><td rowspan="2">关系</td><td><</td><td>小于</td><td>Less Than</td></tr>
<tr><td><=</td><td>小于等于</td><td>Less Than Equal</td></tr>
</table>

续表

类型	操作符	描述	Spatial Analyst 工具
关系	>	大于	Greater Than
	>=	大于等于	Greater Than Equal
	==	等于	Equal To
	!=	不等于	Not Equal

本书不再具体介绍每个操作符的内容，下面是使用运算符的两点注意事项：

- 大多数运算符在 Math 工具集中都有对应的工具，但是有两个运算符没有：//（整除）和+（一元加法）。这两种运算可以通过工具的组合运用来实现。

- Math 工具集中很多工具都没有对应的地图代数操作符，例如 Abx，Int，Float，Exp10，Log10 等。

9.7 ApplyEnvironment 函数

在 Spatial Analyst 工具箱中除了地理处理工具之外，还有一个 ApplyEnvironment 函数。该函数将当前环境设置应用到输入的栅格数据上，其语法如下：

```
ApplyEnvironment(in_raster)
```

这个函数可以改变输入数据的范围、分辨率，或者为输入数据添加一个分析掩膜。下面的代码使用 ApplyEnvironment 函数将输出数据的分辨率改为 30，并将一个已有的 shapefile 设置为分析掩膜。

```
import arcpy
from arcpy import env
from arcpy.sa import *
elevfeet = arcpy.Raster("C:/raster/elevation")
elevmeter = elevfeet * 0.3048
env.cellsize = 30
env.mask = "C:/raster/studyarea.shp"
elevrasterclip = ApplyEnvironment(elevmeter)
elevrasterclip.save("C:/raster/dem30_m")
```

并不是所有的环境设置参数都适用于 ApplyEnvironment 函数，而是仅限于 Cell Size、

Current Workspace、Extent、Mask、Output Coordinate System、Scratch Workspace 和 Snap Raster。这些都是处理栅格数据最常用到的环境参数。

9.8 arcpy.as 模块中的类

arcpy.sa 模块中也包含很多用于定义栅格工具参数的类。这些类以简洁的方式描述参数，从而避免了一些复杂的字符串。

以 Reclassification 工具为例，它可以根据重分类表更改栅格中的值。图 9.3 中所示的工具对话框是将一个土地利用数据中的栅格值更改为适宜度模型中的一系列值。

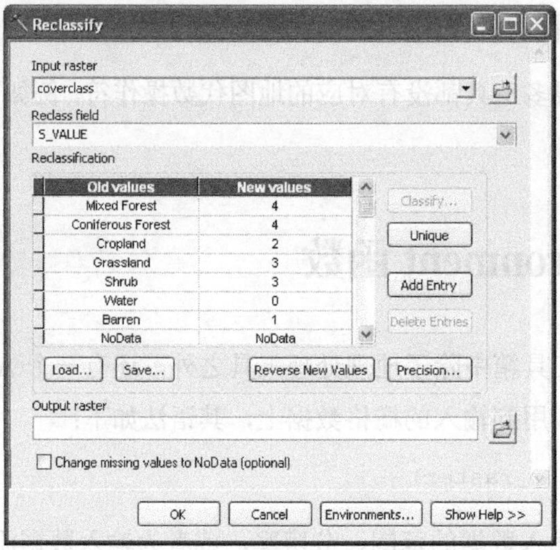

图 9.3

Reclassify 工具的语法如下：

```
Reclassify(in_raster, reclass_field, remap, {missing_values})
```

如果不通过对话框设置重分类表，而是手工输入这些内容，将会显得十分繁琐，因为重分类表中有许多不同的输入项。重分类函数中的参数 remap 是一个 remap 对象。根据重分类的性质，有两种不同的 Remap 类：

1. RemapValue——以单个输入值作为重分类项。

2. RemapRange——以输入值范围作为重分类项。

3. RemapValue 对象的语法是：

4. RemapValue(remapTable)

一个 remapTable 对象定义了一个 Python 列表。每个列表中包含了栅格数据的旧值和新值，它类似于 Reclassify 工具对话框中的重分类表。在 RemapValue 对象中定义一个重分类表的语法如下：

```
[[oldValue1, newValue1], [oldValue2, newValue2], …]
```

下面的代码以土地利用数据为例，说明了 RemapValue 对象的用法：

```
import arcpy
from arcpy import env
from arcpy.sa import *
env.workspace = "C:/raster"
myremap = RemapValue([["Barren", 1], ["Mixed Forest", 4], ["Coniferous Forest",
0], ["Cropland", 2], ["Grassland", 3], ["Shrub", 3], ["Water", 0]])
outreclass = Reclassify("landuse", "S_VALUE", myremap)
outreclass.save("C:/raster/lu_recl")
```

RemapRange 对象的使用方法类似于 RemapValue 的使用方法，但是 RemapRange 处理的对象是数值范围，而不是单个数值。在 RemapRange 对象中定义一个重分类表的语法如下：

```
[[startValue, endValue, newValue], …]
```

下面的代码以高程数据为例，说明了 RemapRange 对象的用法：

```
import arcpy
from arcpy import env
from arcpy.sa import *
env.workspace = ("C:/raster")
myremap = RemapRange([[1, 1000, 0], [1000, 2000, 1], [2000, 3000, 2], [3000,
4000, 3]])
outreclass = Reclassify("elevation", "TYPE", myremap)
outreclass.save("C:/raster/elev_recl")
```

在 RemapRange 对象中前一组值域范围的末尾值同后一组值域范围的起始值是一样的。当数据是连续的时候，例如高程数据，一般都使用这种类型的重分类表。除了 Reclassify 工具，在 Weighted Overlay 工具中也会用到重分类表。

在 arcpy.sa 模块中还有许多其他的类。根据逻辑功能，可以将它们分成如表 9.2 所示的几类。

表 9.2　　在 arcpy.sa 模块中的类

类型	描述
模糊类	定义了模糊逻辑分析中的成员函数
水平系数类	确定路径距离工具的水平系数

续表

类型	描述
克里金模型类	定义克里金方法及其参数
邻域类	为不同工具定义邻域
叠加类	为 Weighted Sum 和 Weighted Overlay 工具创建输入表
半径类	为 IDW 和 Kriging 工具定义半径
重映射类	为 Reclassify 工具定义不同的重分类表
时间类	设置时间间隔以计算太阳辐射量
地形类	为 Topo To Raster 工具定义输入数据
垂直系数类	确定 Path Distance 工具的垂直系数

在上述不同的函数类中，除了 Ramap 类经常需要用到之外，Neighborhood 类也被广泛使用。Neighborhood 类定义了不同的形状和区域。比如 Focal Statistics 工具以及 Neighborhood 工具箱中其他的工具，都需要指定一个的具体的邻域。

不同类型的邻域需要设置不同的邻域参数。例如，默认采用矩形邻域，其参数包括以像元或地图单元为单位的邻域的长和宽，如图 9.4 所示。对于楔形邻域，其参数包括起始角度、终止角度以及以像元或地图单元为单位的半径，如图 9.5 所示。

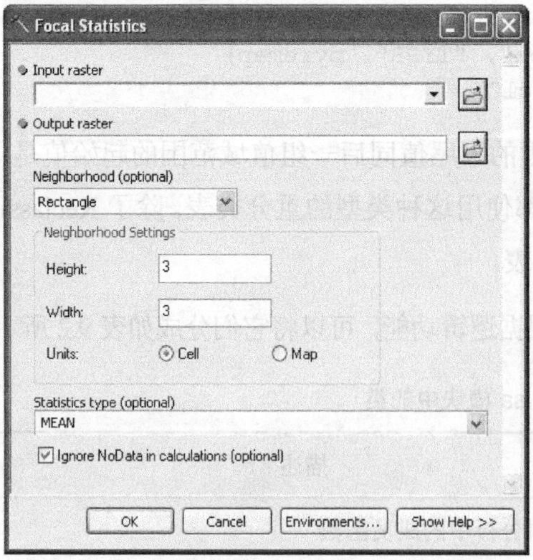

图 9.4

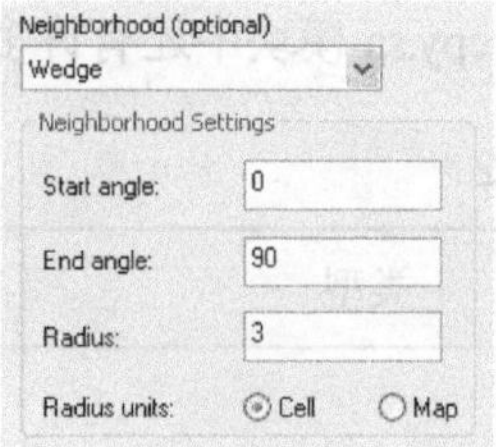

图 9.5

由于存在不同类型的邻域，所以在邻域函数中需要定义一个邻域对象来设置邻域参数。例如，Focal Statistics 工具的语法如下：

```
FocalStatistics(in_raster, {neighborhood}, {statistics_type},{ignore_nodata})
```

有六种类型的邻域对象，每种类型对应一种参数。

（1）NbrAnnulus——通过指定内、外圆半径（以地图单位或像元数为单位）而定义的环形邻域。

（2）NbrCircle——通过指定半径（以地图单位或像元数为单位）而定义的圆形邻域。

（3）NbrIrregular——由内核文件定义的不规则邻域。

（4）NbrRectangle——通过指定高度和宽度（以地图单位或像元数为单位）而定义的矩形邻域。

（5）NbrWedge——通过指定半径和两个角度（以地图单位或像元数为单位）而定义的楔形邻域。

（6）NbrWeight——定义权重邻域，用于指定邻域内像元位置以及与输入像元相求的权重值。

例如，NbrRectangle 对象的语法如下：

```
NbrRectangle({width}, {height}, {units})
```

下面的代码定义了一个邻域对象，并将它作为 FocalStatistics 函数的参数：

```
import arcpy
from arcpy import env
from arcpy.sa import *
env.workspace = "C:/raster"
mynbr = NbrRectangle(5, 5, "CELL")
outraster = FocalStatistics("landuse", mynbr, "VARIETY")
outraster.save("C:/raster/lu_var")
```

运行代码，将使用 5*5 邻域对一个土地覆盖数据进行统计。

9.9 NumPy 数组

在 ArcPy 中，还有两个栅格函数需要介绍，分别是 NumPyArrayToRaster 和 RasterToNumPyArray。它们是常规的 ArcPy 函数，并不是 arcpy.sa 模块里的函数。这两个函数可以在栅格数据和 NumPy 数组之间实现转换。NumPy 数组专门用于处理大型数据矩阵。NumPy 本身是一个用于 Python 科学计算的函数包。此外，它还提供了一个支持多维数组的对象，这一类型的对象可以在不同数据库之间转换数据。SciPy 函数包中包含了很多用途广泛的算法，例如傅里叶变换、最大熵模型以及多维影像处理等。与其在 ArcGIS 中尝试创建一个实现这些功能的工具，不如编写一个将栅格数据转化成 Numpy 数组的脚本，然后在 SciPy 包中调用专门的函数。数据转换的代码如下：

```
import arcpy, scipy
from arcpy.sa import *
inRaster = arcpy.Raster("C:/raster/myraster")
my_array = RasterToNumPyArray(inRaster)
outarray = scipy.<module>.<function>(my_array)
outraster = NumPyArrayToRaster(outarray)
outraster.save("C:/raster/result")
```

虽然这只是一个简单的例子，而且只调用了一个常用的 SciPy 函数。但是这个例子可以说明如何在脚本中使用 NumPy 数组函数将栅格数据导入，并将处理结果导出为 ArcGIS 兼容的数据格式。更多关于 NumPy 和 SciPy 的内容，可以在 http://numpy.scipy.org 和 http://www.scipy.org 上获取。

本章要点

- ListRasters 函数用来列出工作空间内的栅格数据。Describe 函数用来描述栅格数据集和栅格波段。Describe 函数返回的对象的属性是动态的，它取决于数据的类型。
- arcpy.sa 模块已经将“地图代数”整合到 Python 环境中。arcpy.sa 模块除了可以提供访问 Spatail Analyst 工具的接口，还提供了一系列用于运行地图代数的运算符。这些运算符提高了脚本处理栅格数据的效率。
- arcpy.sa 模块中包含了很多类，这些类主要用于定义栅格工具的参数。
- 转换函数可以将栅格数据输入到 NumPy 数组中，从而可以使用 Python 其他类库（例如 SciPy）中的函数处理这些数据。

第三部分

执行地理处理任务

第10章 制图脚本

10.1 引言

本章将介绍 ArcPy 的制图模块：arcpy.mapping。该模块可以实现地图制图的自动化，它的具体功能包括管理地图文档、数据框架、图层文件以及上述元素中的数据。此外，它还可以用于地图自动化输出和打印，例如自动化导出成 PDF 格式的地图册。

10.2 ArcPy 的制图模块

ArcPy 制图模块可以实现制图工作流的自动化处理。下面是几种使用 ArcPy 制图模块的例子：

- 查找并更新图层文件中的数据源。
- 修改多个地图文档中图层的显示属性。
- 创建描述地图文档属性信息（如数据源、数据源损坏的图层、数据框坐标系等）的报告。

ArcMap 软件是高度可视化的，它是创建地图文档、图层以及地图输出的首选软件。地图文档创建成功后，就可以在脚本中通过 ArcPy 制图模块实现制图任务的自动化，特别是对大量地图文档和地图元素进行重复操作。ArcPy 制图模块虽然不能定制 ArcMap 界面，但是它可以脱离 ArcMap 界面，自动化执行许多制图任务。

ArcPy 的制图模块可以根据 ArcMap 会话中的工作流进行工作，例如：一个典型工作流程包括：打开地图文档，修改数据框属性，加载图层，修改图层属性，编辑页面布局中的元素，将地图文档导出成 PDF 格式。上述过程都可以在脚本中通过调用 ArcPy 制图模块的函数和类来自动完成。

10.3 地图文档

地图文档（MXD）在磁盘中的后缀名是.mxd，例如 C:/Mapping/Study_Areas.mxd。ArcPy 制图模块可以打开并操作地图文档（.mxd）和图层文件（.lyr）。

通过 ArcPy 制图模块读取地图文档主要有以下两种方法：（1）从当前的 ArcMap 会话中使用地图文档；（2）引用存储在磁盘中的地图文档。这两种方法都可以通过 `MapDocument` 函数实现。`MapDocument` 的语法如下：

```
MapDocument(mxd_path)
```

mxd_path 表示.mxd 文件在磁盘中的路径。下面的代码可以打开一个地图文档：

```
mapdoc = arcpy.mapping.MapDocument("C:/Mapping/Study_Areas.mxd")
```

如果要使用当前 ArcMap 中的地图文档，就要使用关键字 CURRENT（全部大写）：

```
mapdoc = arcpy.mapping.MapDocument("CURRENT")
```

使用 `CURRENT` 关键字时，必须保证 `ArcMap` 处于运行状态。因为 `MapDocument` 对象需要引用当前 ArcMap 中的地图文档。使用 `CURRENT` 关键字的脚本工具也必须在 ArcMap 运行时才能正常运行。第 13 章将会介绍脚本工具的创建。要使用当前地图文档，必须禁用后台处理。在创建脚本工具时有一个选项是“Always run in foreground”。在使用 `CURRENT` 关键字的时候，建议使用这个设置，因为后台处理时，CURRENT 关键字将不可用。

如果使用的是一个.mxd 文件，那么脚本工具就可以独立于 ArcMap 运行。一般情况下，建议使用系统路径打开地图文档，但是如果要在 Python 窗口中测试代码，那么建议使用 `CURRENT` 关键字，因为它可以使脚本更灵活并且有助于控制脚本运行。

`MapDocument` 对象可以访问地图文档许多的属性和方法。它还可以访问地图文档中其他的对象。`MapDocument` 对象也是 ArcPy 制图模块中许多函数的一个必选参数。所以 `MapDocument` 对象通常是制图脚本中第一个要创建的对象。

`MapDocument` 对象创建完成后，就可以通过它修改地图文档的属性。在学习如何修改地图文档前，首先看一下如何保存这些文档。如果在 ArcMap 中对地图文档进行了一些改动，例如加载一个图层，那么有两种方法保存地图文档：Save 和 Save As。使用 Save 时，更改的内容将会被保存在原地图文档中；使用 Save As 时，更改后的地图文档将会保存成一个新的 mxd 文件。在脚本环境中，MapDocument 变量总是指向文档所存储的磁盘或当前的内存。因此，在脚本环境中没有 Save As 选项，MapDocument 对象中只有 save 和 saveACopy 两种方法，其中 saveACopy 方法同 ArcMap 中 Save As 的功能一样，都可以保存成一个新的地图文档。

修改后的地图文档并不会进行实时更新。函数 RsfreshActiveView 和 RefreshTOC 可以用于刷新，它类似于 ArcMap 里面的 Refresh 功能（在菜单中点击 View>Refresh）。

在脚本引用了 MapDocument 对象之后，对应的地图文档将被锁定，它将阻止其他应用修改这个地图文档。因此，如果脚本不再需要使用 MapDocument 对象，建议使用 del 语句删除它。因此，制图脚本有一种结构化的编码方式，如下所示：

```
import arcpy
mapdoc = arcpy.mapping.MapDocument("C:/Mapping/Study_Areas.mxd")
<code that modifies map document properties>
mapdoc.save()
del mapdoc
```

注释：

当脚本运行结束时，Python 会自动删除地图文档对象，所以不一定需要使用 del 语句，但是使用 del 语句可以减少不必要的地图文档锁定。

10.4　地图文档的属性和方法

MapDocument 对象的大部分属性都可以在 Map Document Properties 对话框中（在 ArcMap 菜单栏中，点击 File>Map Document Properties）找到。这些属性包括标题、作者、上次保存时间以及是否存储数据源的相对路径名等。完整的地图文档属性描述可以查阅 ArcGIS Desktop Help 中的 ArcPy 文档。

除了属性之外，MapDocument 对象还提供很多方法，包括前面已经介绍过的 save 和 saveACopy 方法，以及处理缩略图的方法（deleteThumbnail 和 makeThumbnail）和修改工作空间的方法（findAndReplaceWorkspacePaths 和 replaceWorkspaces）。后面两个方法将在 10.7 节中详细介绍。

下面的代码首先使用 CURRENT 关键字获取 ArcMap 的当前地图文档，然后通过 filePath

属性打印出.mxd 文件的系统路径。

```
import arcpy
mapdoc = arcpy.mapping.MapDocument("CURRENT")
path = mapdoc.filePath
print path
del mapdoc
```

运行这段代码将会输出一个系统路径，结果如下：

```
C:\Maps\final.mxd
```

del 语句用于解除地图文档的锁定。

下面的代码更新了当前地图文档的标题并保存该地图文档。

```
import arcpy
mapdoc = arcpy.mapping.MapDocument("CURRENT")
mapdoc.title = "Final map of study areas"
mapdoc.save()
del mapdoc
```

上面几个基本的示例将有助于实现更为复杂的自动化处理任务，例如批量修改地图文档而不仅仅只修改当前地图文档。

10.5　数据框

地图文档可以包含一个或者多个数据框，每个数据框又可以包含一个或者多个图层。数据框和图层都可以存储在列表中，这将有助于任务的自动化。ListDataFrames 函数以列表形式返回地图文档中的数据框对象，其语法如下：

```
ListDataFrames(map_document, {wild_card})
```

一旦获取了地图文档中的数据框列表，就可以浏览或者修改它们的属性。运行下面的代码将输出地图文档中所有数据框的名称。

```
import arcpy
mapdoc = arcpy.mapping.MapDocument("CURRENT")
listdf = arcpy.mapping.ListDataFrames(mapdoc)
for df in listdf:
    print df.name
del mapdoc
```

如果仅需要使用其中一个数据框，则需要引用该数据框的索引值，如下所示：

```
print listdf[0].name
```

数据框列表中数据框的排序和它们在 ArcMap 内容列表中的排序是一样的。

`DataFrame` 对象中的地图范围、比例尺、旋转、空间参考等属性使用地图单位，其他属性则使用页面单位来衡量页面布局中数据框的位置和大小。数据框也可以访问其他对象，例如，`ListLayers` 函数用于访问每个数据框中的图层。可以遍历数据框中的每一个图层，从而获取每一个图层的属性。因此在一个地图文档中，需要确保每一个数据框都有一个唯一的名称。

数据框有很多属性，可以在 ArcGIS Desktop Help 中的 ArcPy 文档里找到这些属性的描述信息。`DataFrame` 对象的属性是 Data Frame Properties 对话框中所有属性（在内容列表中右击一个数据框并点击 Properties）的子集，如图 10.1 所示。

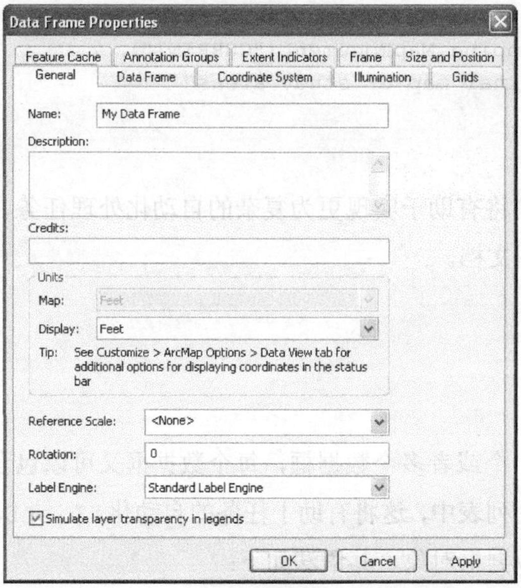

图 10.1

脚本并不能访问 Data Frame Properties 对话框中的所有属性，反过来，一些 DataFrame 对象的属性也不在 Data Frame Properties 对话框中。例如，数据框的比例尺可以使用脚本进行设置，但是在 ArcMap 里面，则需要使用标准工具栏才可以完成这样的设置。

在处理地图文档的过程中，可能不需要改变所有的数据框属性，而仅仅修改其中几个常见的属性。例如，下面的代码将地图文档中所有数据框的空间参考设置成某个 shapefile 的空间参考，并且将所有数据框的比例尺都设置为 1：24000。

```
import arcpy
```

```
dataset = "C:/map/boundary.shp"
spatialRef = arcpy.Describe(dataset).spatialReference
mapdoc = arcpy.mapping.MapDocument("C:/map/final.mxd")
for df in arcpy.mapping.ListDataFrames(mapdoc):
    df.spatialReference = spatialRef
    df.scale = 24000
del mapdoc
```

除了前面提到的属性，DataFrame 对象还有有两个方法：panToExtent 和 zoomToSelected Features。其中，panToExtent 方法在保持数据框比例尺的前提下，根据 Extent 对象的属性，将数据框范围居中显示。Extent 对象是一个矩形，可以通过地图单位中的左下角和右上角坐标来设定。在大多数情况下，范围是从一个现有的对象中获取，例如一个要素或者一个图层。例如，getExtent 方法可以获取一个图层的范围。下面的代码将数据框 df 的显示范围设置成图层 lyr 的显示范围。

```
df.panToExtent(lyr.getExtent())
```

zoomToSelectFeature 方法类似于 ArcMap 菜单栏中的 Selection>Zoom to Selected Features。运行下面的代码可以将数据框 df 缩放至所选要素的范围：

```
df.zoomToSelectedFeatures()
```

如果没有要素被选中，那么会缩放至所有图层的完整范围。

10.6　图层

一个数据框通常包含一个或者几个图层。Layer 对象可以用来管理这些图层。Layer 对象具有很多属性和方法。在 ArcPy 中，有两种访问 Layer 对象的方法。第一种是使用 Layer 函数去访问磁盘上现有的.lyr 文件，它类似于调用一个.mxd 文件。使用 Layer 函数的语法如下：

```
Layer(lyr_file_path)
```

Layer 函数的参数是一个.lyr 文件的路径名加文件名，例如：

```
Lyr = arcpy.mapping.Layer("C:/Mapping/study.lyr")
```

第二种方法是使用 ListLayers 函数来访问.mxd 文件的图层，或者是地图文档中某个数据框内的图层，或者是.lyr 文件里的图层。ListLayers 函数的语法如下：

```
ListLayers(map_document_or_layer, {wild_card}, {data_frame})
```

其中，唯一的一个必选参数是地图文档或图层文件。可选的通配符参数可以用来限制输出到图层列表中的结果。另一个可选的数据框参数可以用来调用某一个 DataFrame 对象。下面的代码将以列表形式返回地图文档中所有的图层，并且输出这些图层的名称：

```
import arcpy
myDoc = arcpy.mapping.MapDocument("CURRENT")
lyrlist = arcpy.mapping.ListLayers(mapdoc)
for lyr in lyrlist:
    print lyr.name
```

仅仅访问某个数据框中的图层，则需要引用 Data Frame 对象作为参数。在下面的代码中，ListLayers 函数仅返回地图文档中索引值为 0 的数据框里的图层。通配符参数使用空字符（""）来省略。

```
import arcpy
myDoc = arcpy.mapping.MapDocument("CURRENT")
dflist = arcpy.mapping.ListDataFrames(mapdoc)
lyrlist = arcpy.mapping.ListLayers(mapdoc, "", dflist[0])
for lyr in lyrlist:
    print lyr.name
```

下面的代码说明了如何访问存储在磁盘上.lyr 文件中的图层，并输出它们的名称。

```
import arcpy
lyrfile = arcpy.mapping.Layer("C:/Data/mylayers.lyr")
lyrlist = arcpy.mapping.ListLayers(lyrfile)
for lyr in lyrlist:
    print lyr.name
```

注释：

在处理图层组时，图层的相关概念容易混淆。在上面的例子中，一个.lyr 文件可以包含多个图层。因此，ListLayers 函数可以将.lyr 文件作为其参数。对于一个只包含一个图层的.lyr 文件，ListLayers 函数返回一个只含有一个值的列表对象，而 Layer 函数则返回一个 Layer 对象。

一旦使用 Layer 函数或 ListLayers 函数访问一个或多个 Layer 对象，便可以访问 Layer Properties 对话框中很多的图层属性。Layer 对象还提供了用于保存图层文件的方法。

ArcMap 中有很多类型的图层，不同的类型有不同的访问方式。常用的图层类型有三种，分别是：要素图层、栅格图层和图层组。Layer 对象的属性可以用于辨认正在访问的图层的类型，supports 方法可以用于测试一个图层支持的属性。例如，定义查询只能对要素图层有效，可以使用 supports 方法确定某个图层是否支持该属性，而不必记住或是人工检查。

除了这三种图层，还有许多其他类型的图层，例如注记子类、网络数据集、拓扑数据集等。这些图层同样支持 supports 方法来确定它所支持的属性。

Layer 对象有很多属性，这些属性包括图层名称、图层数据集名称、透明度、定义查询、显示标注以及一些与显示相关的属性，例如亮度、对比度、透明度。获取所有 Layer 对象属性的详细信息，可以查阅 ArcGIS Desktop Help 中的 ArcPy 文档。在第一版 ArcPy（与 ArcGIS 10.0 一起发布）中，Layer 对象的属性主要用于任务的自动化。在 ArcGIS10.1 中，增加了其他属性，例如图层符号以及访问图层时间属性。在后续 ArcPy 的制图模块中还会包含其他一些属性。

下面用一些例子用来说明图层属性的使用方法。例如，下面的代码将使用 showLabels 属性显示当前地图文档中所有图层的标注。

```
import arcpy
myDoc = arcpy.mapping.MapDocument("CURRENT")
dflist = arcpy.mapping.ListDataFrames(mapdoc)
lyrlist = arcpy.mapping.ListLayers(mapdoc, "", dflist[0])
for lyr in lyrlist:
    lyr.showLabels = True
del lyrlist
```

除了改变当前地图文档或者数据框中所有图层的属性，图层属性还可以用来查找具有特定名称的图层。下面的代码用于查询一个名为“hospitals”的图层。

```
import arcpy
myDoc = arcpy.mapping.MapDocument("CURRENT")
lyrlist = arcpy.mapping.ListLayers(mapdoc)
for lyr in lyrlist:
    if lyr.name == "hospitals":
        lyr.showLabels = True
del lyrlist
```

图层名称可能有一点复杂。图层名称就是在 ArcMap 内容列表里显示的名称。图层名称和源数据集名称既有可能一样，也有可能不一样。在任何情况下，图层的名称都没有后缀，所以要素类的名称可能是 hospitals.shp，但是在 ArcMap 中作为一个图层时，它的名字是 hospitals。

图层名称是区分大小写的，所以 Hospitals 和 hospitals 是不一样的。为了让语句对大小写都通用，可以对图层名称使用相关字符串操作。如下所示：

```
If lyr.name.lower() ==" hospitals"
```

还有一些与名称有关的属性。其中，datasetName 属性将返回工作空间中图层数据集的名称，该名称不包括任何文件扩展名。dataSource 属性返回图层数据集的全路径。所以对于在 ArcGIS 内容列表中出现的 Hospitals 图层，datasetName 属性可能是 hospitals，dataSoure 属性可能是 C:/Data/hostipals.shp。

只有 datasetName 和 dataSource 的属性是只读的，而图层名称属性是可读写。最后，longname 属性可用于图层组，因为它既包括了图层组的名称，也包括了子图层的名称。

Layer 对象有很多方法，包括 save 和 saveAcopy，它们用于保存.lyr 文件。findAndReplace WorkspacePath 和 replaceDataSource 方法用于对工作空间进行操作，它们将在下一节中进行详细介绍。

并不是所有类型的图层都支持同一个属性，所以在获取或者设置某一属性值时，需要使用 supports 方法来确定该图层是否支持某种属性。这将减少错误检查的需要。在之前显示数据框中所有图层标注的例子中，最好首先使用 supports 方法测试 Showlabels 属性是否支持每一个图层。

supports 方法的语法如下：

```
supports(layer_property)
```

supports 方法的参数是一个 Layer 对象的属性，例如 brightness、contrast、datasetName，或者其他属性，supports 方法返回一个布尔值。测试 Showlabels 属性是否可用的代码如下：

```
import arcpy
myDoc = arcpy.mapping.MapDocument("CURRENT")
dflist = arcpy.mapping.ListDataFrames(mapdoc)
lyrlist = arcpy.mapping.ListLayers(mapdoc, "", dflist[0])
for lyr in lyrlist:
    if lyr.supports("SHOWLABELS") == True:
        lyr.showLabels = True
del lyrlist
```

如果不能确定一个图层是否支持特定的属性，可以使用 supports 方法来测试。否则，就要调用一个错误捕获方法，例如 try-expect 语句，这将在第 11 章进行介绍。

除了图层对象的属性和方法之外，在 Arcpy 的制图模块中还有一些函数，它们专门用于管理数据框中的图层。这些函数如下所示：

- AddLayer——根据通用位置参数向地图文档中的数据框里加载图层。

- AddLayerToGroup——根据通用位置参数向地图文档中的图层组里加载图层。
- InsertLayer——向地图文档中的图层组或数据框里加载图层。该方法可以根据一个参考图层来设置所要插入的图层的位置。
- MoveLayer——移动地图文档中某一个图层组或某一个数据框里图层的位置。
- RemoveLayer——删除地图文档中的某一个图层。
- UpdateLayer——通过从源图层提取信息，更新地图文档中所有图层属性或仅更新图层的符号系统。

这些函数访问的必须是一个现有的图层。它可以是磁盘上的图层文件，也可以是同一个地图文档中的图层文件，或者是不同地图文档中的图层文件。因此这些函数同 ArcMap 中的 Add Data 一样，不能向地图文档中添加数据。

10.7　修复数据链接

考虑下面这种情况：打开一个已经有一段时间没有使用的地图文档，或者一个同事给您一个包含地图文档的光盘或硬盘，当您打开这个地图文档的时候，ArcMap 内容列表中的图层前会有一个带着红色感叹号的标记，并且数据框中不显示任何图层，如图 10.2 所示。

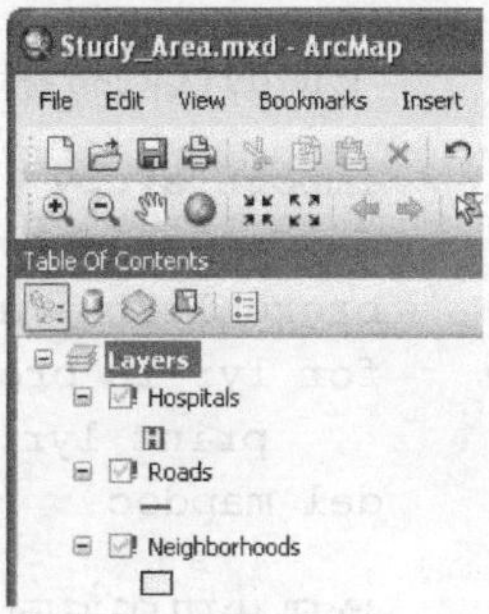

图 10.2

出现这种情况是因为原有的数据链接已经断开，而造成数据链接断开的原因可能有以下几种：

- 地图文档是以绝对路径保存，但是数据源的路径已经发生改变。例如，数据的源文件被移动到其他地方。
- 地图文档以相对路径保存，但是.mxd 文档被移动到其他地方，而数据的源文件位置没变。
- 数据源的名称被修改过。

这些断开的数据链接在 ArcMap 中可以通过以下步骤进行修复：右击图层，点击 Data>Repair Data Source，然后浏览并选择正确的数据源。有一些方法可以保证数据链接不被断开，例如使用相对路径来保存地图文档，并使用规范的方法管理文件。

数据链接断开的情况会经常发生，而手动修复数据链接也比较繁琐。一旦确定了是何种原因造成数据链接的断开，就可以使用脚本来自动修复这些数据链接。脚本可以在不打开地图文档的情况下检测和修复断开的数据链接。在介绍如何修复数据链接之前，需要熟悉一些定义：

工作空间—— 一种数据容器，它是一个可以包含 shapefile，coverage 以及地理数据库的文件夹，例如 mydata。

工作空间路径——工作空间的系统路径。它包含了文件夹所在驱动盘字母和子文件夹，例如 C:\mydate。对于一个文件地理数据库来说，路径包括了地理数据库的名称，例如 C:\mydata\project.gdb

数据集——工作空间中的要素类或属性表。它是存储在磁盘上数据集的实际名称，不是在 ArcMap 内容列表里的名称，对于 shapefile，名称会是 hospitals.shp；而对于地理数据库中的要素类，名称会是 hospitals。

数据源——工作空间和数据集的组合，例如 mydata\hospital.shp 或者是 mydata\project.gdb\hospitals。

在使用地图文档之前，需要先用 ListBrokenDataSources 函数来检测数据链接是否断开。该函数将以列表的形式返回地图文档（.mxd)或图层文件(.lyr)中与原始数据源断开连接的图层，其语法如下：

```
ListBrokenDataSources(map_document_or_layer)
```

下面的代码将输出地图文档中存在数据链接损坏的图层的名称。

```
import arcpy
mapdoc = arcpy.mapping.MapDocument("CURRENT")
brokenlist = arcpy.mapping.ListBrokenDataSources(mapdoc)
for lyr in brokenlist:
    print lyr.name
del mapdoc
```

这段代码所返回的图层名称就是显示在 ArcMap 内容列表中的图层名称。除了上述名称，dataSource 属性还可以用来查看图层当前访问的数据源，例如：

```
print lyr.dataSource
```

该语句将列出断开的数据链接，从而辨认出哪些是正确的数据源，然而，ListBroken-DataSources 函数不能直接辨认出哪些数据源是正确的，用户只能通过对比地图文档和数据来判断。

当需要修复和更新的数据源时，下面的方法可以帮助修复地图文档，图层和表格的数据源：

● findAndReplaceWorkspacePaths 和 replaceWorkspaces 是用来分别查找和替换工作空间路径和工作空间。该方法不会改变数据集的名称。例如，可以修改 C:\maydata\hospitals.shp 到 C:\newdata\hospitals.shp，但是数据集的名称 hospital.shp 是不变的。

● replceDataSouece 用来查找和替代工作空间和数据集，可以同时修改工作空间和数据集，或者仅仅修改数据集。例如，可以把 C:\maydata\hospitals.shp 修改为 c:\newdata\newhospitals.shp。

针对 MapDocument、Layer、TableView 三种不同的类，总共有六种不同的方法：

（1）MapDocument.findAndReplceWorkspacePaths

（2）MapDocument.replaceWorkspaces

（3）Layer. findAndReplaceWorkspacePath

（4）Layer.replaceDataSource

（5）TableView.findAndReplaceWorkspacePath

（6）TableView.replaceDataSource

其中，MapDocument.findAndReplceWorkspacePaths 的语法如下：

```
MapDocument.findAndReplaceWorkspacePaths(find_workspace_path,
replace_workspace_path, {validate})
```

该方法可以查找并替换地图文档中所有图层和属性表的工作空间路径。例如，下面的代码替换了当前工作空间的路径。

```
import arcpy
mapdoc = arcpy.mapping.MapDocument("CURRENT")
mapdoc.findAndReplaceWorkspacePaths("C:/mydata", "C:/newdata")
mapdoc.save()
del mapdoc
```

该方法有一个可选的验证参数。这个参数可以在修改工作空间或数据集前，验证它们是否有效。如果 validata 参数设置为 Ture（默认值）并且这个数据源是有效的时候，那么数据源将被更新。如果新数据源是无效的，它依然指向原来的数据源。如果 vaildata 参数设置为 False，则不验证工作空间路径或数据集的有效性。这种情况一般用于在新建数据前更新数据源。

在修改工作空间路径的时候，既可以修改全部路径，也可以修改部分路径，例如，一个工作空间只是简单地从一个驱动盘移动到另一个驱动盘，则可以把路径从 D:\改到 C:\。

MapDocument.findAndReplceWorkspacePaths 可以同时处理多种工作空间类型，

包含 shapefile，文件地理数据以及其他文件。然而，该方法不可以改变工作空间的类型。MapDocument.replaceWorksapaces 方法既可以用来修改工作空间路径，也可以用来修改工作空间类型，例如，从一个包含 shapefile 的文件夹移动到一个地理数据库。这个方法每次只能在一个工作空间内工作，但是如果有许多工作空间类型需要替换时，可以多次使用该方法。

MapDocument.replaceWorksapaces 的语法如下：

```
MapDocument.replaceWorkspaces(old_workspace_path, old_workspace_type, new_workspace_
path, new_workspace_type, {validate})
```

下面的代码，将 shapefile 指向地理数据库中的要素类。

```
import arcpy
mapdoc = arcpy.mapping.MapDocument("C:/mydata/project.mxd")
mapdoc.replaceWorkspaces("C:/mydata/shapes",
"SHAPEFILE_WORKSPACE","C:/mydata/database.gdb", "FILEGDB_WORKSPACE")
mapdoc.save()
del mapdoc
```

注意，这里改变的是工作空间而不是数据集。例如，如果一个图层的原始数据源是 C:\mydata\hospitals.shp，新数据源是 C:\mydata\database.gdb\hospitals。由于新数据源的工作空间类型是地理数据库，因此数据集的.shp 后缀会被删除。上面的例子假定与 shapefile 同名的要素类在文件地理数据库中是存在的。注意路径名并不区分大小写。

有效的工作空间类型如下所示：

- ACCESS_WORKSPACE
- ARCINFO_WORKSAPCE
- CAD_WORKSAPCE
- EXCEL_WORKSAPCE
- FILEGDB_WORKSAPCE
- OLEDB_WORKSAPCE
- PCCOVERAGE_WORKSAPCE
- RASTER_WORKSAPCE
- SDE_WORKSAPCE
- SHAPEFILE_WORKSAPCE
- TEXT_WORKSAPCE
- TIN_WORKSAPCE
- VPF_WORKSAPCE

注意“personal geodatabase”并不专门作为一种工作空间类型，而是使用 ACCESS_WORKSPACE 代替。

地图文档的工作空间被修改后，一些功能可能无法实现：

- 与栅格图层和属性表相关的链接将无法更新。

- 定义查询可能无法工作，因为不同类型的工作空间（例如文件地理数据库和个人地理数据库），其 SQL 语法会略有不同。不过，这种情况下只要对 SQL 语句稍作修改即可。

- 标注表达式同样会因为语法的原因而无法使用。

到目前为止所介绍的方法都是对地图文档进行操作，也可以直接修改图层的数据源。Layer.findAndReplaceWorkspacePath 方法就是对 Layer 对象进行操作，它用来查找并替换某个地图文档或者图层文件里一个图层的工作空间路径，其语法如下：

```
Layer.findAndReplaceWorkspacePath(find_workspace_path,
replace_workspace_path, {validate})
```

下面的代码修改了一个位于个人地理数据库中某个图层里的要素类的工作空间。数据源的路径只有一部分被替换，在这个例子中，使用了一个新的个人地理数据库替换了原来的数据库。

```
import arcpy
mapdoc = arcpy.mapping.MapDocument("C:/mydata/project.mxd")
lyrlist = arcpy.mapping.ListLayers(mapdoc):
for lyr in lyrlist:
    if lyr.supports("DATASOURCE"):
        if lyr.dataSource == "C:/mydata/database.gdb/hospitals":
            lyr.findAndReplaceWorkspacePath("database.gdb", "newdata.gdb")
mapdoc.save()
del mapdoc
```

Layer.findAndReplaceWorkspacePath 方法假定数据集不变。replaceDataSource 方法既可以修改工作空间，也可以修改数据集，其语法如下：

```
Layer.replaceDataSource(workspace_path,    workspace_type,    dataset_name,
{validate})
```

下面的代码可以替换一个数据源，在这个例子中，使用了 dataSource 属性来判断某个图层的数据源是否需要进行更新。

```
import arcpy
mapdoc = arcpy.mapping.MapDocument("C:/mydata/project.mxd")
lyrlist = arcpy.mapping.ListLayers(mapdoc):
for lyr in lyrlist:
    if lyr.supports("DATASOURCE"):
        if lyr.dataSource == "C:/mydata/hospitals.shp":
            lyr.replaceDataSource("C:/mydata/hospitals.shp", "SHAPEFILE_WORKSPACE",
```

```
"C:/mydata/newhospitals.shp")
mapdoc.save()
del mapdoc
```

findAndReplaceWorkspacePath 和 replaceDataSource 也是 TableView 对象的两个方法。它们处理属性表的语法类似于处理图层的语法。

10.8 页面布局元素

制图脚本也可以用来处理页面布局元素，包括图形、图例、图片、文本和其他元素。这些元素常见的属性包括名字、大小、位置，它们都可以被修改。此外，不同类型的元素还有各自的一些属性。

类似于地图文档，布局元素不能用脚本创建，所以它们必须是地图文档中已经存在的元素。ListLayoutElements 函数可以用来确定地图文档的页面布局中已经存在了哪些元素，其语法如下：

```
ListLayoutElements(map_document, {element_type}, {wild_card})
```

ListLayerElements 函数返回一个 python 元素列表。可选参数 element_type 可以将元素限定为以下某种类型：

- DATAFRAME_ELEMENT
- GRPHIC_ELEMENT
- LECEND_ELEMENT
- MAPSURROUND_ELEMENT
- PICTURE_ELEMENT
- TEXT_ELEMENT

每个元素对应着 arcpy.mapping 模块中的一个类。本节将详细介绍其中几个元素。在学习布局元素前，最好先了解有哪些布局元素。下面的代码创建了一个布局元素的列表并且输出它们的名字和类型：

```
import arcpy
mapdoc = arcpy.mapping.MapDocument(r"C:\mydata\project.mxd")
elemlist = arcpy.mapping.ListLayoutElements(mapdoc)
for elem in elemlist:
```

```
    print elem.name & " " & elem.type
del mapdoc
```

输出的结果如下：

```
Legend LEGEND_ELEMENT
Alternating Scale Bar MAPSURROUND_ELEMENT
North Arrow MAPSURROUND_ELEMENT
Title TEXT_ELEMENT
Study Area DATAFRAME_ELEMENT
```

在输出结果中，有好几项都是 MAPSURROUND_ELEMENT。从概念上看，任何与数据框有关联的布局元素都是一个 MAPSURROUND_ELEMENT 对象。它们包括指北针、比例尺及其标注。图例元素也与数据框有关，但是由于它有一些独立的属性，因此它被单独作为一种元素类型。

一旦确定需要使用哪种布局元素，就可以通过以下几种方法选择元素：（1）根据元素的索引值进行选择；（2）根据 element_type 参数进行选择；（3）根据 wild_card 参数进行选择。例如，下面的几行代码都是用于获取只包含标题元素的对象。

根据元素的索引值进行选择：

```
title = arcpy.mapping.ListLayoutElements(mapdoc)[3]
```

根据 element_type 参数进行选择：

```
title = arcpy.mapping.ListLayoutElements(mapdoc, "TEXT_ELEMENT")[0]
```

根据 wild_card 参数进行：

```
title = arcpy.mapping.ListLayoutElements(mapdoc, "", "Title")[0]
```

在使用 element_type 和 wild_card 这两个参数的例子中，ListLayoutElements 函数会返回一个只包含一个对象的列表。在这个列表中使用索引值 0 就可以返回唯一的一个对象。

注释：

不是所有的元素都有默认的名称，特别是从其他应用中拷贝过来的元素。在脚本中使用这些元素时，用户必须先在地图文档中设置元素的名称。

一旦使用了某种页面布局元素，就可以访问它的属性，例如元素的名称、类型、高度和宽度、元素位置的横纵坐标。不同的元素会有各自一些属性，例如 textElement 对象的一个重要的属性就是 text 属性。

一个文本元素的所有属性都是可读写的。下面的代码将页面布局中标题的文本改成了一个新的字符串：

```
import arcpy
mapdoc = arcpy.mapping.MapDocument("C:/mydata/project.mxd")
title = arcpy.mapping.ListLayoutElements(mapdoc, "TEXT_ELEMENT") [0]
title.text = "New Study Area"
mapdoc.save()
del mapdoc
```

接下来的几个例子用来说明通过脚本可以修改一些特有的属性。

PictureElement 对象有一个 sourceImage 属性，用来表示图像数据源的路径。下面代码说明了如何修改这个路径：

```
import arcpy
mapdoc = arcpy.mapping.MapDocument("CURRENT")
elemlist = arcpy.mapping.ListLayoutElements(mapdoc, "PICTURE_ELEMENT")
for elem in elemlist:
    if elem.name == "photo1":
        elem.sourceImage = "C:/myphotos/newimage.jpg"
mapdoc.save()
del mapdoc
```

LegendElement 对象有一个 autoAdd 的属性，当使用 AddLayer 函数向数据框中添加图层时，该属性可以控制这个图层是否可以自动添加到图例中去。下面的代码说明如何使用 autoAdd 属性来控制向图例中添加哪个图层：

```
import arcpy
mapdoc = arcpy.mapping.MapDocument("CURRENT")
df = arcpy.mapping.ListDataFrames(mapdoc)[0]
lyr1 = arcpy.mapping.Layer("C:/mydata/Streets.lyr")
lyr2 = arcpy.mapping.Layer("C:/mydata/Ortho.lyr")
legend = arcpy.mapping.ListLayoutElements(mxd, "LEGEND_ELEMENT")[0]
legend.autoAdd = True
arcpy.mapping.AddLayer(df, lyr1, "BOTTOM")
legend.autoAdd = False
arcpy.mapping.AddLayer(df, lyr2, "BOTTOM")
mapdoc.save()
del mapdoc
```

LegendElement 对象另外一个有用的属性是 items，它会返回一个表示图例项名称的字符串列表。LegendElement 对象也有一个方法 adjustColumnCount，可以用来设置图例的列数。

10.9 输出地图

Arcpy 制图模块有很多输出地图的函数，它们和 ArcMap 里 File>Export Map 的功能是一样的。ArcPy 对于不同的输出格式有不同的输出函数。这些函数如下：

- ExportToAI
- ExportToBMP
- ExportToEMF
- ExportToEPS
- ExportToGIF
- ExportToJPEG
- ExportToPDF
- ExportToPNG
- ExportToSVG
- ExportToTIFF

这些函数都以相似的方式运行。输出函数的必选参数是地图文档的名称和路径，以及输出文件的名称，例如 EcportToJPEG 函数的语法如下：

```
ExportToJPEG (map_document, out_jpeg, {data_frame}, {df_export_width},
{df_export_height}, {resolution}, {world_file}, {color_mode}, {jpeg_quality},
{progressive})
```

该函数的可选参数是一些输出选项，这些选项也可以在 ArcMap 的 Export Map 对话框中找到，例如 JPEG 格式、图 10.3 分别显示了 General 选项卡和 Format 选项卡的内容。

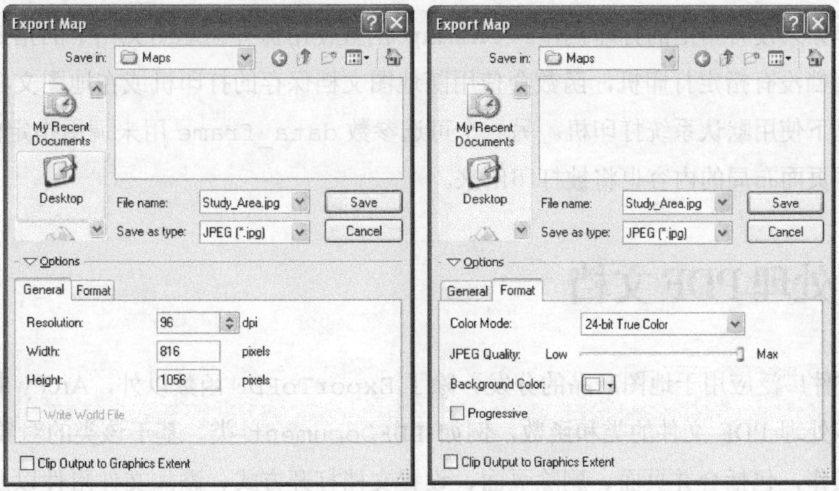

图 10.3

对话框中的各个选项对应了 ExportToJPEG 函数中的各个参数，这些参数都有默认值，通常只有在需要的时候才对这些参数进行设置。下面的代码将地图文档的页面布局输出为 JPEG 格式的文件，并将像素设定为 600dpi。

```
import arcpy
mapdoc = arcpy.mapping.MapDocument("C:/project/study.mxd")
arcpy.mapping.ExportToJPEG(mapdoc, "C:/project/final.jpg", "", "", "", 600)
del mapdoc
```

可以使用一个空字符（""）来跳过一些可选参数。

所有的输出函数中都有一个共同的可选参数 data_frame。这个参数可以调用一个单独的 Dataframe 对象来输出，输出的结果仅仅是在数据视图中的数据，并不包含其他布局元素。默认情况下，页面布局用来输出地图，其输出的内容包括所有的数据框和布局元素。

除了参数 data_frame 是一致的，各输出函数还会有一些各不相同的参数。

10.10 打印地图

除了输出地图到其他文件以外，ArcPy 制图模块中还有一个 PrintMap 函数，它可以将某个数据框或者地图文档输出到打印机或者是文件中，其语法如下：

```
PrintMap (map_document, {printer_name}, {data_frame}, {out_print_file})
```

唯一的一个必选参数就是地图文档，其中一个可选参数 printer_name 代表了本地打印机的名称，如果没有指定的打印机，PrintMap 函数使用保存在地图文档中的指定打印机；如果地图文档没有指定打印机，函数会使用随地图文档保存的打印机或在地图文档未保存打印机的情况下使用默认系统打印机。另一个可选参数 data_frame 用来调用指定的数据框，默认情况下页面布局的内容也将被打印出来。

10.11 处理 PDF 文档

PDf 文件广泛应用于地图产品的分发。除了 ExporToPDF 函数以外，ArcPy 制图模板还提供了很多处理 PDF 文件的类和函数，例如 PDFDocument 类。基于该类的对象可对 PDF 文档进行操作，包括合并页面、删除页面、设置文档打开方式、添加文件附件以及创建或更改文档安全性设置。PDFDocument 类的语法如下：

```
PDFDocument(pdf_path)
```

唯一的一个参数是用来指定.pdf 文件的路径和文件名。PDFDocument 对象只有一个属性：pageCount，即 pdf 文件的页数。PDFDocument 对象共有五个方法：appendPages、insertPages、sabeAndClose、updateDocProperties 和 updateDocSecurity。

PDFDocument 类有两个函数：

（1）PDFDocumentCreate——在内存中创建一个空的 PDFDocument 对象。该函数接收指定的路径名和文件名来创建一个新的 PDF 文件。

（2）PDFDocumentOpen——从 PDF 文件中返回一个 PDFDocument 对象。

这些函数一般用来创建一个 PDF 格式的地图册。每一个地图文档都可以输出成一个.pdf 文件，例如在下一部分将讨论如何使用 DataDrivenPages 对象。所有这些 pdf 文件将被添加到一个新建的 PDFDocument 对象中，并最终保存成一个 PDF 地图册。

下面的代码使用 PDFDocumentCreate 函数创建了一个空的 PDFDocument 对象。然后将三个现有的 PDF 文件添加到该对象中，最终生成一个.pdf 文件。saveAndClose 方法用来保存最终的 PDF 文件。

```
import arcpy
pdfpath = "C:/project/MapBook.pdf"
pdfdoc = arcpy.mapping.PDFDocumentCreate(pdfpath)
pdfdoc.appendPages("C:/project/Cover.pdf")
pdfdoc.appendPages("C:/project/Map1.pdf")
pdfdoc.appendPages("C:/project/Map2.pdf")
pdfdoc.saveAndClose()
del pdfdoc
```

提示：

PDFDocumentCreate 函数不会真正创建一个空的 PDF 页面，在上面的例子中，PDF 页面来自于现有的 PDF 文件。不过在脚本中，可以使用 ExportToPDF 函数从地图文档中创建这些页面。

10.12　新建地图册

ArcGIS 有一系列工具来创建地图册。地图册是由一系列地图组合起来的。通常一本地图册包含一页索引页和很多独立地图，索引页展示了每个独立地图的图幅范围。如图 10.4 所示的地图册包含一个地图索引页和两个独立的地图。

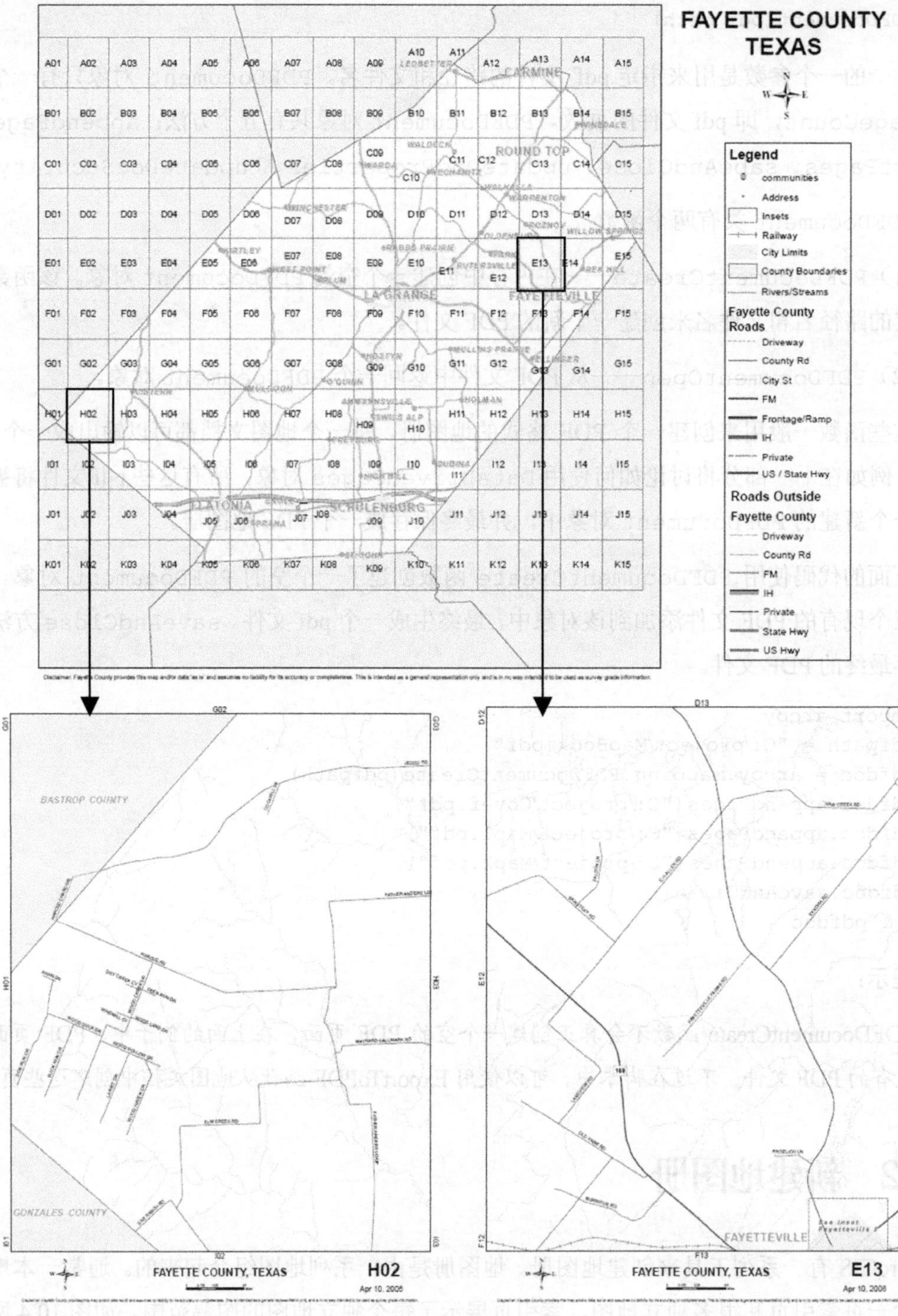
FAYETTE COUNTY
TEXAS
Legend
communities
Address
Insets
Railway
City Limits
County Boundaries
Rivers/Streams
Fayette County Roads
Driveway
County Rd
City St
FM
Frontage/Ramp
IH
Private
US / State Hwy
Roads Outside Fayette County
Driveway
County Rd
FM
IH
Private
State Hwy
US Hwy
LA GRANGE
FAYETTEVILLE
ROUND TOP
CARMINE
FLATONIA
SCHULENBURG
BASTROP COUNTY
GONZALES COUNTY
FAYETTE COUNTY, TEXAS
H02
Apr 10, 2006
FAYETTE COUNTY, TEXAS
E13
Apr 10, 2006

图 10.4

地图册可以通过手工打印并合并每一张地图的方式制作。不过，ArcMap 中有一个名为 Data Driven Pages 的工具来自动执行这一过程。高级的地图册需要进行脚本编程，并用到 ArcPy 制图模块中的 `DataDrivePages` 对象。

使用脚本自动创建地图册需要确保 Data Driven Pages 在这个地图文档中是可用的，它可以在 ArcMap 中的 Data Driven Pages 工具栏里进行设置。在 Setup Data Driven Pages 对话框中，可以设置索引图层，它是用来定义每个独立图层的图幅大小，如图 10.5 所示。

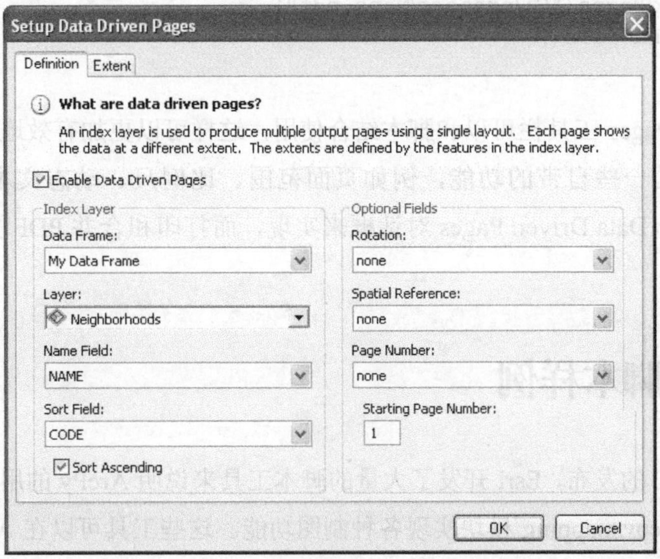

图 10.5

ArcPy scripting 模块中的 DataDriverPages 对象可以用来访问地图文档中页面的属性和方法。

注释：

在本书中，不会详细介绍 Data Driven Pages 如何工作以及如何创建新的地图册。对于这些步骤的详细内容，参照 ArcGIS Desktop Help 中的“Creating a map book”和“Creating Data Driven Pages”的内容（Mapping>Pagefayaute）。

`DataDriverPages` 对象的 `exporToPDF` 方法可以用来创建 PDF 格式的地图册。与 `ExporToPDF` 函数不同，`exportToPDF` 方法的语法如下：

```
exportToPDF(out_pdf, {page_range_type}, {page_range_string}, {multiple_files},
{resolution}, {image_quality}, {colorspace}, {compress_vectors}, {image_compression},
{picture_symbol}, {convert_markers}, {embed_fonts}, {layers_attributes}, {georef_info})
```

下面的代码将一个地图文档中的所有页面（已经将 Data Driven Page 设置为可用）全部打印为 PDF 文件并且将索引页放在最前面。

```
import arcpy
pdfpath = "C:/project/MapBook.pdf"
pdfdoc = arcpy.mapping.PDFDocumentCreate(pdfpath)
mapdoc = arcpy.mapping.MapDocument("C:/project/Maps.mxd")
mapdoc.dataDrivenPages.exportToPDF("C:/project/Maps.pdf")
pdfdoc.appendPages("C:/project/Cover.pdf")
pdfdoc.appendPages("C:/project/Maps.pdf")
pdfdoc.saveAndClose()
del mapdoc
```

Data Driven Pages 工具栏可以和脚本结合使用，这样可以更加有效地制作地图册。Data Driven Pages 中的一些自带的功能，例如页面范围、比例尺、动态文本等，更容易通过 ArcMap 中的 Setup Data Driven Pages 对话框来实现，而打印和合并 PDF 文件则更容易通过脚本来实现。

10.13 制图脚本样例

随着 ArcGIS10 的发布，Esri 开发了大量的脚本工具来说明 ArcPy 的用法，其中的一些脚本工具就使用了 arcpy.mapping 模块实现各种制图功能。这些工具可以在 ArcGIS 资源中心的 Geoprocessing Model and Script Tool Gallery 里找到。

注释：

如果要找示例脚本工具，可以在 http://resources.ArcGIS.com 的查询框中输入 arcpy.mapping sample script tools，根据返回的链接就可以找到该示例工具。

如图 10.6 所示，示例工具位于三种不同的工具箱内：Cartography 工具箱（不要和现有的 Cartography 系统工具箱混淆）、Export and Printing 工具箱，还有 MXD and LYR Management 工具箱。每一种工具箱都包含了很多脚本工具，每一个脚本工具都对应了一个 Python 脚本文件。

示例工具的功能涵盖了本章前面部分所介绍的大部分函数的功能，其中一些脚本比较简短。例如，Print Map Document(s)工具将一个或者多个地图文档的页面布局输出到本地打印机，这个工具的对话框如图 10.7 所示，通过它可以选择一个地图文档和一个本地打印机。

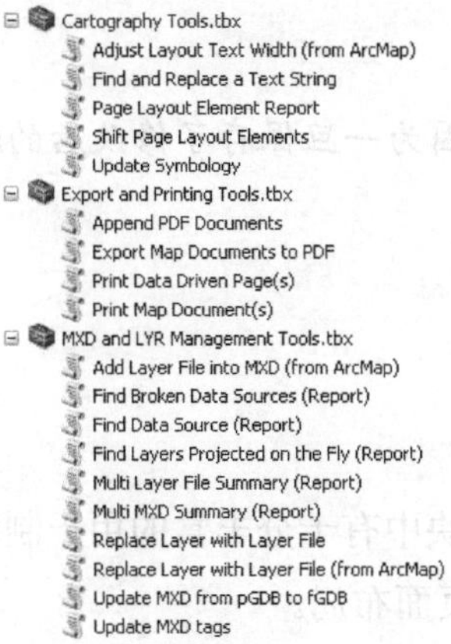

图 10.6

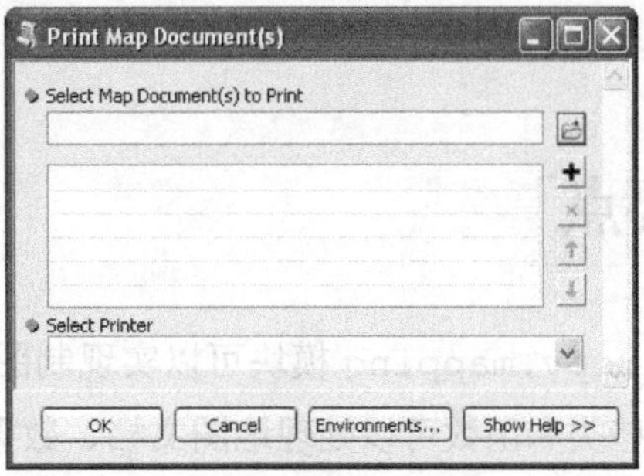

图 10.7

Print Map Document(s)工具使用的脚本是 PrintMXDs.py，如图 10.8 所示。

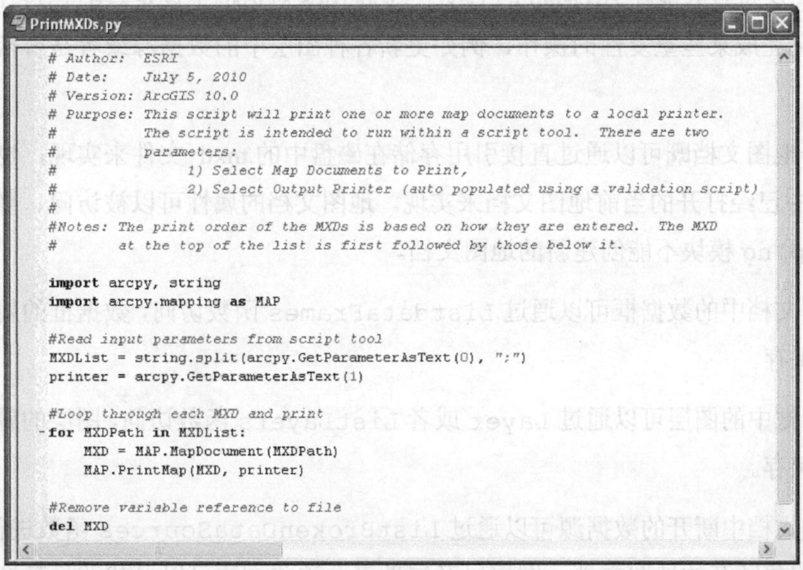
PrintMXDs.py

```
# Author:  ESRI
# Date:    July 5, 2010
# Version: ArcGIS 10.0
# Purpose: This script will print one or more map documents to a local printer.
#          The script is intended to run within a script tool.  There are two
#          parameters:
#                 1) Select Map Documents to Print,
#                 2) Select Output Printer (auto populated using a validation script)
#
#Notes: The print order of the MXDs is based on how they are entered.  The MXD
#       at the top of the list is first followed by those below it.

import arcpy, string
import arcpy.mapping as MAP

#Read input parameters from script tool
MXDList = string.split(arcpy.GetParameterAsText(0), ";")
printer = arcpy.GetParameterAsText(1)

#Loop through each MXD and print
for MXDPath in MXDList:
    MXD = MAP.MapDocument(MXDPath)
    MAP.PrintMap(MXD, printer)

#Remove variable reference to file
del MXD
```

图 10.8

脚本工具使用 GetParamenterAsText 函数来获取地图文档的列表，并从用户获取本地打印机。在第 13 章创建自定义工具时将学习到这个函数。该脚本工具使用 arcpy.mapping 模块中的 PrintMap 函数来打印地图文档。学习示例脚本工具将有助于用户编写其他脚本代码。

可以直接使用这些示例脚本，但是笔者鼓励修改这些示例代码或者在编写自己的脚本时引用其中部分代码。

提示：

当修改示例脚本时，最好先将该示例脚本复制一份，因为一旦保存了修改后的脚本，将无法撤销之前的操作。

本章要点

- arcpy.mapping 模块可以实现制图自动化。该模块中有十分丰富的用于制图的类和函数，这些类和函数可以处理地图文档、数据框、图层和页面布局。

- arcpy.mapping 模块的各种功能对应着在 ArcGIS 下进行制图的各种流程。其中一些流程并不是 arcpy.mapping 的一部分，因为它们更多的是服务于 ArcMap 可视化界面。例如，很多图层符号只能在 ArcMap 的 Layer Properties 对话框中设定。arcpy.mapping 模板可以自动化完成某些重复性的操作，例如更新各种图层中的数据源或者是替换各种地图文档中的文本。

- 打开地图文档既可以通过直接引用存储在磁盘中的.mxd 文件来实现，也可以通过调用 ArcMap 中已经打开的当前地图文档来实现。地图文档的属性可以被访问、修改和保存。arcpy.mapping 模块不能创建新的地图文档。

- 地图文档中的数据框可以通过 ListdataFrames 函数访问，数据框的属性可以被访问、修改和保存。

- 数据框中的图层可以通过 Layer 或者 ListLayers 函数访问，图层的属性可以被访问、修改和保存。

- 地图文档中断开的数据源可以通过 ListBrokenDataSources 函数进行识别。有多种方法用于修复断开的地图文档、图层以及属性表。这些方法可以寻找并且替换工作空间、工作空间路径和数据源。

- 页面布局中的每一个元素都可以被访问和修改。

- 地图可以输出为各种格式，例如 PDF、JPEG 和 TIFF 格式。地图同样可以通过本地打印机打印出来或者打印为 PDF 文件。当 Data Driven Pages 可用时，通过脚本可以新建 PDF 格式的地图册。

第11章 程序调试与错误处理

11.1 引言

本章将介绍 python 程序调试的相关内容，并列举出 Python 语言中最常见的错误。此外，本章还将介绍错误的处理方法，包括如何使用最常见的 try-except 语句。

无论写代码的时候有多么严谨，错误仍然会时常出现。在 Python 代码中，主要包含三种错误：语法错误、异常以及逻辑错误。存在语法错误的程序将无法运行。存在异常的程序将在运行过程中停止。存在逻辑错误的程序虽然可以运行，但却不能得到期望的结果。

11.2 识别语法错误

语法错误包括拼写错误、标点错误、缩进错误。其中，关键字或变量的拼写错误，标点符号的缺失以及前后不一致的缩进符号都是最常见的语法错误。试着找到下列代码中的错误：

```
import arcpy
from arcpy import env
env.workspace = "C:/Data/mydata.gdb"
fclist = arcpy.ListFeatureClasses()
for fc in fclist
    count = arcpy.GetCount_management(fc)
    print count
```

在 for 循环语句的末尾处，缺失了一个冒号（:）。当这段代码在 Python 窗口中运行时，会显示出如下的语法错误：

```
Parsing error SyntaxError: invalid syntax
```

在 PythonWin 中有一个内置的检测程序，它具有类似于文字处理软件中检查文字拼写错误的功能。这个程序是通过在 PythonWin 中单击标准工具栏里的 Check 按钮来运行。这样就可以在运行代码前检查语法错误。

提示：

在 PythonWin 中，可以通过点击菜单栏中的 View>Options>Editor 来显示行号，同时，也可以增加行号距离页边的宽度。

图 11.1 以前面的代码为例，说明 Check 按钮运行后的情况。

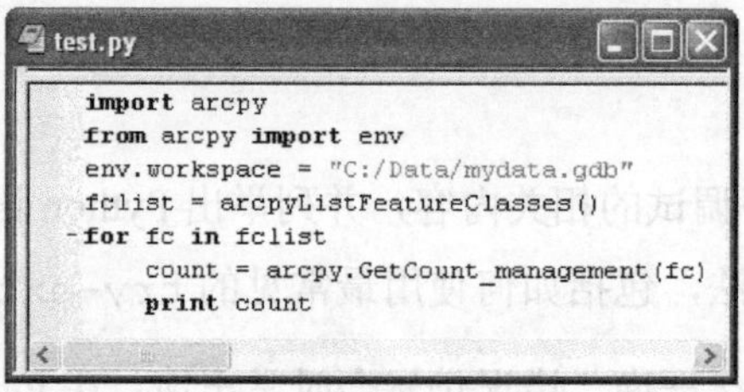
test.py
import arcpy
from arcpy import env
env.workspace = "C:/Data/mydata.gdb"
fclist = arcpyListFeatureClasses()
for fc in fclist
count = arcpy.GetCount_management(fc)
print count

图 11.1

当点击 Check 按钮时，PythonWin 的状态栏就会显示：`Failed to run script-syntax error-invalid syntax`。同时，光标也会移动到检测到的第一个错误的位置。在这个例子中，错误就在图中的第 5 行，如图 11.2 所示。

Failed to run script - syntax error - invalid syntax
NUM
00005
017

图 11.2

修改第 5 行代码的语法错误，正确的代码如下所示：

```
for fc in fclist:
```

运行这段代码会得到以下信息：`Python and the TabNanny successfully checked the file 'test.py'`。这句话表明这段代码没有语法错误并且可以运行。

Check 按钮运行了一个语法检测程序和制表符检测程序（TabNanny），它们可以检测到前后不一致的缩进和间距。例如，下面的这段代码就使用了不一致的缩进。

```
for fc in fclist:
     count = arcpy.GetCount_management(fc)
     print count
```

运行这段代码会显示如下信息：

```
Failed to check-syntax error-unexpected indent
```

如果同时使用空格和制表符来实现缩进，会出现上述错误。尤其是当用户从其他应用程序（例如 MicrosoftWord，MicrosoftPowerPoint 或者是 PDF）复制代码时，代码的缩进格式从直观上看可能是正确的，但实际上既有空格，也有制表符。

请分析图 11.3 中的示例代码。

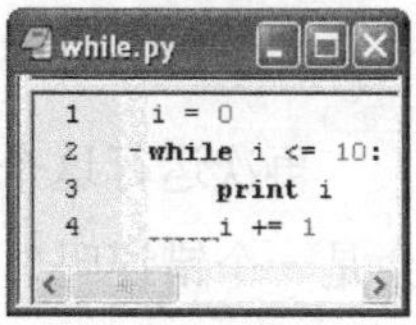

图 11.3

提示：

从其他应用程序（例如 word 文件或者是.pdf 文件）拷贝代码将会引入包括引号在内的其他错误。因此，一般不建议从其他类型的文件中复制代码。

直观上看，这段代码的缩进格式是正确的，但是内置的制表符检测程序会检测空格，并加上红色的下划线以标出语法错误。当运行 Check 按钮时，就会显示如图 11.4 所示的错误信息。

图 11.4

在 PythonWin 的菜单栏里点击 View>Whitespace，可以发现引起错误的原因。用于缩进的字符将显示在脚本窗口里。

脚本窗口里的箭头符号表示制表符，点符号表示空格。实现缩进的方式必须是一致的，所以制表符必须替换成四个空格，如图 11.5 所示。

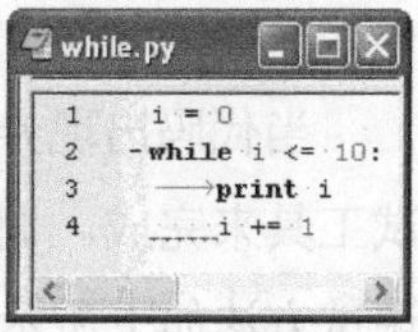

图 11.5

注释：

虽然 Python 会显示语法错误在哪一行，但是有时候真实的语法错误是在这一行的上面。

提示：

制表符在 PythonWin 中默认是 4 个空格。也可以通过菜单栏中的 View>Options>Tabs and Whitespace 来设置制表符所代表的空格数。一般来说，制表符通常都是从其他文件中复制过来的。

11.3 识别异常

语法错误固然令人头疼，但是它们相对其他类型的错误来说很容易被发现。分析下面这段没有语法错误的代码：

```
import arcpy
from arcpy import env
env.workspace = "C:/Data/mydata.gdb"
fclist = arcpy.ListFeatureClasses()
for fc in fclist:
    count = arcpy.GetCount_management(fc)
    print count
```

再次运行这个脚本，没有发现语法错误。但是如果 Print 语句没有输出 count 的数值，这会是一个错误吗？可能的原因是工作空间不正确，或者在工作空间里面可能没有要素类。

与语法错误相比，编程语言中更加常见的是在正常的运行过程中出现某些异常的情况，这些异常有可能是错误，也有可能是意料之外的事件，这些事件就是异常。异常是指在程序运行的过程中出现了错误。如果没有对检测到的异常进行有效的控制，那么脚本就会停止运行。当异常被触发的时候，如果它能被有效地控制，那么程序还可以继续运行。异常的例子和正确的错误处理方法将在本章后面的部分进行介绍。

11.4 程序调试

当代码出现异常或者逻辑错误的时候，可能需要检查脚本中变量的值。此时，可以用调试工具来完成。调试是一种查找脚本错误的方法。调试有多种方法，从复杂到简单，主要的调试方法如下所示：

- 仔细地分析错误信息。
- 在脚本中添加 Print 语句。
- 选择性地注释掉部分代码。
- 使用一个 Python 调试器。

上述方法将在本节中进行详细的介绍。需要注意的是，程序调试不会告诉用户为什么脚本不能正常运行，但是它会指出代码在哪一行出错。通常，需要用户自己找出错误的原因。

仔细分析错误信息

由 ArcPy 生成的错误信息是比较详细的，分析下列代码：

```
import arcpy
arcpy.env.workspace = "C:/Data"
```

```
infcs = ["streams.shp", "floodzone.shp"]
outfc = "union.shp"
arcpy.Union_analysis(infcs, outfc)
```

这个脚本是用来计算两个要素类的几何交集。其中，两个要素类的名称被存放在列表中。计算结果将生成一个新的要素类，并保存在同一个工作空间中。在 PythonWin 里面的错误信息如下：

```
ExecuteError: Failed to execute. Parameters are not valid.
ERROR 000366: Invalid geometry type
Failed to execute (Union).
```

这是由 ArcPy 生成的一个具体的错误信息，也可以称为 `ExecuteError` 异常。这个信息是有用的，因为它包含了 `Invalid geometry type` 这一语句。仔细检查输入要素类后发现，输入要素类中有一个线状要素（streams.shp），但是 Union 工具只能对两个面状要素进行操作。虽然错误信息并没有准确地告诉用户错在哪里（它既没有说明 streams.shp 是一个线状要素，也没有说明 Union 工具并不支持这种线状要素类型），但是它指明了正确的方向。

提示：

如果代码错误的类型在 Python 的错误信息中存在，比如说 ERROR 000366，用户就可以在 ArcGIS Desktop Help 中了解到更多信息。在帮助文档中，找到 Geoprocessing>Tool errors and warnings，然后根据错误编码查找具体的错误信息。

并不是所有的错误信息都是有用的，分析下列脚本：

```
import arcpy
arcpy.env.workspace = "C:/mydata"
infcs = ["streams.shp", "floodzone.shp"]
outfc = "union.shp"
arcpy.Union_analysis(infcs, outfc)
```

仍然运行上面的脚本，但是这个工作空间(C:\mydata)并不存在。在 PythonWin 中会显示如下所示的错误信息：

```
Traceback (most recent call last):
File C:\Python27\ArcGIS10.1\Lib\site-packages\pythonwin\pywin\framework\
scriptutils.py", line 325, in RunScript
   exec codeObject in __main__.__dict__
  File "C:\data\myunion.py", line 5, in <module>
   arcpy.Union_analysis(infcs, outfc)
  File "C:\Program Files (x86)\ArcGIS\Desktop10.1\arcpy\arcpy\analysis.py",
line 574, in Union
```

```
    raise e
ExecuteError: Failed to execute. Parameters are not valid.
ERROR 000366: Invalid geometry type
Failed to execute (Union).
```

注释：

如果在 ArcGIS 的 Python 窗口中运行同一段代码，会出现不同的错误信息：

```
Runtime error <class 'ArcGISscripting.ExecuteError'>: ERROR 000732: Input
Features: Dataset streams.shp #;floodzone.shp # does not exist or is not supported
```

由 PythonWin 生成的错误信息是不准确的。错误信息显示错误出现在代码的第 5 行（该行运行的是 Union 工具），并显示是几何类型出现了问题。实际上错误出现在第二行，该行定义了一个无效的工作空间，从该工作空间中无法获取要素类，从而导致上述无效几何类型的错误信息。可惜错误报告并没有显示更加详尽的错误信息，比如 `Workspace does not exist`。

仔细分析错误信息对纠正错误是很有帮助的。但是不要仅盯着它们不放，因为错误信息有时候不尽相同，而且错误信息有可能会误导用户。

在脚本中添加 Print 语句

当脚本中包含了多行地理处理语句时，不一定会清楚错误出现在哪一行。在这种情况下，可以通过在每一个地理处理语句后面或者主要步骤后面添加 print 语句，以确认这些语句是否能正常运行。分析下列代码：

```
import arcpy
from arcpy import env
env.overwriteOutput = True
env.workspace = "C:/Data"
arcpy.Buffer_analysis("roads.shp", "buffer.shp", "1000 METERS")
print "Buffer completed"
arcpy.Erase_analysis("buffer.shp", "zone.shp", "erase.shp")
print "Erase completed"
arcpy.Clip_analysis("erase.shp", "wetlands.shp", "clip.shp")
print "Clip completed"
```

虽然错误信息不详细，但是 `print` 语句可以说明哪一句代码已经执行。错误可以被定位在没运行的 `print` 语句之前的那句代码。

如果知道引起错误的原因，此时使用 `print` 语句将会显得更为有效。使用 print 语句的一个缺点就是在错误被纠正后，需要及时删除 `print` 语句，这是一项繁琐的工作。

选择性地注释掉部分代码

可以选择性地注释掉一些代码来查看移除某些代码是否能消除错误。如果脚本是按某一个工作流顺序运行，则需要逆序对脚本进行注释。例如，下列代码说明了如何使用两个#号（##）从后向前对代码进行注释，从而定位错误的位置。

```
import arcpy
from arcpy import env
env.overwriteOutput = True
env.workspace = "C:/Data"
arcpy.Buffer_analysis("roads.shp", "buffer.shp", "1000 METERS")
##arcpy.Erase_analysis("buffer.shp", "streams.shp", "erase.shp")
##arcpy.Clip_analysis("erase.shp", "wetlands.shp", "clip.shp")
```

类似于添加 Print 语句，注释部分代码的方法也无法得知为什么出错，但是它可以帮助用户确定错误的位置。

使用一个 python 调试器

除上述方法之外，使用 Python 调试器可以对代码进行更为系统的调试。使用调试器工具可以一步一步地调试每一行代码，在代码中设置断点以检查程序在此处的状态，并且追踪代码运行过程中某些变量值的变化。Python 自带了一个名为 pbd 的调试模块，但是它没有用户界面，显得有些不方便。而 IDLE 或 PythonWin 等 Python 编辑器则都含有良好的调试环境。在下一个例子中，将使用 PythonWin 的调试器。

图 11.6

在 PythonWin 中，可以通过点击菜单中的 View>ToolBars>Debugging 开启或关闭调试工具，如图 11.6 所示。

表 11.1 简单地介绍了调试工具栏中的各种工具。

表 11.1　　调试工具栏中的工具

	Watch	使监视窗口可见，用于监视脚本中定义的指定的变量
	Stack view	使堆栈视图可见，用于追踪脚本内所有变量
	Breakpoint list	使断点列表可见，列出脚本中所有断点
	Toggle breakpoint	启用或关闭光标处的断点
	Clear All Breakpoint	移除脚本内所有断点
	Step（or step into）	每次执行一行语句，如果碰到模块、函数或方法调用，则执行调用里的第一行代码

续表

	Step over	每次执行一行语句，如果碰到模块、函数或方法调用，执行调用本身
	Step out	从 Python 模块、函数或方法中跳出，并回到原脚本的下一行代码
	Go	运行脚本直到下一个断点或者最后一行代码
	Close	停止运行并且退出调试返回脚本中

下面将演示一个标准的调试过程。

（1）检查语法错误并且保存脚本。

（2）运行脚本，在 Run Script 对话框中选择一个 Debugging 选项，例如 Step-through in the debugger（逐步调试），如图 11.7 所示。

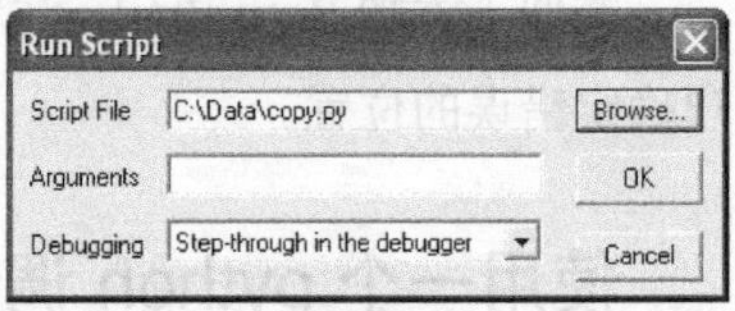

图 11.7

（3）使用逐步调试工具一行一行地运行脚本程序，在交互窗口中追踪所有错误信息。出现在窗口里的黄色箭头表示程序已经执行到了这一行代码，如图 11.8 所示。

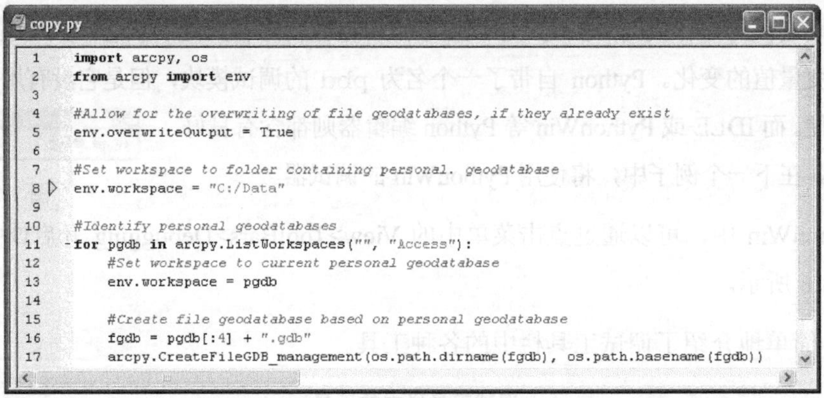
copy.py
import arcpy, os
from arcpy import env
#Allow for the overwriting of file geodatabases, if they already exist
env.overwriteOutput = True
#Set workspace to folder containing personal. geodatabase
env.workspace = "C:/Data"
#Identify personal geodatabases
for pgdb in arcpy.ListWorkspaces("", "Access"):
#Set workspace to current personal geodatabase
env.workspace = pgdb
#Create file geodatabase based on personal geodatabase
fgdb = pgdb[:4] + ".gdb"
arcpy.CreateFileGDB_management(os.path.dirname(fgdb), os.path.basename(fgdb))

图 11.8

（4）使用 Step Over 和 Step Out 工具来跳过某些语句。例如，如果当前代码行调用了一个模块、函数或者方法，使用 Step 工具可以进入这个代码块并逐句执行，使用 Step Over 工具可以不用进入代码块内部。一旦进入这个代码块，可以用 Step Out 工具跳出这个程序，从而快速运行该代码块的下一行代码。

（5）在逐步运行脚本代码的时候，可以打开 Watch 和 Stack 窗口来监视变量，Stack 窗口可以监视所有变量（图 11.9），Watch 窗口只能监视指定的变量（图 11.10）。

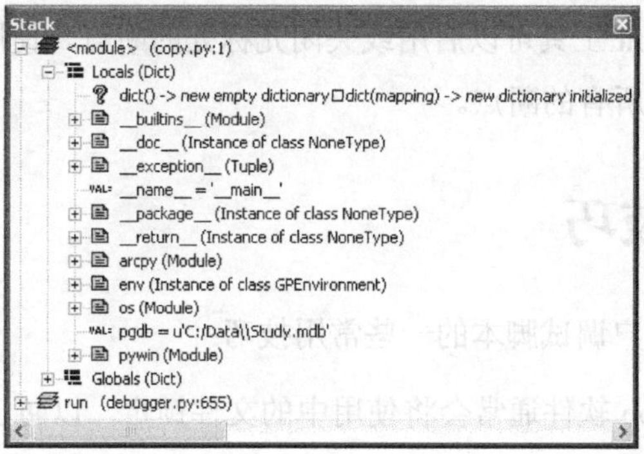

图 11.9

（6）当找到一个错误的时候，使用 Close 工具来停止这个脚本的运行，然后修正错误并且再一次运行代码。

当脚本很长的时候，一行一行地运行代码可能会比较麻烦。此时，可以使用 Toggle Breakpoint 工具在脚本中设置断点。再一次运行脚本时，在 Run Script 对话框的 Debugging 选项中选择 Run in the debugger，如图 11.11 所示。

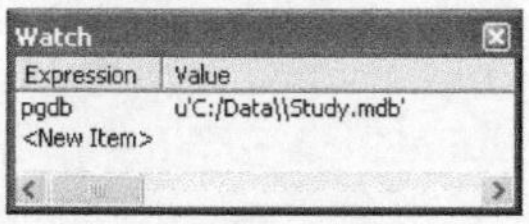

图 11.10

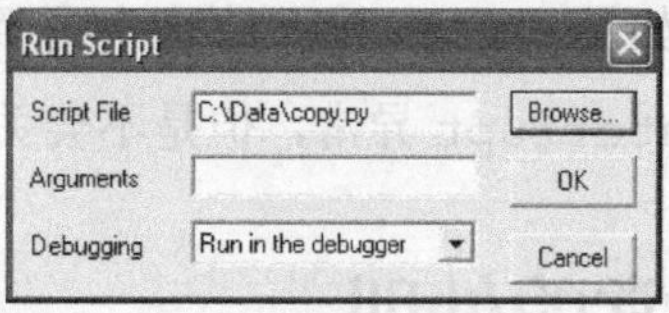

图 11.11

然后调试器会在设置好的断点处停止运行，并且在断点间运行代码，而不是逐步运行每一行代码，如图 11.12 所示。

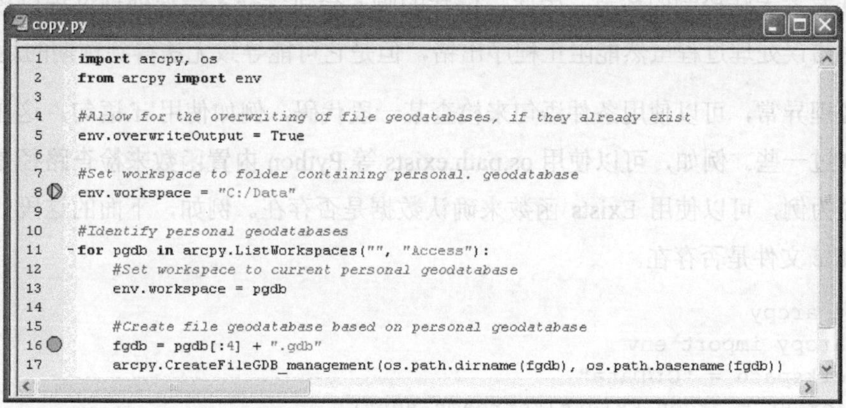

图 11.12

使用 Toggle Breakpoint 工具可以启用或关闭光标处的断点。使用 Clear All Breakpoint 工具，可以清除当前脚本中所有的断点。

11.5 程序调试技巧

下面的内容是帮助用户调试脚本的一些常用技巧：

- ArcGIS for Desktop 软件通常会将使用中的文件锁定，以防止覆盖现有文件。
- 在处理一个数据量很大的文件时，首先尝试在一个性质相同的且数据量较小的文件上运行代码。
- 通过在代码中插入 Print 语句或者断点来监视变量值的变化。
- 在代码块中有可能重复运行的地方设置断点。
- 如果 PythonWin 在调试的时候没有结束运行，可以在任务栏右边的通知区域中右键点击 PythonWin 图标，并点击“Break into running code（打断运行代码）”，如图 11.13 所示，这会导致交互窗口中出现 KeyboardInterrupt 异常，但是不会关闭 PythonWin。

图 11.13

11.6 异常的处理

虽然调试可以提高编码的准确性，但是脚本在运行过程中仍然有可能出现异常。由错误引起的异常在脚本运行的时候可以检测出来。用户的非法输入是异常出现的一个重要原因，因为这是开发者无法控制的环节。因此，健壮的脚本会包含众多错误处理过程以控制异常的出现。这些错误处理过程虽然能阻止程序出错，但是它可能导致无法得到预期的运行结果。

为了处理异常，可以使用条件语句来检查某一段代码，例如使用 if 语句。这在前面的章节已经遇到过一些。例如，可以使用 os.path.exists 等 Python 内置函数来检查路径是否存在。以目录路径为例，可以使用 Exists 函数来确认数据是否存在。例如，下面的这段代码是用来确认 shapefile 文件是否存在。

```
import arcpy
from arcpy import env
env.workspace = "C:/Data"
shape_exist = arcpy.Exists("streams.shp")
print shape_exist
```

Exist 函数可以用于检查要素类、表格、数据集、shapefile 文件、工作空间、图层，以及在工作空间内的文件，函数会返回一个表明文件是否存在的布尔值。

除了确定数据是否存在，还可以使用 Describe 函数来确定数据类型是否正确。例如，脚本需要输入一个要素类，可以访问它的 datasetType 属性来确认它是不是一个要素类。

对每一个可能存在的错误都使用条件语句显得十分麻烦，而且也无法预测所有的错误。以上面的代码为例，需要检查的内容包括：（1）工作空间是否有效；（2）工作空间中是否至少有一个要素类；（3）要素类中是否至少有一个要素。上述检查过程将会使代码变成原来的两倍。

使用如下两种检查和报告错误的方法将十分有效：

（1）使用 Python 中异常对象里的 try-except 语句。

（2）使用 ArcPy 消息函数来输出消息。

Python 中的异常对象具有强大的功能，它可以替换条件语句。当脚本中出现错误，它将触发或抛出异常。在这种情况下，脚本通常会停止运行。如果这个异常对象没有被处理或捕捉到，那么脚本将会出现运行时错误从而终止运行。

考虑下面一个简单的除以 0 的例子，在 Python 窗口中，将会出现一个运行时错误，如图 11.14 所示：

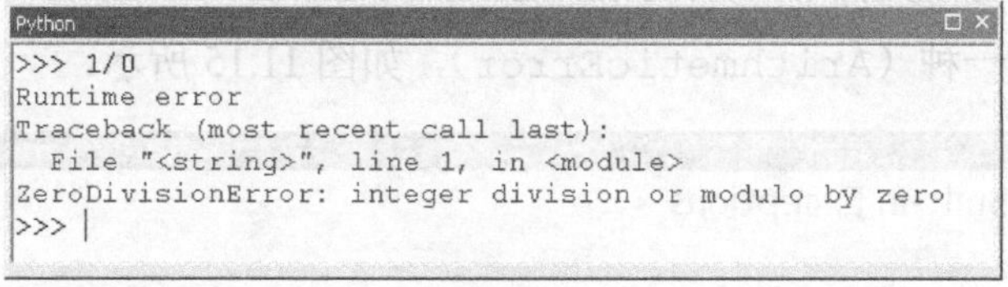
Python
>>> 1/0
Runtime error
Traceback (most recent call last):
File "<string>", line 1, in <module>
ZeroDivisionError: integer division or modulo by zero
>>>

图 11.14

下面的章节将会说明如何触发异常，并使用 try-except 语句来捕捉异常。

11.7　触发异常

在程序运行出错的时候，异常将被自动触发，也可以通过使用 raise 语句触发异常。使用 raise Exception 语句触发异常的语法如下：

```
>>> raise Exception
Runtime error
Exception
```

也可以为 raise Exception 语句添加如下所示的参数：

```
>>> raise Exception("invalid workspace")
Runtime error
Exception: invalid workspace
```

异常的类型有很多种。可以导入 exceptions 模块，并使用 dir 函数列出所有的异常：

```
>>> import exceptions
>>> dir(exceptions)
```

运行上面的代码，将会输出一段很长的结果，如下所示（这里并没有完全列出）：

```
['ArithmeticError', 'AssertionError', 'AttributeError', 'BaseException',
'BufferError', 'BytesWarning' ...]
```

使用 raise 语句可以触发任意一种异常，如下所示：

```
>>> raise ValueError
Runtime error
ValueError
```

上面的例子触发的是一个署名异常，此类异常是通过名称触发。脚本可以通过署名异常来处理某一个具体的异常情况。此外，通用的异常则被称为匿名异常。

有关 Python 内置异常的详细内容可以在 Python 文档中找到，其具体位置是在 Library Reference 的第6部分。在该文档中，所有的错误是按层次进行组织的，例如 ZeroDivisionError 是几种算术错误中的一种（ArithmeticError），如图 11.15 所示。

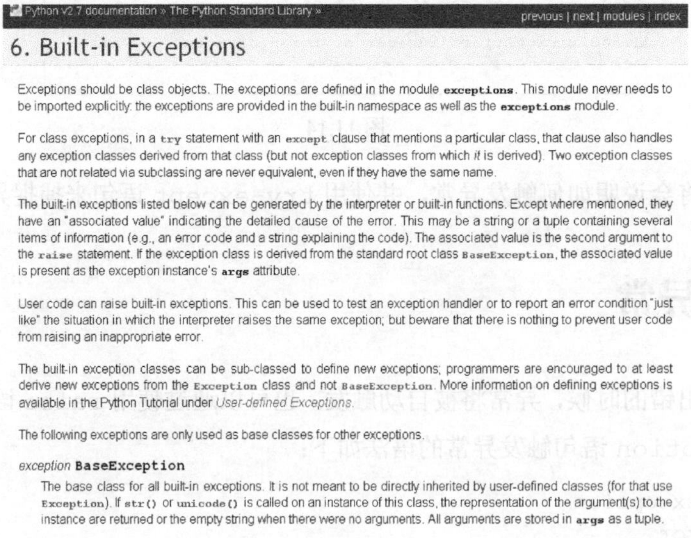
Python v2.7 documentation » The Python Standard Library » previous | next | modules | index

6. Built-in Exceptions

Exceptions should be class objects. The exceptions are defined in the module exceptions. This module never needs to be imported explicitly: the exceptions are provided in the built-in namespace as well as the exceptions module.

For class exceptions, in a try statement with an except clause that mentions a particular class, that clause also handles any exception classes derived from that class (but not exception classes from which it is derived). Two exception classes that are not related via subclassing are never equivalent, even if they have the same name.

The built-in exceptions listed below can be generated by the interpreter or built-in functions. Except where mentioned, they have an "associated value" indicating the detailed cause of the error. This may be a string or a tuple containing several items of information (e.g., an error code and a string explaining the code). The associated value is the second argument to the raise statement. If the exception class is derived from the standard root class BaseException, the associated value is present as the exception instance's args attribute.

User code can raise built-in exceptions. This can be used to test an exception handler or to report an error condition "just like" the situation in which the interpreter raises the same exception; but beware that there is nothing to prevent user code from raising an inappropriate error.

The built-in exception classes can be sub-classed to define new exceptions; programmers are encouraged to at least derive new exceptions from the Exception class and not BaseException. More information on defining exceptions is available in the Python Tutorial under User-defined Exceptions.

The following exceptions are only used as base classes for other exceptions.

exception **BaseException**

The base class for all built-in exceptions. It is not meant to be directly inherited by user-defined classes (for that use Exception). If str() or unicode() is called on an instance of this class, the representation of the argument(s) to the instance are returned or the empty string when there were no arguments. All arguments are stored in args as a tuple.

图 11.15

提示：

Python 文档安装在与 ArcGIS 所在的同一个文件夹里。对于典型安装来说，可以单击工具栏上的 Start 按钮来找到文档，在 Start 菜单里，单击 All Programs>ArcGIS>Python2.7>Python Mauals。

11.8　处理异常

脚本中的异常可以通过 try-except 语句来处理。处理异常通常也称为捕获异常。当某个异常被处理的时候，脚本不会产生运行时错误，而是产生一个更加有用的错误信息，即在产生运行时错误前捕获异常。

下面的代码将两个用户输入的数据相除：

```
x = input("First number: ")
y = input("Second number: ")
print x/y
```

当第二个输入数字是 0 时，脚本将不能正常运行，并产生如下所示的错误信息：

```
First number: 100
Second number: 0
Traceback (most recent call last):
  File " division.py", line 3, in <module>
    print x/y
ZeroDivisionError: integer division or modulo by zero
```

try-except 语句可以用来捕捉这个异常，并提供一种错误处理机制，如下所示：

```
try:
    x = input("First number: ")
    y = input("Second number: ")
    print x/y
except ZeroDivisionError:
    print "The second number cannot be zero."
```

注意 try-except 语句的结构。代码第一行只有 try 语句和一个冒号。下面是一段需要缩进的代码块。再下面是一个 except 语句，该语句后面需要指定一个异常，并在最后添加一个冒号。再下面是一句需要缩进的代码，它将在异常被触发时运行。根据上面的代码可知，ZeroDivisionError 异常是一个署名异常。

虽然在这个例子中，使用 if 语句可以更加有效地确定 *y* 值是否为 0。但是对于更复杂的代码，可能需要更多的 if 语句，此时，一个 try-except 语句就足够了。

可以使用多个 except 语句来捕获不同的署名异常，例如：

```
try:
    x = input("First number: ")
    y = input("Second number: ")
    print x/y
except ZeroDivisionError:
    print "The second number cannot be zero."
except TypeError:
    print "Only numbers are valid entries."
```

也可以在代码块中使用元组来捕捉多个异常：

```
except (ZeroDivisionError, TypeError):
    print "Your entries were not valid."
```

在这个例子中，没有指定捕捉何种类型的异常，并且无论捕捉到何种异常，都只输出同样的一条错误信息。这里的错误信息不具有针对性，因为它同时描述了几种异常。

异常对象本身也可以通过一个额外的参数调用，如下例所示：

```
except (ZeroDivisionError, TypeError) as e:
    print e
```

运行这段代码可以获取异常对象本身，通过 print 语句还可以查看具体的异常信息，而不是仅仅输出一个通用的错误信息。

有时候预测到全部可能遇到的异常会比较困难。特别是在一个依赖用户输入的脚本中，很难预测所有的情况。因此，为了捕获所有的异常，可以在 except 语句中省略具体的异常，如下所示：

```
try:
    x = input("First number: ")
    y = input("Second number: ")
    print x/y
except Exception as e:
    print e
```

在这个例子中，这个异常是匿名异常。

try-except 语句也可以包含 else 语句，这和条件语句是相似的，例如：

```
while True:
    try:
        x = input("First number: ")
        y = input("Second number: ")
```

```
    print x/y
  except:
    print "Please try again."
  else:
    break
```

在这个例子中，当异常被触发的时候，try 语句后面的代码块会在 while 循环中重复运行。该循环将在没有异常被触发时，进入 else 语句，并中止。

除了 try-except 语句外，还有 finally 语句。无论 try、except 和 else 语句执行的结果是什么，finally 语句中的代码都将会执行。包含 finally 的代码块通常用于结束任务以及检查软件的许可，或者清除地图文档中引用的数据。

11.9　处理地理异常

到目前为止，所触发的都是一般的异常。一个 python 脚本会因为很多原因而无法运行，这些原因一般不会与地理处理工具有关。然而，因为与地理处理工具有关的错误平时不常见，所以要更加注意。

可以将错误分成两类：地理处理错误和其他错误。当地理处理工具运行出现错误的时候，ArcPy 会产生一个系统错误。当地理处理工具无法运行的时候，它会抛出一个 ExecuteError 的异常。这个异常可以用来处理某些地理处理错误。这并不是一个内置的 Python 异常类，而是由 ArcPy 生成，因此需要使用 arcpy.ExecuteError 类。请看下面代码：

```
import arcpy
arcpy.env.workspace = "C:/Data"
in_features = "streams.shp"
out_features = "streams.shp"
try:
    arcpy.CopyFeatures_management(in_features, out_features)
except arcpy.ExecuteError:
    print arcpy.GetMessages(2)
except:
    print "There has been a nontool error."
```

Copy Features 工具生成一个错误，因为输入和输出要素类不能是同一个要素类：

```
Failed to execute. Parameters are not valid.
ERROR 000725: Output Feature Class: Dataset C:/Data\zip.shp already exists.
Failed to execute (CopyFeatures).
```

在上面这段代码中，第一个 except 语句用于捕捉地理处理错误，第二个 except 语句用于捕捉非地理处理错误。这个例子说明了如何在同一个脚本里面使用署名异常和匿名异常。需要首先检查署名异常，例如 except arcpy.ExecuteError，然后再检查匿名异常。如果先检查匿名异常，那么将会捕捉所有的异常，包括 arcpy.ExecuteError。这就意味着不知道遇到的是不是一个署名异常。

在大型的脚本中，判断错误的精确位置是很困难的，可以使用 traceback 模块来找到错误原因和位置。

Traceback 的结构如下：

```
Try:
    import arcpy
    import sys
    import traceback
    <block of code including geoprocessing tools>
except:
    tb = sys.exc_info()[2]
    tbinfo = traceback.format_tb(tb)[0]
    pymsg = "PYTHON ERRORS:\nTraceback info:\n" + tbinfo + "\nError Info:\n"
+ str(sys.exc_type) + ":" + str(sys.exc_value) + "\n"
    arcpy.AddError(pymsg)
    msgs = "ArcPy ERRORS:\n" + arcpy.GetMessages(2) + "\n"
    arcpy.AddError(msgs)
    print pymsg + "\n"
    print msgs
```

在这段代码中，有两种类型的错误被追踪：地理处理错误和其他错误。地理处理错误可以使用 ArcPy 的 GetMessages 函数获取。脚本中返回的错误可以通过 AddError 工具获取，并使用 print 语句按照 Python 标准的输出格式输出。其他类型的错误可以使用 traceback 模块检索，并以 Python 标准的输出格式输出。

下面是另一个使用 try-except 语句的例子，该例使用了 finally 语句。在这个例子中，创建了一个自定义的异常类来处理许可错误。try 代码块会检查许可，finally 代码块也会检查许可，这样就能确保无论在何种情况下，都将进行许可检查。代码如下：

```
class LicenseError(Exception):
    pass
import arcpy
from arcpy import env
try:
    if arcpy.CheckExtension("3D") == "Available":
```

```
        arcpy.CheckOutExtension("3D")
    else:
        raise LicenseError
    env.workspace = "C:/raster"
    arcpy.Slope_3d("elevation", "slope")
except LicenseError:
    print "3D license is unavailable"
except:
    print arcpy.GetMessages(2)
finally:
    arcpy.CheckInExtension("Spatial")
```

使用 try-except 语句来捕获异常是一种常用的方法，ExecuteError 异常类十分有用，但是通常情况下，大多数脚本只使用 try-except 语句，而不使用某一个具体的异常类。

有时，会看到脚本代码的所有内容都包含在 try-except 语句中。正如如下代码所示的结构一样，一个 try 代码块可能会包含上百行代码。

```
try:
    import arcpy
    import traceback
    ##multiple lines of code here
except:
    tb = sys.exc_info()[2]
    tbinfo = traceback.format_tb(tb)[0]
    pymsg = "PYTHON ERRORS:\nTraceback info:\n" + tbinfo + "\nError Info:\n"
    + str(sys.exc_info()[1])
    msgs = "ArcPy ERRORS:\n" + arcpy.GetMessages(2) + "\n"
    arcpy.AddError(pymsg)
    arcpy.AddError(msgs)
```

11.10　其他错误处理方法

在脚本中除了使用 try-except 语句来捕捉错误，还有其他几种错误处理方法。其中一些方法已经在前面的章节中有过介绍，这里再提一下：

- 分别使用 ValidateTableName 和 ValidateFieldName 函数验证表名和文件名（第 7 章）。
- 分别使用 CheckProduct 和 CheckExtension 函数检查软件和扩展模块的许可（第 5 章）。
- 检查方案锁——如果输入数据具有方案锁，那么很多地理处理工具就不能正确运行。

11.11 常见错误

下面是检查脚本和数据时，一些常见的错误。

一般 Python 代码错误。

- 拼写错误。
- 未导入模块，类似 arcpy、os、或者 sys。
- 大小写——例如 mylist 和 myList。
- 路径——例如使用一个单独的斜杠（C:\Data\streams.shp）。
- 一些语句的后面未添加冒号（for、whole、else、try、except）。
- 不正确或者不符合标准的缩进。
- 混淆条件判断 “ == ” 和赋值语句 “ = ”。

一般地理处理相关的错误

- 未判断数据是否存在。工作空间或要素集的名称中任何一个小错误都会造成工具的无法运行。仔细检查脚本的输入数据是否存在。

- 未检查是否覆盖输出数据。默认设置不会覆盖输出，因此，除非专门设置了该选项，否则脚本不会进行数据覆盖操作。这一错误常见的情况是：第一次运行正常，但是第二次运行则失败。此时，只要将 env 类的 overwriteOutput 属性设置为 True 即可。

- 数据被其他应用占用。如果在 ArcMap 或者是 ArcCatalog 中使用了某个数据，那么使用该数据的脚本文件将无法运行。这种情况经常会出现，因为用户经常需要浏览即将在脚本中用到的数据。此时，关闭这些应用并且再一次运行这个脚本就可以解决问题。

- 没有检查工具参数或结果对象的属性。例如，从字面上看 Get Count 工具返回的是一个数字，但是实际上该工具返回了一个结果对象，该结果对象将会输出到 Results 窗口里，所以必须使用 getOutput 方法才能获得这个数字。同样地，虽然要素类和要素图层之间的差别不是很大，但是正是这些细微的差别导致了工具是否能正常运行。因此，需要仔细检查工具的语法并且保证输入和输出参数的准确性。

需要注意的是：在使用脚本工具时，与地理处理相关的错误是可以避免的，因为在创建脚本工具时需要检查参数的合法性。这些内容将在第 13 章进行介绍。

虽然上面的这些建议看起来比较简单，但是它们却能帮助用户找到出错的地方。一个好的地理处理脚本的语法一般是相对简洁的，这也是使用 Python 语言的精妙所在。

提示：

地理数据脚本不能单独使用，它必须依赖 ArcGIS 地理处理工具的规则来运行。

本章要点

- 地理处理脚本中经常会出现错误。虽然语法错误容易被发现，但是脚本中可能会存在其他让脚本无法正确运行的错误。含有错误处理语句的脚本更健壮。

- 有各种各样的调试方法，相对简单的方法包括仔细分析错误信息，在脚本中添加 Print 语句，选择性的注释掉部分代码，如果这些方法都不足以辨认和修复错误，可以使用诸如 PythonWin Debugger 这样的 Python 调试器。调试器允许一步一步执行每一行代码，并监视变量的状态。添加断点可以用来检查具有大量代码的代码块。

- 任何调试方法都可以辨认出发生错误的位置，但是不能正确地指出为什么发生错误，所以需要熟知一些常见的错误，包含 Python 代码错误和 ArcGIS 地理处理错误。

- 基本错误处理过程包含检查数据是否存在，确定输入数据的类型是否正确，检查软件和扩展模块的许可，验证表名和字段名。通常情况下，需要结合 `if` 语句来实现上述错误处理步骤。

- 预测出每一种类型的错误几乎是不可能的，而且编写这些错误检查代码也十分繁琐。脚本在运行时只要一出错，就会出现异常。这些异常可以用 `try-except` 来捕捉，该语句可以识别出错误的类型。可以根据错误的类型自定义错误的处理程序。此外，还有一些语句，例如 `else` 和 `finally`，它们可以添加到 `try-except` 语句中以确保可以高效地捕捉到异常。

- 错误信息有助于确认错误的性质，并且有助于修改脚本代码。错误信息包括一般的 Python 信息和来自于 ArcPy `ExecuteError` 类的错误信息。

第12章 创建 Python 类和函数

12.1 引言

本章将介绍如何创建自定义函数。自定义函数可以减少代码量并提高效率。它们被组织在模块中，而这些模块则构成了站点包。ArcPy 就是一个由一系列自定义模块和函数组成的站点包。通过创建自定义函数，您可以将代码分成不同的单元，并复用其中经常用到的函数。本章还将介绍如何在 Python 中创建类，它可以轻松地将函数和变量组织在一起。

12.2 创建函数

函数是一个用于执行某项特定任务的代码块。Pyrhon 自身有很多内置函数，同时，ArcPy 也包含了很多函数，包括 ArcGIS 中所有的地理处理工具函数。在 Python 脚本中，可以使用许多 Python 内置函数，也可以使用其他模块（例如 ArcPy）中的函数。以 random 模块为例，可以通过导入该模块，然后访问模块内的函数。下面的代码将随机生成一个 1～100 之间的整数：

```
import random
x = random.randint(1,100)
print x
```

现在，已经编写好了生成随机数的代码，任何人都可以调用这段代码。random 模块的代码在 random.py 文件中，该文件位于 Python Lib 文件夹中。在随 ArcGIS10.1 安装的 Python2.7 中，该文件的路径是 C:\Python27\ArcGIS10.1\Lib\random.py。可以在 Python 编辑器中像 PythonWin 一样打开并且查看这段代码。在这段代码中，可以找到和 randint 函数相关的信息，如图 12.1 所示。

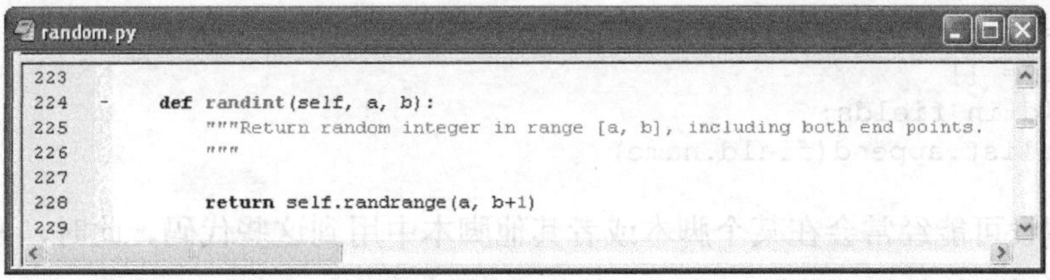

图 12.1

在上面的例子中，randint 函数调用了另一个函数 randrange。random 模块包含很多不同的函数，并且其中一些函数是紧密相连的。由于生成随机数的函数已经存在，并且由 Python 用户社区所共享，因此脚本中如果需要一个随机数，那么用户不必自己编写代码，而是导入 random 模块就可以任意使用它的函数。

除了使用已经存在的函数，也可以创建自定义函数，这些函数既可以在同一个脚本中使用，也可以被其他脚本调用。一旦自定义函数创建成功后，用户就可以在需要的时候调用它。通过这种方式，可以提高编码效率，因为无需再重复编写执行同样功能的代码。

Python 函数通过 def 语句进行定义。def 语句由函数名、括号以及参数构成。def 语句的语法如下：

```
def <functionname>(<arguments>):
```

def 语句的最后有一个冒号，下面是一段具有相同缩进格式的代码块。这个代码块就是函数的主体。

下面是示例脚本 helloworld.py：

```
def printmessage():
    print "Hello world"
```

在这个例子中，printmessage 函数没有参数，但是很多函数使用参数来传递值。在同一个脚本中，可以直接调用这个函数，如下所示：

```
printmessage()
```

一般情况下，函数会比上面的例子复杂。例如，将某个属性表中所有字段的字段名创建成一个列表。虽然 ArcPy 中没有这种函数，但是可以先使用 ListFields 函数将属性表中的所有字段存入列表中，再使用 for 循环遍历列表中的所有字段。所有的字段名可以保存在一个列表对象中。具体的代码如下：

```
import arcpy
arcpy.env.workspace = "C:/Data"
```

```
fields = arcpy.ListFields("streams.shp")
namelist = []
for field in fields:
    namelist.append(field.name)
```

现在，假设可能经常会在某个脚本或者其他脚本中用到这些代码。此时，只要将这些代码复制粘贴到适当的位置，并做一些必要的修改即可。例如，将参数“streams.shp”替换成所需要的要素类或者属性表。

也可以通过自定义函数来取代复制粘贴代码。首先，需要确定函数的名称，例如 listfieldnames。下面的代码定义了这个函数：

```
def listfieldnames():
```

现在，就可以在该脚本中任意的位置调用这个函数。在这个例子中，调用函数需要传递一个参数到函数中，这个参数是一个要素类或属性表的名称。因此，该函数需要包含一个接受这些值的参数，而这个参数需要在定义函数的时候进行设置，如下所示：

```
def listfieldnames(table):
```

def 语句下面是一个具有相同缩进格式的代码块，该代码块定义了函数的具体功能。此时，代码中参数的具体值将会被函数的参数所替代，如下所示：

```
def listfieldnames(table):
    fields = arcpy.ListFields(table)
    namelist = []
    for field in fields:
        namelist.append(field.name)
```

最后介绍如何向函数传递值，也就是函数的返回值。这一步骤可以确保函数不仅创建了字段列表，同时也返回了这个列表。这样其他脚本就可以在其代码中调用这个函数。使用 return 语句可以完成这个步骤。下面是这个函数的完整代码：

```
def listfieldnames(table):
    fields = arcpy.ListFields(table)
    namelist = []
    for field in fields:
        namelist.append(field.name)
    return namelist
```

完成函数定义后，就可以从同一个脚本中直接调用它，例如：

```
fieldnames = listfieldnames("C:/Data/hospitals.shp")
```

运行上面这句代码将调用之前定义的函数，并以列表形式返回属性表中的所有字段。由于 listfieldnames 函数是在同一个脚本中定义的，因此在该脚本中，可以直接调用该函数。

示例函数使用了一个名为 table 的参数，该参数可以将参数值传递给函数。一个函数可以包含多个参数，这些参数既可以是可选参数，也可以是必选参数，其中必选参数必须位于可选参数的前面。可选参数可以指定默认值。

创建函数有很多优势：

- 如果一个任务要执行很多次，那么就可以通过自定义函数来减少编写和管理代码的工作。这样一来，对于一项任务只需要编写一次代码，如果以后还要执行该任务，就只需要调用该自定义函数即可。

- 函数可以减少多次迭代引起的混乱。例如，如果要将某个工作空间列表内所有地理数据库中所有要素类的字段名称全部输出到列表中，那么需要创建一系列 for 循环。但是，如果创建了一个获取字段名称列表的函数，那么就可以将其中一个 for 循环转移到其他函数中，从而增强代码的可读性。

- 复杂的任务可以分步实施。每一步定义一个函数，这样这个复杂的任务将不再复杂。合理的定义函数将有助于大型脚本的编写。

自定义函数不仅可以在同一脚本中直接调用，还可以被其他脚本调用，这一部分内容将会在下一节进行介绍。

12.3　调用函数

在某个脚本中导入另一个脚本，就可以调用该脚本中创建的函数。对于一些功能相对复杂的函数，可以考虑将它们分成独立的脚本或脚本工具。所以，与其在脚本代码中定义函数，还不如将函数定义成一个独立的脚本，以供其他脚本调用。

以之前定义的脚本 helloworld.py 为例：

```
def printmessage():
    print "Hello world"
```

只要导入 helloworld.py 脚本，就可以在其他脚本中调用 printmessage 函数。如下所示，脚本 print.py 就调用了 printmessage 函数。

```
import sys
import os
```

```
import helloworld
helloworld.printmessage()
```

脚本 print.py 导入了 helloworld 模块。模块的名称就是不包含.py 后缀名的脚本文件名。调用模块中的函数的语法是：<module>.<function>。

在上面的例子中，print.py 脚本导入了 helloworld 模块。需要注意的是，导入模块的语句只包含模块名，并不含有模块的路径名。所以，import 语句会去查询一个名为 helloworld.py 的文件。由于 import 语句不使用模块的路径名，因此 Python 需要知道到什么位置查询模块。

Python 首先会在当前文件夹中查询模块，该文件夹也就是 print.py 脚本所在的文件夹。当前文件夹的路径可以通过下面的代码获得，其中 sys.path 是系统路径的列表。

```
import sys
print sys.path[0]
```

当前文件夹的路径也可以通过 os 模块获得，代码如下：

```
import os
print os.getcwd()
```

接下来，Python 会在默认的系统路径中查询相应的脚本。这些系统路径存储在环境配置变量 PYTHONPATH 中。该变量中的路径名可以添加到 sys.path 列表中。使用下列代码来查看完整的系统路径列表：

```
import sys
print sys.path
```

一般情况下，该列表会包含所有的 Python 安装路径和 ArcGIS 安装路径。这个列表包含的路径如下：

```
C:\Python27\ArcGIS10.1
C:\Python27\ArcGIS10.1\Lib
C:\Python27\ArcGIS10.1\Lib\site-packages
C:\Program Files\ArcGIS\Desktop10.1\bin
C:\Program Files\ArcGIS\Desktop10.1\arcpy
C:\Program Files\ArcGIS\Desktop10.1\ArcToolbox\Scripts
```

注释：

列表中路径名会随着 ArcGIS 和 Python 安装方式和软件版本的不同而变化。

如果所导入的模块不在当前文件夹或 sys.path 的文件夹中，那么可以通过以下两种方式解决这一问题。

1．使用一个路径配置文件(.pth)

在 sys.path 的文件夹中添加一个路径配置文件。一般使用 site-packages 文件夹，例如 C:\Python27\ArcGIS10.1\lib\site-packages。路径配置文件有一个.pth 的后缀名，该文件中的路径名会添加到 sys.path 中。路径配置文件可以通过一般的文本编辑器来创建，并且文本中每一行必须只包含一个路径。如果 ArcPy 与 ArcGIS 是一起安装的，那么名为 Desktop10.1.pth 的路径配置文件就会存储在 Python 的 site-packages 文件夹里面。路径配置文件的内容如图 12.2 所示：

这个路径配置文件使得 Python 能够同样使用那些位于指定文件夹中的模块。

如果经常需要调用的脚本不是位于 Python 默认的系统路径中，那么可以自己创建一个.pth 文件。例如，如果导入的模块在 C:\Sharedscripts 中，可以创建一个.pth 文件并且把它放到 Python 的 site-packages 文件夹里面。路径配置文件的内容如图 12.3 所示。

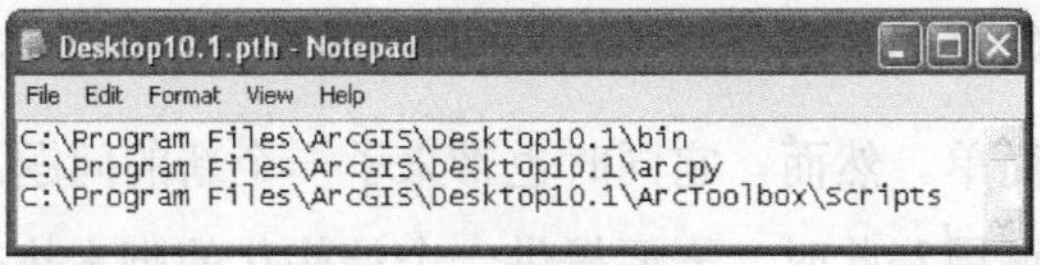

图 12.2

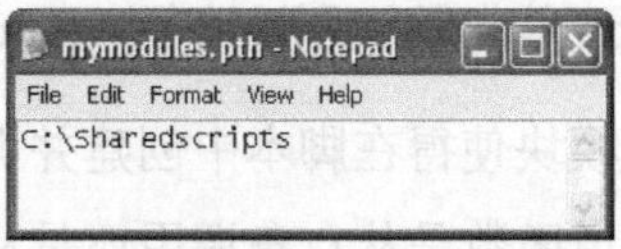

图 12.3

注释：

路径配置文件中路径名使用反斜杠（\），并且不用区分大小写。

2．通过代码添加路径

可以在脚本中临时增加一个路径。例如，如果想要调用的脚本在 C:\Sharedscripts 文件夹中，那么可以在调用函数之前使用下面这句代码：

```
sys.path.append("C:/Sharedscripts")
```

注释：

需要在路径名中使用斜杠（/）。

sys.path.append 语句是一个临时解决方案，因为它只能让一个而不是所有的脚本去调用其他脚本中的函数。

注释：

第三种方法是在操作系统中直接修改 PYTHONPATH 变量，然而，该方法比较繁琐而且容易出错，因此不推荐使用。

12.4 添加代码到模块中

在新建脚本中创建自定义函数，可以把脚本变成模块。实际上所有的 Python 脚本都是模块。这就是为什么要先导入脚本，然后再使用<module>.<function>语句调用函数的原因。看下面的这段代码：

```
import random
x = random.randint(1,100)
print x
```

random 模块由 random.py 文件组成，该文件的路径是 C:\Python27\ArcGIS10.1\lib，而且 Python 能自动识别该路径。random.py 脚本（模块）包含很多函数，例如函数 randint。

模块使得在脚本中创建并调用函数变得简单。然而，它同时也带来了一个新的问题：如何知道函数是从自身调用还是从其他脚本中调用？此时，需要提供一个结构化的脚本执行规则。如果脚本是自己运行的，那么函数一定会运行；如果脚本是从其他脚本导入的，除非函数被调用，否则它是不会被执行的。

以 hello.py 脚本为例，该脚本中包含了一句确认函数是否工作的测试代码：

```
def printmessage():
    print "Hello world"
print message()
```

之所以要使用测试代码是因为当运行该脚本时，它可以用于确认函数是否运行。然而，当导入这个模块时，代码运行的结果如下：

```
>>> import hello
"Hello world"
```

当脚本作为模块导入时，用户不希望运行测试代码，而只是调用脚本中的函数。想知道脚本是在执行还是被导入，此时就需要用到变量__name__（name 两边各有两个下划线）。如果脚本文件是在执行，则该变量的值就是“__main__”；如果脚本文件是被导入，则变量的值就是模块名。在脚本中使用一个包含函数的 if 语句可以区分脚本是在执行还是被导入，如下所示：

```
def printmessage():
    print 'Hello world'
```

```
if __name__ == '__main__':
    printmessage()
```

在这个例子中，模块中的测试代码只有在脚本自己执行时才能运行。如果导入该脚本，那么只有在调用脚本中的函数时，才会运行脚本中的代码。

上述结构不仅仅用于测试。在一些地理处理脚本中，几乎所有脚本都包含一个或多个这种结构，而且仅在最后一行代码使用 if 语句。该结构的具体形式如下：

```
import arcpy
import os
def mycooltool(<arguments>):
    <line of code>
    <line of code>
    ...
if __name__ == '__main__':
    mycooltool(<arguments>)
```

该结构有效地控制了脚本的运行，并且使脚本以两种不同的方式运行：从自身运行和被其他脚本调用。

以前文中的 random 模块为例，该模块中最后一行代码如图 12.4 所示。

如果运行 random.py 脚本，将会运行测试函数，如图 12.5 所示。

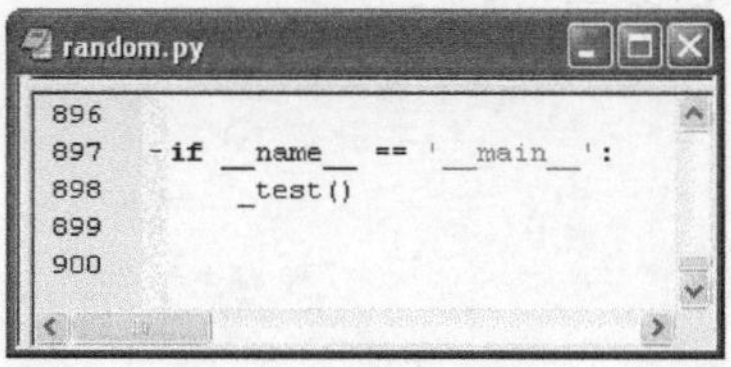

图 12.4

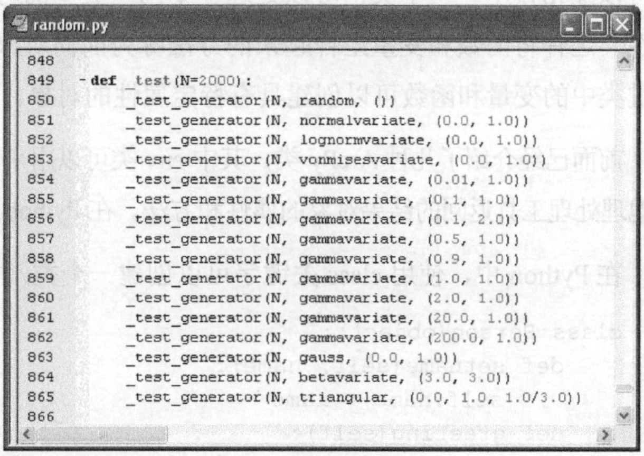

图 12.5

random.py 的运行结果如下所示：

```
2000 times random
0.0 sec, avg 0.490386, stddev 0.290092, min 0.000360523, max 0.999743
2000 times normalvariate
```

```
0.015 sec, avg -0.0379325, stddev 1.01517, min -3.31413, max 3.54333
2000 times lognormvariate
0.0  sec, avg 1.55066, stddev 1.96947, min 0.0308862, max 24.7307
```

这些结果仅在运行 random.py 脚本时才会输出，如果导入该脚本，将不会输出上述内容。

12.5 使用类

在前面的章节中，已经介绍了如何创建自定义函数以及如何把代码组织成模块。它们可以极大地提高代码的可重用性，因为可以在同一脚本或者其他脚本中多次调用某一段代码。然而，这些函数和模块也有一定的局限性。其中，最主要的一个问题就是函数不能像变量一样存储信息。函数每一次运行时，都不会存储上一次运行的信息。

在一些情况下，函数和变量是紧密联系的。例如，一个具有多个属性（如土地使用类型、总价、总面积）的地块，可能还具有一些方法，例如根据土地类型和总价来预估该地块的税费。这些方法需要输入变量值，这些变量值可以通过参数来传递。如果其中某个方法的参数值发生变化，此时该方法虽然同样可以返回函数值，但是传递和返回值的过程会显得十分麻烦。

一个更好的解决方案就是使用类。类可以将函数和变量紧密地结合起来，这样它们之间就可以互相作用。一个类也可以处理多个同一类型的对象。例如，每一个地块会具有相同的属性。这种将函数和变量组合起来的方法称为面向对象编程。类是这些函数和变量的容器。通过类中的变量和函数可以创建具有特定属性的对象。

前面已经介绍了几种 ArcPy 类，其中 env 类可以用来访问和设置环境参数；result 类可以定义由地理处理工具返回的结果对象的属性和方法。在 Python 中创建自定义的类会获得更多的功能。

在 Python 中，使用 class 关键字可以创建一个类，如下例所示：

```
class Person(object):
    def setname(self, name):
        self.name = name
    def greeting(self):
        print "My name is (0).".format(self.name)
```

在上例中，通过 `class` 关键字创建了一个名为 `Person` 的 Python 类。这个类中定义了两种方法。定义方法与定义函数类似，唯一的区别是方法是在类中定义的，这也是为什么它们被称为方法的原因。`self` 参数是指对象本身，也可以按照个人习惯设置别的变量名，但是习惯上使用 self 表示。

一个类可以看作是一张蓝图。它描述了自身的运行方式并且可以通过这个蓝图创建很多实例。通过类创建的对象被称为类的一个实例。创建类实例有时候也称为实例化类。

下面将介绍如何使用一个类：

```
me = Person()
```

使用赋值语句创建 Person 类的一个实例。创建实例就像调用一个方法。一旦创建了类的实例，那么就可以使用这个类的属性和方法，如下所示：

```
me.setname("Abraham Lincoln")
me.greeting()
```

运行这段代码将输出如下结果：

```
My name is Abraham Lincoln.
```

虽然这个例子相对简单，但是它能说明一些关键的概念。第一，类可以通过 class 关键字创建；第二，类的属性是通过方法定义——虽然这些方法看上去是函数，但是当它们在类中定义的时候就叫作方法；第三，类可以包含多个属性和方法。

现在回到前面介绍过的地块的那个例子，需要创建一个名为 parcel 的类，该类中有两个属性（土地利用类型和总价）和一个方法（计算税费）。在这里假设财产税计算如下：

- 对于单一家庭住宅，税费 =0.05*总价。
- 对于多户家庭住宅，税费 =0.04*总价。
- 对于其他土地类型，税费 =0.02*总价。

创建 parcel 类的代码如下：

```
class Parcel(object):
    def __init__(self, landuse, value):
        self.landuse = landuse
        self.value = value
   def assessment(self):
        if self.landuse == "SFR":
            rate = 0.05
        elif self.landuse == "MFR":
            rate = 0.04
        else:
            rate = 0.02
        assessment = self.value * rate
        return assessment
```

Parcel 类是通过 class 关键字创建的。该类中有两个方法：__init__和 assessment，其中，__init__方法是用来初始化对象的。这个方法有三个参数：self、landuse、value。在调用类的时候，第一个参数不会用到；self 参数表示对象本身；assessment 方法用于计算税费。

接下来，看一下如何使用这个类。下面的代码创建了一个 parcel 类的实例化对象：

```
myparcel = Parcel("SFR", 200000)
```

在创建实例后，就可以使用对象的属性和方法，如下所示：

```
print "Land use: ", myparcel.landuse
mytax = myparcel.assessment()
print mytax
```

运行这段代码，输出如下内容：

```
Land use: SFR
10000.0
```

也可以创建多个实例化对象。一般情况下，可以为数据库中的每一个地块创建一个对象，并分别计算它们的税费。

在很多情况下，用户可能想要在更多的脚本中使用类。此时，可以将类组织成模块，即为类创建一个独立的脚本，这样它就可以被其他脚本调用。它类似于前面章节介绍过的为函数创建独立的脚本以供其他脚本调用。

在这个例子中，包含 parcel 类的脚本文件名为 parcelclass.py。脚本的内容如下所示：

```
class Parcel(object):
    def __init__(self, landuse, value):
        self.landuse = landuse
        self.value = value

    def assessment(self):
        if self.landuse == "SFR":
            rate = 0.05
        elif self.landuse == "MFR":
            rate = 0.04
        else:
            rate = 0.02
        assessment = self.value * rate
        return assessment
```

在下面的例子中，使用 parcel 类的脚本名为 parceltax.py。该脚本的内容如下所示：

```
import parcelclass
myparcel = parcelclass.parcel("SFR", 200000)
print "Land use: ", myparcel.landuse
mytax = myparcel.assessment()
print mytax
```

12.6 地理处理包

如果创建了多个不同的函数和类，一般需要将它们放在不同的模块（脚本）中。随着模块的个数越来越多，就需要考虑将它们打包。一个程序包实际上是另一种类型的模块，它可以包含模块。通常情况下，模块可以是.py 文件，但程序包则是一个文件夹。从严格意义上讲，程序包是一个包含名为“__init__.py”文件的文件夹。这个文件定义了程序包的属性和方法。实际上，该文件中不需要定义任何东西，它可以是一个空文件，但是必须要有这个文件。如果“__init__.py”文件不存在，那么这个文件夹就只能是一个文件夹，而不是程序包，而且它不可以被其他脚本导入。有了“__init__.py”文件，就可以将程序包作为一个模块。例如，导入 ArcPy 模块需要使用 `import arcpy` 语句，但是实际上没有名为“arcpy.py”的文件，而是一个 arcpy 文件夹，在该文件夹中有一个名为“__init__.py”的文件。

例如，如果要创建一个名为“mytools”的程序包。需要新建一个名为 mytools 的文件夹。在该文件夹内新建一个名为“__init__.py”的文件。这个带有两个模块（`analysis` 和 `model`）的程序包的结构如下所示：

~/Python——一个位于 PYTHONPATH 的路径。

~Python/mytools——mytools 包的路径。

~/Python/mytools/__init__.py——包代码。

~/Python/mytool/analysis.py——分析模块。

~/Python/mytools/model.py——模板模块。

可以通过如下代码使用程序包：

```
import mytools
output = mytools.analysis.<function>(<arguments>)
```

站点包是一个在本地安装并对所有计算机用户都有效的程序包。站点表示本地计算机。将程序包变成站点包只跟它的安装方法有关，与它的内容无关。在安装站点包的过程中，站点包的路径将被添加到 PYTHONPATH 变量中。因此，可以直接导入站点包，而不需要先添加站点包的路径。

Python 中有很多内置的站点包，这些站点包位于 Lib\site-packages 文件夹中。在这个站点包中，有一个 PythonWin 文件夹。虽然 PythonWin 实际的应用程序文件是 PythonWin.exe，但是 PythonWin 中的部分内容是作为站点包进行安装的。另一个常用的站点包是 NumPy，它是用来进行大型数据矩阵计算的，如图 12.6 所示。

ArcPy 也是一个站点包。在 ArcGIS 的典型安装中，ArcPy 和 Python 一同被安装。利用位于 Lib\site-packages 文件夹中 Desktop 10.1.pth 文件里的信息，Python 可以自动识别 ArcPy 所在文件夹的路径。一般来说，ArcPy 的路径是：C:\Program Files\ArcGIS\Desctop10.1\arcpy，如图 12.7 所示。

图 12.6

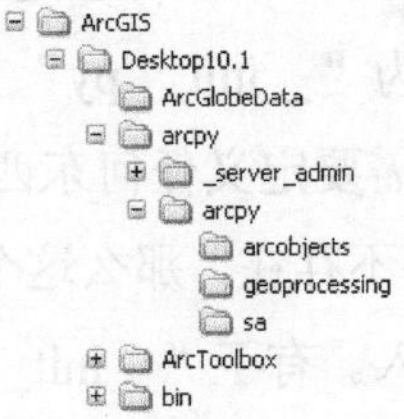

图 12.7

注释：

虽然上面所说的 ArcPy 路径是 ArcGIS 安装时默认的路径，但是该路径也会因不同的操作系统和用户自定义而不同。只要找到了 ArcGIS 的安装路径，就能找到 ArcPy 所在的文件夹。

浏览该文件夹下的内容，会发现一个名为 arcpy 的子文件夹，如图 12.8 所示。在这个文件夹中，有一个名为__init__.py 的文件，该文件使得这个文件夹变成了一个站点包，除此之外，还有许多名称相似的文件（analysis.py、cartography.py、geocoding.py 等）。

图 12.8

一般情况下，不会直接用到这些文件，但是出于教学目的，最好了解一下它们，只要不对它们进行任何修改就可以了。作为 ArcPy 安装的一部分，路径名 C:\Program Files\ArcGIS\Desctop10.1\arcpy 会添加到 PYTHONPATH 环境变量中，因此，可以直接使用 ArcPy。

本章要点

- 自定义函数可以使用 `def` 语句来定义。`def` 语句后面的代码块定义了函数具体的功能。自定义函数可以包含参数，这些参数可以是必选参数，也可以是可选参数。

- 自定义函数可以从本地脚本或者从其他脚本调用。当从其他脚本调用函数的时候，需要将包含自定义函数的脚本作为一个模块导入。因此，一个自定义模块就是一个.py 文件，该文件中至少包含一个函数。

- 可以使用 `if __name__ == 'main__':` 语句来分辨自定义函数是从自身脚本运行还是从其他脚本中导入为模块。

- 不可以通过模块的路径导入模块。模块（脚本）文件的位置应该与使用该模块的脚本文件的文件夹一样，或者是 PYTHONPATH 环境变量中定义过的。如果需要，可以在程序包中使用.pth 文件永久地添加路径或者是在脚本中使用 `sys.path.append` 添加临时路径。

- 自定义类可以方便地将函数和变量组合在一起。类可以从脚本自身或者从其他脚本中调用。

- 随着自定义函数和类的个数越来越多，就需要考虑将它们打包，类似于 ArcPy 站点包。

第四部分

创建并使用脚本工具

第 13 章 创建自定义工具

13.1 引言

本章将介绍如何将 Python 脚本转换成脚本工具。脚本工具可以将脚本文件整合到 ArcGIS 中。脚本工具既可以从 ArcToolBox 中运行，也可以在模型中使用，还可以被其他脚本调用。脚本工具也有工具对话框，对话框主要用于向脚本传递工具参数。相对来说，开发脚本工具比较简单，而且可以极大提高脚本的可交互性。脚本工具对话框中的参数可以通过下拉菜单、复选框、组合选项框等方式有效地降低用户出错的机率。除此之外，对话框的存在也减少了代码的编写量，特别是减少了错误检查代码的编写量。创建自定义的脚本工具也有助于脚本的共享。

13.2 为什么要创建自定义工具

很多 ArcGIS 的工作流都是由一系列地理处理工具组成，其中一个工具的输出结果是另一个工具的输入参数。ModelBuilder 和脚本都可以实现工具序列的自动运行。因为由 ModelBuilder 创建的模型被存储在工具箱文件（.tbx 文件）或地理数据库中，所以模型只能在 ArcGIS for Desktop（如 ArcMap 或 ArcCatalog）的内部运行；然而，脚本（.py 文件）可以通过以下两种方式运行。

（1）作为独立的脚本运行。这种情况下的脚本是从操作系统或从 Python 编辑器（如 PythonWin）中运行。如果脚本中用到了地理处理工具，则需要安装并注册 ArcGIS for Desktop 软件。但在脚本运行时，不需要打开 ArcGIS for Desktop 的软件。例如，可以设置脚本的运行时间，操作系统会在预设的时间直接运行脚本。

（2）作为 ArcGIS 中的工具运行。这种情况下的脚本将被转换成一个脚本工具，并在

ArcGIS for Desktop 软件的内部运行。这种脚本工具同 ArcGIS 的系统工具一样，既可以通过工具对话框运行，也可以被其他的脚本、模型或工具调用。

与独立的脚本相比，脚本工具有以下诸多优势：

- 脚本工具有工具对话框，通过对话框中内置的验证和错误检查机制，可以方便地进行参数设置。
- 脚本工具是地理处理不可或缺的一部分。既可以在 ArcMap 中的 Catalog 窗口或 Search 窗口获取脚本工具，也可以在 ModelBuilder 或者 Python 窗口中使用脚本工具，还可以在其他脚本中调用脚本工具。
- 脚本工具可以完全整合到调用它的应用程序中。这意味着任何应用程序（如 ArcMap）都可以将其环境参数传递给工具。
- 脚本工具运行的相关信息将会输出到 Results 窗口里。
- 脚本工具同系统工具一样，也可以提供帮助文档。
- 创建脚本工具有助于和其他用户分享脚本的功能。
- 一个完美的脚本工具可以使用户在不懂 Python 的情况下，也能使用它的功能。

13.3 创建自定义工具的步骤

创建脚本工具的步骤如下：

（1）创建一个 Python 脚本，并保存成.py 文件。

（2）创建一个自定义工具箱（.tbx 文件），用于存放脚本工具。

（3）通过脚本添加向导向自定义工具箱中添加工具。

（4）修改脚本的输入和输出变量，以便它能无缝地整合到地理处理框架中。

可以在 ArcCatalog 或 ArcMap 中的 Catalog 窗口里创建自定义工具箱。在 Catalog 窗口中，找到 Toolboxes，右击 My Toolboxes，点击 New > Toolbox，然后为新工具箱命名。

注释：

不要点击 New > Python Toolbox，因为 Python 工具箱是完全在 Python 中创建的，而不是在

ArcGIS 创建的。在这里只需要一个新的工具箱，如图 13.1 所示。

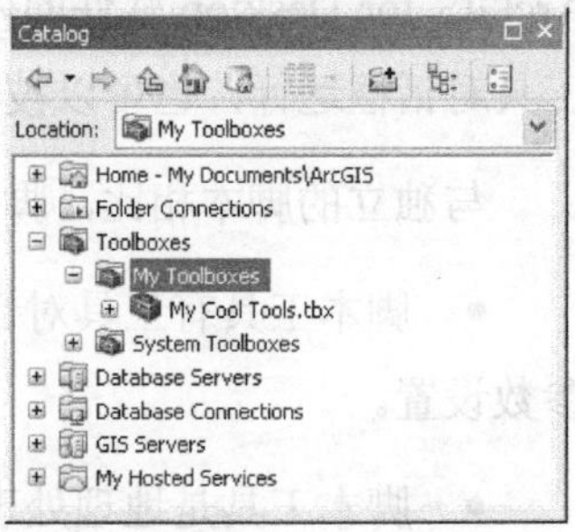

图 13.1

本节将介绍如何使用自定义工具箱创建脚本工具。ArcGIS10.1 已经引入了 Python 工具箱，它既增强了自定义工具箱的功能，又方便于创建新的脚本工具。

在创建了自定义工具箱后，就可以将它添加到 ArcToolBox 中了。可以把它从 Catalog 窗口中拖拽到 ArcToolbox 中，或者在 ArcToolbox 中右击 Add Toolbox，然后在文件夹中浏览并添加工具箱的文件。

一个工具箱对应了一个.tbx 文件，该文件可以存放在计算机的任意位置。My Toolboxes 文件夹是组织自定义工具箱的逻辑地址，它也可以存放在任意文件夹里，例如 C:\EsriPress\Python\Data\MyCoolTools.tbx。自定义工具箱文件也可以存放在地理数据库中，像数据库中的其他元素一样，地理数据库中的工具箱文件也没有文件后缀名，例如 C:\EsriPress\Python\Data\study.gdb\MyCoolTools。

在 ArcToolBox 中创建脚本工具，可以右击一个自定义的工具箱，点击 Add > Script。只有工具箱具有写访问权限，才能向工具箱中添加工具。因此，在 ArcToolBox 任何一个系统工具箱中都无法添加新的工具。

Add Script 向导有三个对话框。第一个对话框用来设置脚本工具的名称、标签以及描述。第二个对话框用来设置脚本文件（.py）的路径。第三个对话框用来设置脚本工具的参数。下面将详细介绍每一个对话框。

本节将以下面的脚本为例，介绍如何创建脚本工具。该脚本将工作空间里的所有要素类创建成一个要素类列表，然后将这些要素类复制到一个现有的地理数据库中。

```
# Python script: copyfeatures.py
# This script copies all feature classes from a workspace into
# a file geodatabase.

# Import the ArcPy package.
import arcpy
import os

# Set the current workspace.
from arcpy import env
env.workspace = "C:/Data"
```

```
# Create a list of feature classes in the current workspace.
fclist = arcpy.ListFeatureClasses()
# Copy each feature class to a file geodatabase-keep the same
# name but use the basename property to remove any file
# extensions, including .shp.
for fc in fclist:
    fcdesc = arcpy.Describe(fc)
    arcpy.CopyFeatures_management(fc,os.path.join("C:/Data/study.gdb/", fcdesc.
basename))
```

这个脚本是作为一个独立脚本编写的。在该脚本中，当前工作空间和地理数据库都是直接指定的。作为一个独立的脚本，它可以正确地运行，但是如果要把它转换成一个脚本工具，则还需要对它进行一定的修改。

在 ArcToolBox 中，右击一个自定义的工具箱，点击 Add > Script，进入添加脚本向导的第一个对话框，如图 13.2 所示。

向导的第一个对话框是用来设置脚本工具的名称、标签、描述和样式表。

- 脚本工具的名称用于运行脚本工具。该名称中不能包含空格。
- 脚本工具的标签是脚本工具在 ArcToolBox 中的显示名称。该名称中可以包含空格。

以 Get Count 工具为例。该工具以其标签所示的名称显示在 ArcToolBox 中。但是在 Python 中调用该工具时，就需要使用它的名称：GetCount 如图 13.3 所示。

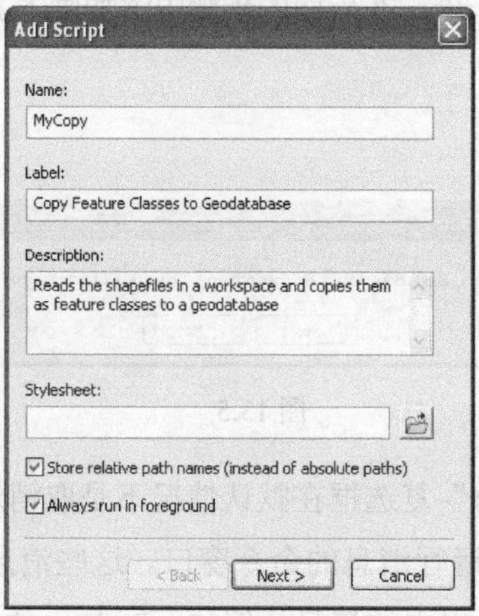

图 13.2

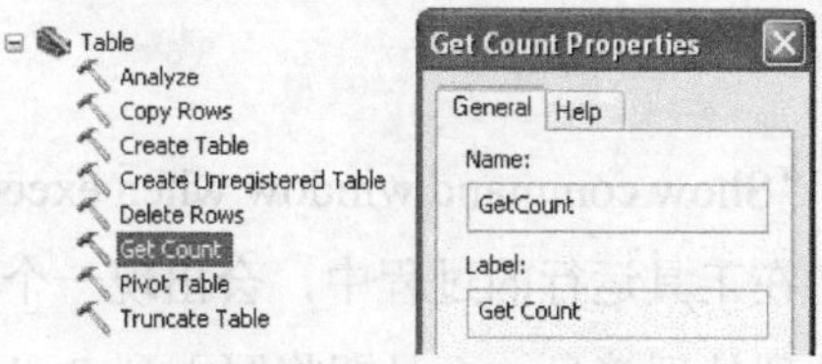

图 13.3

脚本工具的描述是一个可选项，它可以为工具提供一个自定义的描述。该描述文本将自动添加到该工具对话框的 Help 面板里。

- 可以选择一个样式表。如果样式表文本框为空，将会使用默认的样式表。样式表用于控制工具对话框中所有选项的属性。一个样式表提供了一种样式和布局信息。ArcToolBox 中的所有系统工具都使用默认样式表。一般来说都希望自定义的工具和系统工具一样，所以采用默认的样式表就可以了。

- 也可以选中“Store relative path names”复选框。选中后，脚本工具所引用的脚本文件的路径名将以相对路径而不是绝对路径的形式存储。这里仅将脚本文件的路径名存储为相对路径。脚本代码中的路径名不会因此改变。如果想要共享这个脚本工具，最好将该复选框选中。

- 可以选中“Always run in foreground”复选框。选中后，即使在地理处理选项中启用了后台处理选项，该脚本工具也将在前台运行（后台运行可以允许在工具运行的同时继续操作 ArcGIS 软件）。有一些脚本需要前台运行，例如制图脚本，因为它需要使用 CURRENT 关键字来获取 ArcMap 中的当前地图文档。对于其他脚本而言，选择前台处理还是后台处理则根据个人习惯而定。

在向导的第二个对话框里，如图 13.4 所示，可以设置以下内容。

- 将要运行的脚本文件的完整路径。可以通过 Browse 按钮找到现有的脚本文件，也可以直接输入该文件的路径名。如果输入了一个不存在的脚本文件的路径名，那么向导将会提示是否要新建一个空脚本，如图 13.5 所示。也可以跳过这一步，在后面的步骤中添加脚本文件。

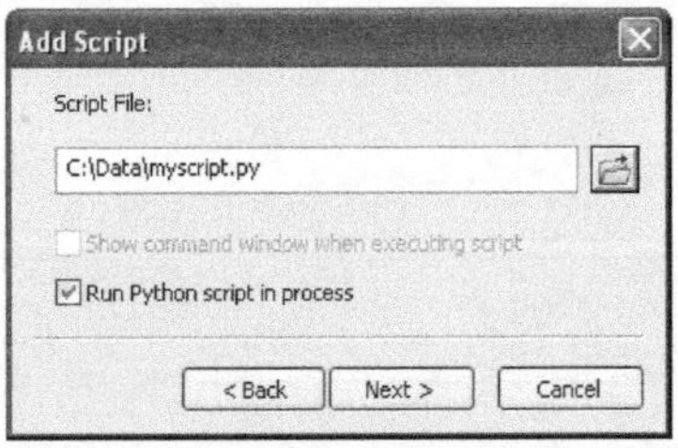

图 13.4

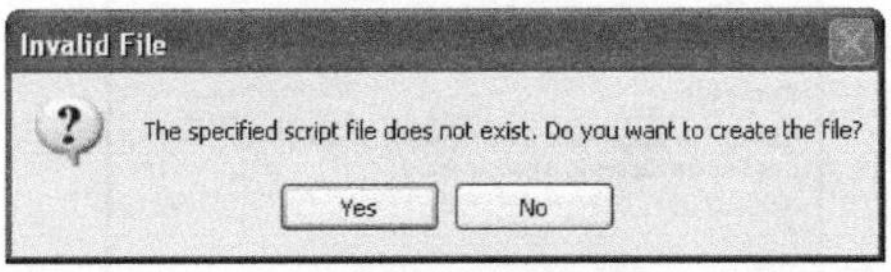

图 13.5

- “Show command window when executing script”复选框在默认情况下是取消选中的。选中时，在工具运行的过程中，会出现一个用于显示运行消息的命令窗口。这些消息并不是标准的地理处理消息，而是即将写入到 Python 标准输出中的消息。例如，Python 的 print 语句可以将消息写入到标准输出（例如 PythonWin 的交互式窗口）里。如果脚本中有这样的语句，只有选中该复选框，才会出现此消息。被脚本工具引用的脚本通常输出地理处理消息，而不是 Python 标准输出。因此除非需要查看相关消息，一般情况下都不选中该复选框。

- “Run Python script in process”复选框在默认情况下是选中的。选中时，Python 脚本的执行速度会更快，所以通常情况下，该选项是选中的。在进程中运行要求脚本中涉及到的所有模块（例如标准模块 os、string 和 math）都在进程中运行。但是，第三方提供的非标准模块可能不包含要在进程中运行所需的必要逻辑。所以如果在脚本中使用了第三方模块，并出现了一些意想不到的问题，请尝试取消选中该选项，然后再次运行脚本。

如图 13.6 所示，向导的第三个对话框是用来设置脚本工具的参数。默认情况下，参数列表为空，但大多数工具都至少需要一个输入参数和一个输出参数。对话框上半部分是用来创建参数的，下半部分是用来设置每个参数的属性。参数设置及其参数属性的详细信息将在本章后面的部分进行介绍。

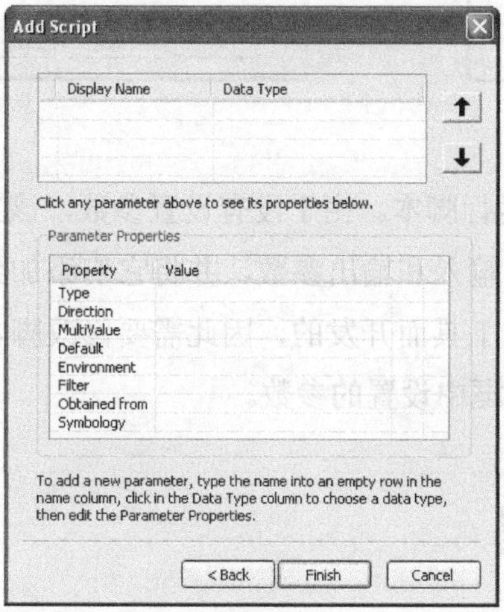

图 13.6

点击 Finish 按钮，从而完成添加脚本向导。此时，自定义工具箱中就添加了一个脚本工具，如图 13.7 所示。

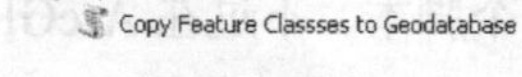

图 13.7

在添加脚本向导里的所有设置都可以通过右击相应的工具，并点击 Properties 来修改。如图 13.8 所示，属性对话框中的前三个选项卡（General、Source 和 Parameters）分别对应了添加脚本向导中的三个对话框。属性对话框中的另外两个选项卡分别是 Validation 和 Help。这两个选项卡将在本章后面的部分进行介绍。

新建的脚本工具可以和其他常规工具一样使用。在工具箱中，右击该工具然后点击 Open

或者直接双击该工具。此时工具对话框是空的，这是因为在添加脚本向导的第三个对话框中并没有设置参数。右边的 Help 面板是对工具的描述，但是现在还没有内容，如图 13.9 所示。

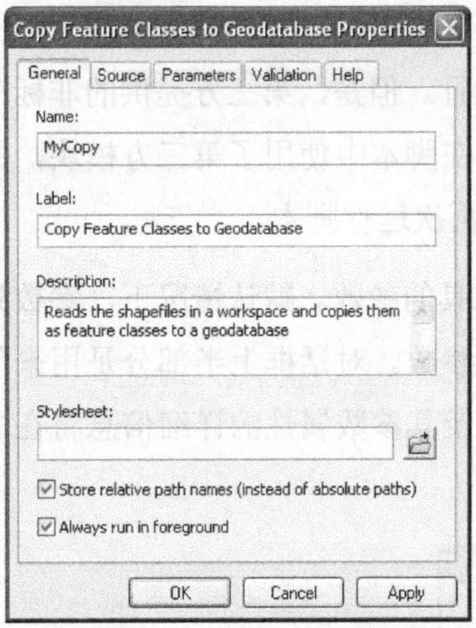

图 13.8

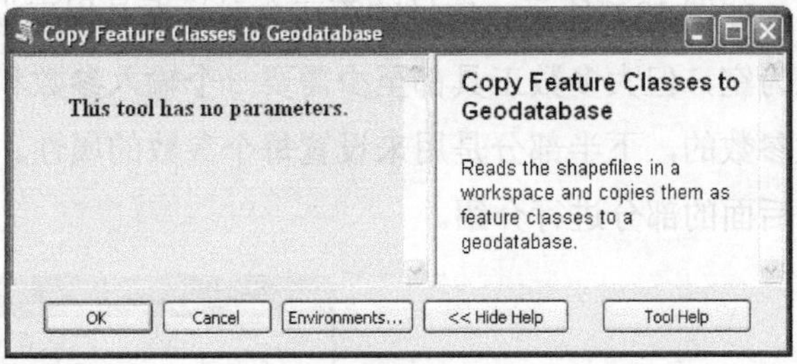

图 13.9

点击 OK 运行工具，即运行脚本。由于没有设置参数，该工具将无法运行。创建脚本工具过程中最关键的一步是创建输入和输出参数，并将它们添加到工具对话框中。然而，原始的脚本文件并不是专门为脚本工具而开发的，因此需要修改脚本文件中的一些代码，以使脚本文件可以接收脚本工具对话框中设置的参数。

13.4 编辑脚本代码

创建完脚本工具后，一般情况下都需要对脚本进行修改，以保证工具对话框和脚本可以无缝地衔接。测试工具时，需要在运行工具和编辑代码之间来回操作，直到工具可以按照预期的要求工作。测试时，Python 编辑器可以一直处于打开状态。可以从 Python 编辑器里打开一个脚本，不过在 ArcGIS 中还有更方便的方法。右击工具箱中的工具，点击 Edit。这样就可以在 Python 编辑器（例如 IDLE 和 PythonWin）里打开 Python 脚本。使用何种编辑器打开脚本文件可以在地理处理选项中进行设置。在 ArcGIS for Desktop 菜单栏里，点击 Geoprocessing > Geoprocessing Options 可以设置相关地理处理选项，如图 13.10 所示。

如果选择 PythonWin 作为编辑器，需要浏览到 PythonWin 的位置，通常情况下，该应用的路径是 C:\Python27\ArcGIS10.1\Lib\site-packages\PythonWin\PythonWin.exe，不过该路径很

大程度上取决于 Python 安装在计算机上的方式。一旦设置好脚本编辑软件，任何从 ArcGIS 中打开的脚本都会使用这个编辑软件打开。

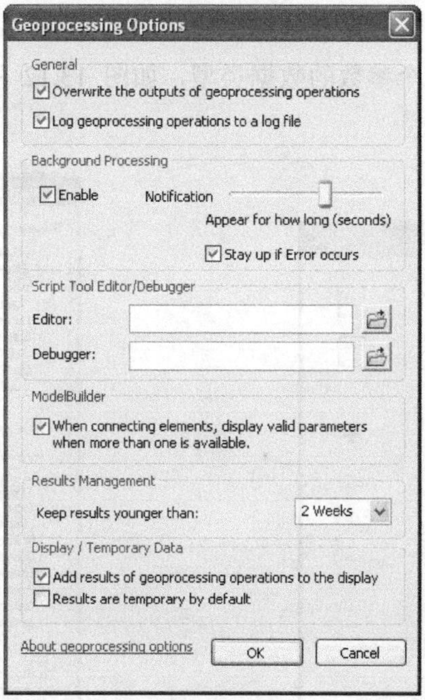

图 13.10

既然现在已经创建好脚本工具，而且也可以查看它的代码，那么现在就应该仔细研究一下参数了。

13.5 工具参数

所有的地理处理工具都具有参数。参数值是通过工具对话框进行设置。在独立的脚本中，参数一般是在脚本中进行设置，除非脚本需要有用户输入。对于工具而言，参数是通过工具对话框进行设置。工具运行时，参数值将从对话框传入脚本中。脚本会读取并使用这些参数值。创建并使用参数需要如下步骤：

- 在脚本中编写用于接收参数的代码。
- 在工具属性对话框中设置参数。

接下来将通过介绍一个内置脚本工具——Multiple Ring Buffer 工具，来介绍参数设置的方法。该工具的对话框如图 13.11 所示。

Multiple Ring Buffer 工具总共有 7 个参数，其中有 3 个参数是必选参数。在工具属性对话框的参数选项卡里，列出了和工具对话框中相同的 7 个参数，而且排列顺序都是相同的。在该选项卡中，还显示了每一个参数的数据类型，如图 13.12 所示。例如输入要素是要素图层，缓冲区单元是字符串类型。

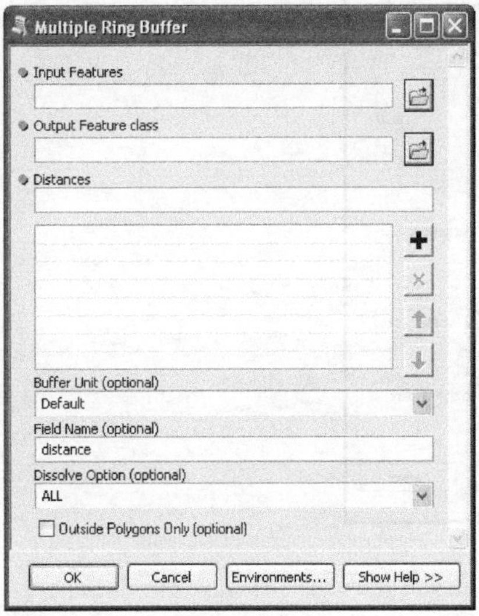

图 13.11

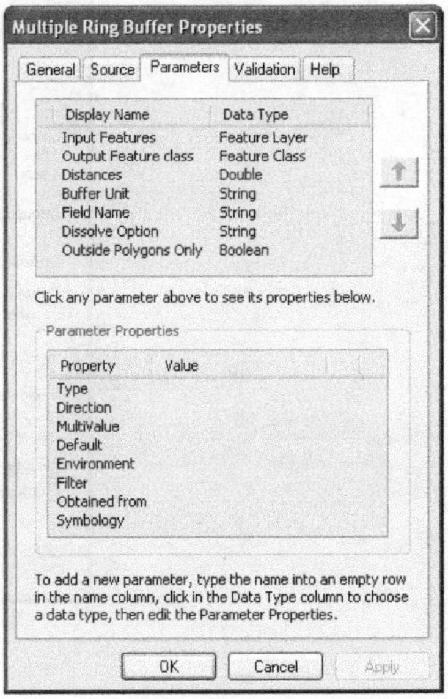

图 13.12

注释：

由于 Multiple Ring Buffer 工具是一个内置工具，所以只能查看它的参数表，但是不能查看或者编辑参数的属性。同时，由于这些参数是只读的，所以参数面板是灰色的。如果想要更详细地了解参数的信息，可以将这个工具复制到自定义工具箱中。在自定义工具箱中，可以随意读写工具参数的属性。

一旦用户通过工具对话框设置了 Multiple Ring Buffer 工具的参数后，就可以运行该工具。工具运行后，输入的参数值将会传递给脚本。打开脚本的代码，可以查看脚本是如何接收这些参数值的。如图 13.13 所示，以 PythonWin 编辑器中展示的 Multi Ring Buffer.py 脚本为例，脚本中包含了多个模块导入语句以及一些注释语句，此外，还包含了一段用于接收参数的代码。

```
import arcgisscripting
import os
import sys
import types
import locale

gp = arcgisscripting.create(9.3)

#Define message constants so they may be translated easily
msgBuffRings  = gp.GetIDMessage(86149) #"Buffering distance "
msgMergeRings = gp.GetIDMessage(86150) #"Merging rings..."
msgDissolve   = gp.GetIDMessage(86151) #"Dissolving overlapping boundaries..."

def initiateMultiBuffer():


    # Get the input argument values
    # Input FC
    input          = gp.GetParameterAsText(0)
    # Output FC
    output         = gp.GetParameterAsText(1)
    # Distances
    distances      = gp.GetParameter(2)
    # Unit
    unit           = gp.GetParameterAsText(3)
    if unit.lower() == "default":
        unit = ""
    # If no field name is specified, use the name "distance" by default
    fieldName      = checkFieldName(gp, gp.GetParameterAsText(4), os.path.dirname(output))
    #Dissolve option
    dissolveOption  = gp.GetParameterAsText(5)
    # Outside Polygons
    outsidePolygons = gp.GetParameterAsText(6)
    if outsidePolygons.lower() == "true":
        sideType = "OUTSIDE_ONLY"
    else:
        sideType = ""

    createMultiBuffers(gp, input, output, distances, unit, fieldName, dissolveOption, sideType)
```

图 13.13

脚本是通过 GetParameterAsText 和 GetParameter 函数接收工具传递过来的参数。虽然上面的脚本使用的是 9.3 版本下的 ArcGISscripting 模块，但是它与 ArcGIS10 的运行原理是一样的。

GetParameterAsText 函数的语法如下所示：

```
<variable> = arcpy.GetParameterAsText(<index>)
```

这个函数唯一的一个参数就是脚本工具对话框内各参数的索引值。脚本工具对话框内的参数是以列表的形式传递给脚本，而脚本正是通过 GetParameterAsText 函数将对话框传递过来的参数值赋值给变量。图 13.14 和图 13.15 展示了脚本工具对话框上的参数与 GetParameterAsText 函数的索引值的对应关系。例如输入要素对应（0），输出要素类对应（1），距离对应（2）。

不管工具对话框内的参数是何种数据类型，GetParameterAsText 函数都会将它以字符串的形式接收。数值、布尔值等各种数据类型都会转化为字符串型，会有专门的代码正确读取并解析这些字符串。例如，读取并解析参数 Outiside Polygons Only 的代码如下：

```
outsidePolygons = gp.GetParameterAsText(6)
If outsidePolygons.lower()=="ture":
    sidetype = "OUTSIDE_ONLY"
Else:
    sideType=""
```

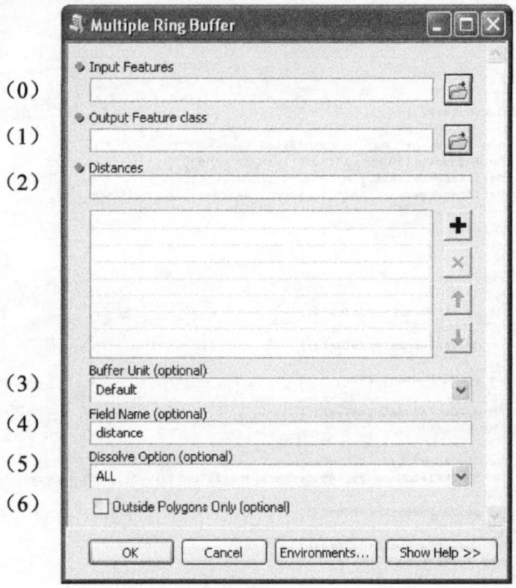

图 13.14

```
def initiateMultiBuffer():

    # Get the input argument values
    # Input FC
    input           = gp.GetParameterAsText(0)
    # Output FC
    output          = gp.GetParameterAsText(1)
    # Distances
    distances       = gp.GetParameter(2)
    # Unit
    unit            = gp.GetParameterAsText(3)
    if unit.lower() == "default":
        unit = ""
    # If no field name is specified, use the name "distance" by default
    fieldName       = checkFieldName(gp, gp.GetParameterAsText(4), os.path.dirname(output))
    #Dissolve option
    dissolveOption  = gp.GetParameterAsText(5)
    # Outside Polygons
    outsidePolygons = gp.GetParameterAsText(6)
    if outsidePolygons.lower() == "true":
        sideType = "OUTSIDE_ONLY"
    else:
        sideType = ""

    createMultiBuffers(gp, input, output, distances, unit, fieldName, dissolveOption, sideType)
```

图 13.15

工具对话框中的 Outiside Polygon Only 参数是一个布尔类型，它的值为 True 或 False。这两个值都会转为字符串类型。因此，条件语句中使用了字符串值的"true"而非布尔类型的值 True。

在工具对话框中，脚本通过 GetParameter 函数接收参数 Distances，这是因为该参数包含了一系列值而不是一个值。GetParameter 函数能将这一系列值存储在列表中。

注释：

函数 sys.argv 也具备函数 `GetParameterAsText` 和 `GetParameter` 的功能，但是，函数 sys.argv 的使用具有明显的缺陷，因为它只能接收有限个字符。因此，推荐使用函数 `GetParameterAsText` 和 `GetParameter`。在 ArcGIS 9.2 之前的版本中，函数 `GetParameterAsText` 和 GetParameter 只能被脚本工具使用，独立的脚本只能使用函数 sys.argv。因此后者常见于老版的脚本中。由于函数 sys.argv 的索引值从 1 开始，所以 `sys.Argv[1]` 等同于 `GetparameterAsText(0)`。

工具的每一个参数都会关联一种数据类型。只有在设置了正确的数据类型的情况下，工具对话框才会将该参数传递到脚本中。用户输入的值会和参数的数据类型进行比较，如果类型相符才会将值传递给脚本。由于脚本工具具有数据类型的验证机制，所以脚本工具所对应的脚本不需要编写检查无效参数的代码，这也是脚本工具优于独立脚本的一个方面。

前面提到的 Multiple Ring Buffer 工具中所有参数的数据类型包括 1 个要素层（feature layer）、1 个要素类（feature class）、1 个双精度型（double）、3 个字符串型（strings），以及 1 个布尔型（Boolean），如图 13.16 所示。自定义工具的参数还可以采用更多的数据类型，例如 address locator 和 Z domain 等。选择参数的数据类型要十分谨慎，因为它们控制着脚本工具对话框和脚本之间的交互。

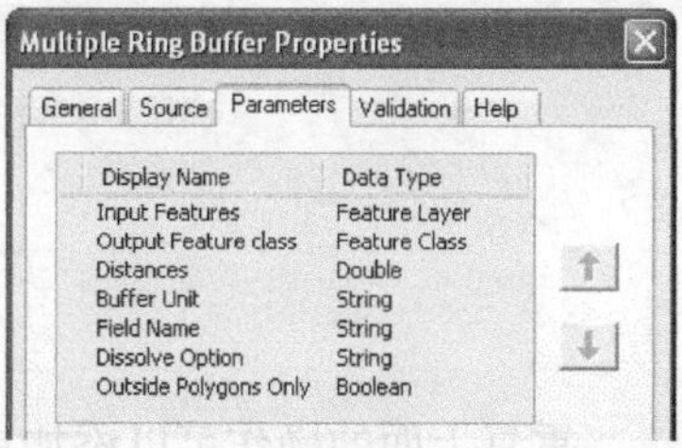

图 13.16

为参数选定了数据类型之后，工具对话框就会使用这些数据类型来检查传入的参数值。例如，如果输入了一个不符合数据类型的路径，工具对话框就会报错。在图 13.17 中，输入要素的数据类型是要素层，所以输入一个其他的数据类型，例如 C:\Data\dem，工具对话框将会报错（图 13.18），并且会阻止工具运行。这种内置查错机制可以避免用户输入错误的数据类型。事实上，工具运行时，对话框已经验证了输入要素是一个要素层，并且在脚本中不需要编写多余的脚本代码去验证输入的数据类型。

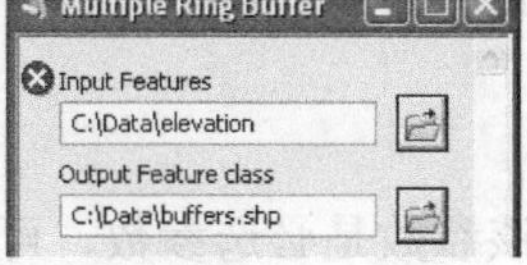

图 13.17

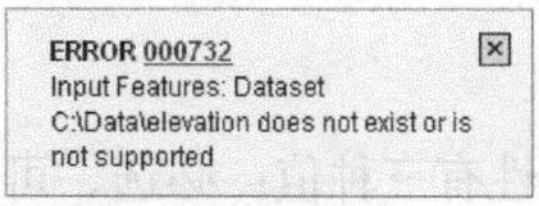

图 13.18

数据类型属性也可以用于从文件夹中浏览数据。只有和参数具有相同数据类型的数据才可能显示出来。这一功能可以避免输入错误的数据路径。

13.6 设置工具参数

脚本工具的参数既可以在工具创建时通过添加脚本向导进行设置，也可以在工具创建后通过工具属性对话框进行设置。无论哪种方法，其效果是一样的。

打开工具属性对话框，选择 Parameters 选项卡，在 Display Name 栏里输入参数的名称，在数据类型栏里通过下拉菜单选择对应的数据类型，如图 13.19 所示。

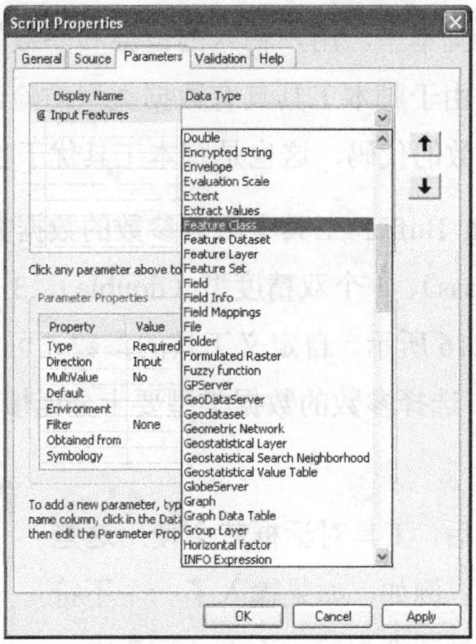

图 13.19

重复上面的操作可以添加更多的参数。可以选择其中某一个参数，并通过上下箭头调整它们的顺序。

Parameters 选项卡的下半部分显示的是每一个参数的属性。新建了一个参数后，系统会根据它的数据类型，自动为参数添加默认的属性值。下面将详细介绍几个关键的属性。其他属性可以在 ArcGIS Desktop Help 中的“Setting script tool parameters”里查阅。

Type

Type 属性有三种值：必选、可选以及派生。必选表明该参数是必选参数，可选表明该参数是可选参数。一般情况下，系统都会为可选参数设置默认的参数值。派生参数只适用于输出参数。派生的输出参数不显示在工具对话框中。

下面是几种使用派生数据的情况：

- 脚本工具的输出结果是一个值而不是数据集。这种类型的值一般被称为标量。
- 脚本工具是根据其他参数中的信息创建输出结果。
- 脚本工具不生成新的结果，而是修改输入的数据。

所有的工具都必须有输出参数，这样它才能在模型中使用。为了实现这一目标，有时候只能使用派生参数。使用派生参数的工具有 Get Count 工具和 Add Field 工具。

如图 13.20 所示，Get Count 工具的输入参数可以是要素类、属性表、图层或者栅格数据。该工具的输出结果是行数的数值，该数值是一个标量，它是以结果对象的形式返回。该工具包含了一个输出参数，它是派生参数，所以不会出现在对话框中。

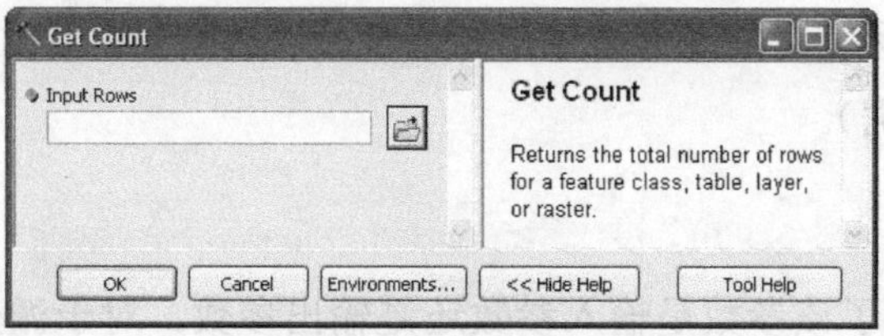

图 13.20

Add Field 工具可以向输入表中添加一个新的字段。输入表是一个必选参数，字段名称也是必选参数。其余参数都是可选参数，该工具的对话框如图 13.21 所示。

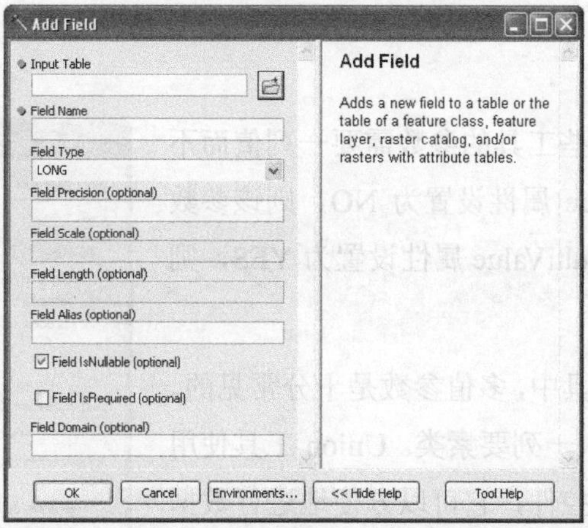

图 13.21

注释：

用户一般不会直接通过 ArcToolbox 运行 Get Count 工具。虽然该工具运行的结果也能输出到 Results 窗口中，但是通常情况下，用户是将该工具的输出结果作为模型或脚本的一个输入参数。Get Count 工具还经常用于条件语句。例如，如果该工具的输出结果为 0，那么相应的程序就将停止运行。

运行工具，属性表中会添加一个新的字段。工具的输出结果是一个修改后的属性表或要素类。因为这个属性表或要素类是一个输入参数，所以没有必要在工具对话框中设置输出参数。因此，工具输出参数的类型是派生参数。在 ModelBuilder 中使用该工具可以直观地看到该参数，如图 13.22 所示。

图 13.22

在如图所示的模型中查看输入要素类和输出结果的属性，可以发现它们引用的是同一个要素类。实际上，用户无法设置或修改输出结果（可以在模型中修改输出结果的别名，但是不能修改它所对应的数据）。

Direction

Direction 属性定义了该参数是输入参数还是输出参数。对于派生参数而言，该参数的 Direction 属性将自动设置为输出参数。每一个工具都需要有输出参数，这样才能保证它能够在 ModelBuilder 中使用。虽然从理论上来说，没有输出参数的脚本也能运行，但是，如果要运行 ModelBuilder，则必须为每一个工具设置输出参数。只有这样，该工具在模型中才可以作为其他工具的输入参数。

MultiValue

在 ArcGIS 中，有一些工具的参数需要一列值而不是单个值。如果 MultiValue 属性设置为 NO，则该参数只能设置一个值。如果 MultiValue 属性设置为 YES，则该参数可以设置一列值。

在内置的地理处理工具中，多值参数是十分常见的。例如，Union 工具需要输入一列要素类。Union 工具使用的是系统默认的多值参数控件，它可以方便地进行数据添加、删除和重排序操作，如图 13.23 所示。

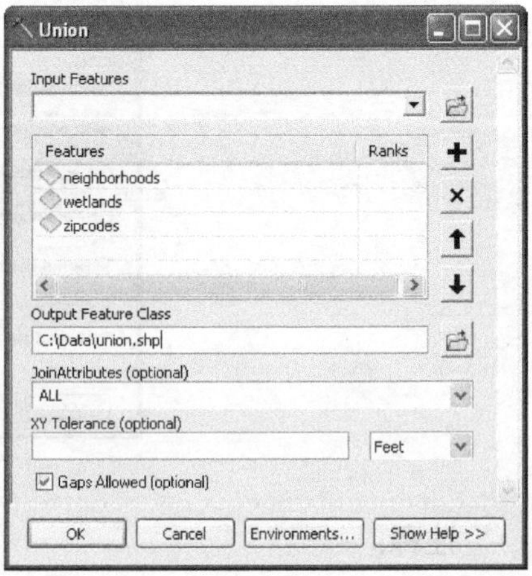

图 13.23

另一种多值参数控件是复选框列表。它在处理字段的时候经常用到，例如 Delete Field 工具中就是使用该复选框列表。复选框也可以用于过滤值列表，该内容将在本节后面的部分进行介绍。

多值参数将以字符串形式传递给脚本，字符串中的每一个参数值由分号（;）隔开。Python 中的 split 函数可以将字符串创建成列表。Split 函数的语法如下：

```
import arcpy
input = arcpy.GetParametersAsText(0)
inputList = input.split(";")
```

也可以使用 GetParameter 函数获取一个 ValueTable 对象，而不是字符串。在 ValueTable 中，参数值被存储在一个可视化的表中。ValueTable 对象是为多值参数专门设计的。

由于工具对话框中的参数具有不同的类型，因此在编写脚本代码时，需要了解从工具对话框传递到脚本中的参数的类型。

Default

参数的默认值是指打开脚本工具对话框时，参数控件里的内容。如果没有设置默认值，则工具对话框的参数控件里是空值。如果设置了默认值，则 Environment 属性将不可用。

Environment

参数的默认值也可以通过 Environment 属性进行设置。双击 Environment 属性右边的单元格，就可以设置需要进行环境设置的名称。如果设置了该属性，那么它的默认值将从地理处理框架里的环境设置里获得。如果设置了环境属性，则它所对应的默认值将会被忽视，所以只需要设置其中一个就可以了。

Filter

Filter 属性可以限制输入参数的数据类型。可以根据所需要的数据类型，设置各种类型的过滤器。这些过滤器类型包括值列表、范围、要素类、文件、字段和工作空间。

通常，只可以选择一种过滤器类型。例如，如果参数的数据类型是要素类，则仅有要素类过滤器符合。但是，长整型和双精度型例外，它们既适用于值列表过滤器，也适用于范围过滤器。

通过不同的过滤器可以检查参数的输入数据是否合法。谨慎设置过滤器类型可以提高工具的稳定性。可以在 ArcGIS Desktop Help 中的“Setting script tool parameters”里查阅各种过滤器类型。

Obtained from

在很多情况下，工具的某个参数是根据该工具的另一个参数获得的，例如 Delete Field 工具，如图 13.24 所示。

Delete Field 工具第一个参数是一个输入表，第二个参数是删除字段，它是一个字段列表。只有在设置了输入表的情况下，才能获得字段列表，如图 13.25 所示。

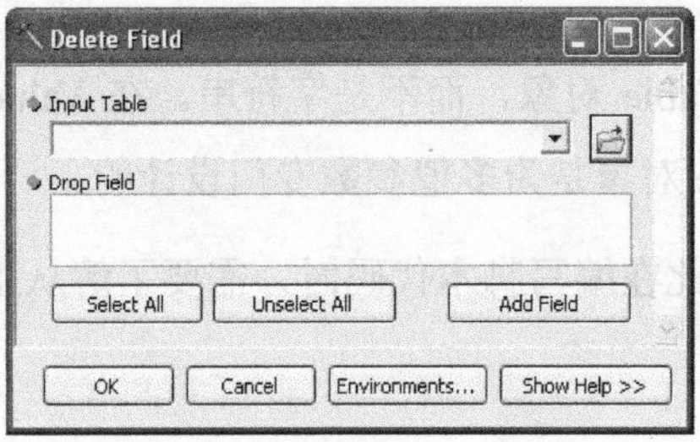

图 13.24

图 13.25

上述情况就是通过“获取自”属性进行设置。在删除字段工具中，删除字段的获取自属性就是设置为输入表。

使用 Obtained from 的另一个原因是为了处理派生参数。例如，如果输入表被一个工具修改了，那么派生参数的 Obtained from 属性就需要设置成该输入参数。在 Delete Field 工具中，输出参数的 Obtained from 属性需要设置为输入表。

注释：

派生输出参数在工具对话框中是不可见的。

Symbology

默认情况下，地理处理工具的结果将会加载到 ArcMap 内容列表中。可以在 Geoprocessing Options 对话框中设置 Display/Temporary Data 选项。

如果在 Symbology 属性栏里设置了一个自定义图层文件，那么通过 Add Data 按钮加载到 ArcMap 中的图层将按照该图层定义的符号系统进行绘制。要素类、栅格、TINs 等数据可以设置符号化属性。设置了该属性的参数类型可以是必选，也可以是派生，但是参数的 Direction 属性必须设置为输出参数以保证 Symbology 属性可用，如图 13.26 所示。

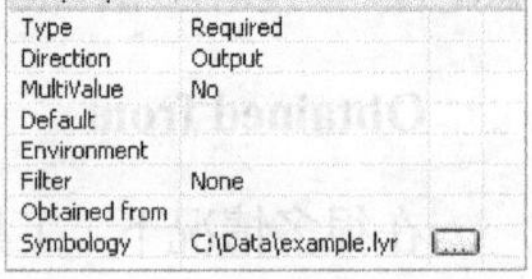

Property	Value
Type	Required
Direction	Output
MultiValue	No
Default	
Environment	
Filter	None
Obtained from	
Symbology	C:\Data\example.lyr

图 13.26

需要注意的是，设置 Symbology 属性并不能控制输出结果是否添加到 ArcMap 内容列表中，因为这一功能需要在 ArcMap 的 Geoprocessing Options 中进行设置。

13.7　脚本工具示例

本节将介绍如何将独立脚本转换为脚本工具。下面的代码在本章开始的部分已经出现过，它可以将工作空间中所有的 shapefiles 转换到地理数据库中。在本例中，该脚本位于 C:\Sharedscripts 文件夹。脚本的内容如下：

```
# Python script: copyfeatures.py
# This script copies all feature classes from a workspace to
# a file geodatabase.

# Import the ArcPy package.
import arcpy
import os

# Set the current workspace.
from arcpy import env
env.workspace = "C:/Data"

# Create a list of feature classes in the current workspace
fclist = arcpy.ListFeatureClasses()

# Copy each feature class to a file geodatabase - keep the same
# name but use the basename property to remove any file
# extensions, including .shp
for fc in fclist:
    fcdesc = arcpy.Describe(fc)
    arcpy.CopyFeatures_management(fc, "C:/Data/study.gdb/" + fcdesc.basename)
```

其中两个直接编码的工作空间需要通过 GetParameterAsText 函数进行修改。修改后的脚本如下：

```
import arcpy
import os
from arcpy import env
env.workspace = GetParameterAsText(0)
outgdb = GetParameterAsText(1)
fclist = arcpy.ListFeatureClasses()
for fc in fclist:
    fcdesc = arcpy.Describe(fc)
    arcpy.CopyFeatures_management(fc, os.path.join(outgdb, fcdesc.basename))
```

在 My Toolboxes 中创建一个自定义工具箱，该工具箱可以拖曳到 ArcToolbox 里，如图 13.27

所示。

右击自定义工具箱，点击 Add > Script，可以新建一个脚本工具。在 Add Script 对话框的第一个选项卡中，设置工具的名称、标签和描述，并确定是否保存相对路径名以及是否在前台运行，如图 13.28 所示。

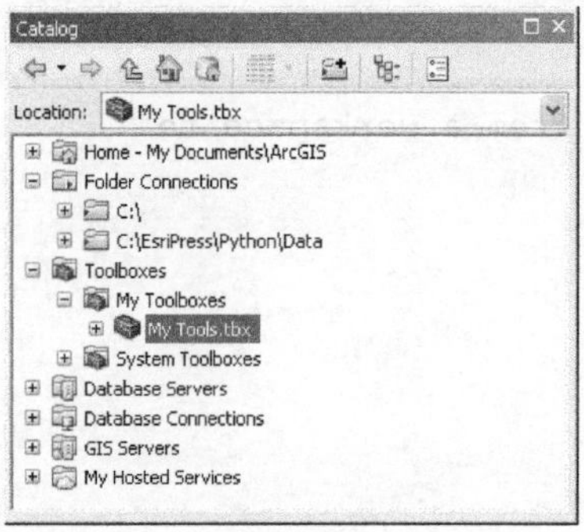

图 13.27

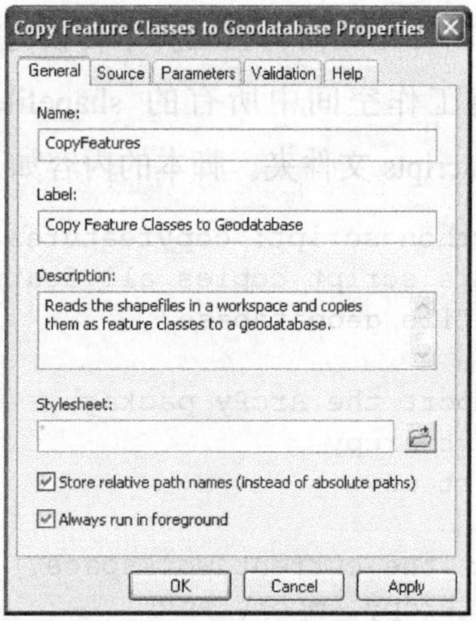

图 13.28

在 Add Script 对话框的第二个选项卡中，浏览并选择脚本文件。在本例中，脚本文件的路径为：C:\Sharedscripts\copyfeatures.py，如图 13.29 所示。其余设置保留默认值。

在 Add Script 对话框的第三个选项卡中，可以设置参数。第一个参数是输入工作空间，在 Display Name 中输入参数名 Input Workspace，在数据类型中选择 Workspace，如图 13.30 所示。

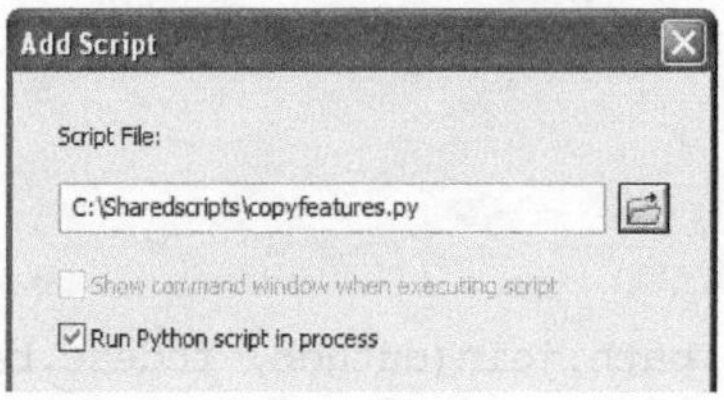

图 13.29

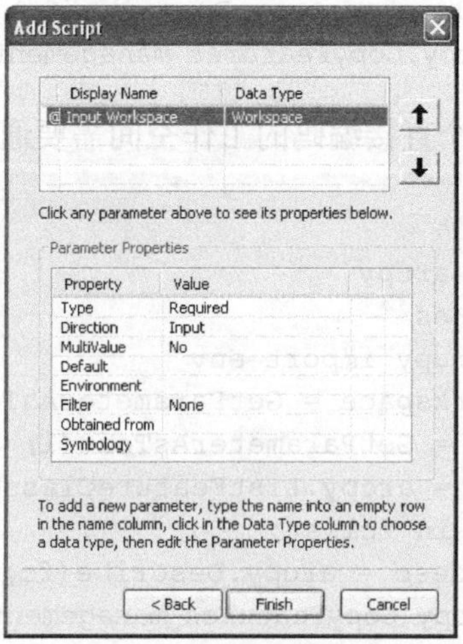

图 13.30

然后设置该参数的属性，点击 Filter 属性，选择 Workspace，如图 13.31 所示。在 Workspace 类型下，清除 Local database 和 Remote database 复选框，如图 13.32 所示。

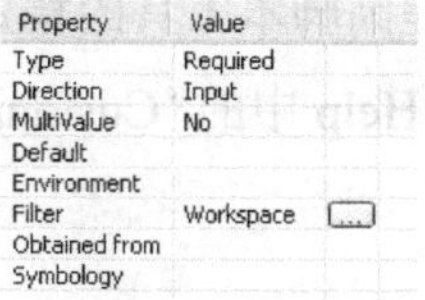

图 13.31

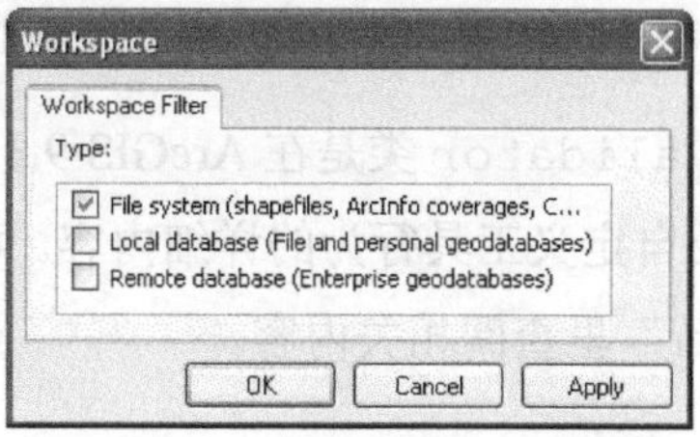

图 13.32

第二个参数是 Output WorkSpace，在 Display Name 中输入参数名 Output Workspace，在 Data Type 中选择 Workspace。在该参数的属性对话框中，将 Direction 属性设置为 Output，如图 13.33 所示。

在 Add Script 对话框中，点击 `Finish` 键，结束脚本工具的创建。在添加完参数并设置了参数属性后，脚本工具将会显示出如图 13.34 所示的对话框：

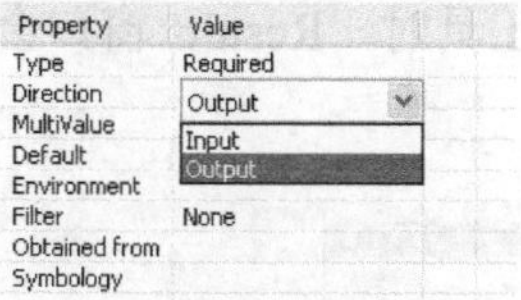

图 13.33

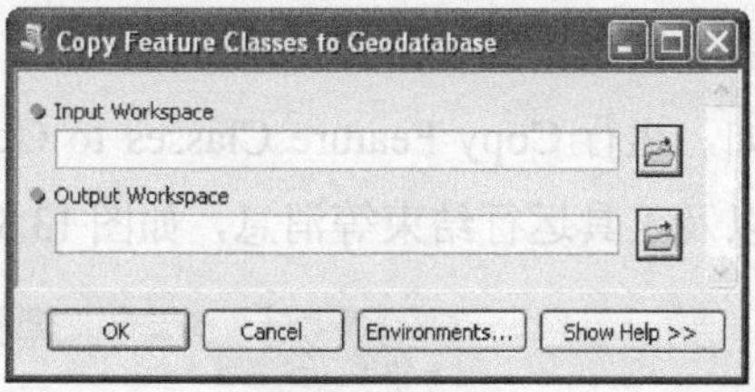

图 13.34

现在工具就可以运行了。该工具将 shapefiles 复制到地理数据库中，它的输出结果是一个地理数据库。由于要素类的个数非常多，因此它们将不会加载到 ArcMap 的内容列表中。

13.8 自定义工具行为

设置好工具参数后，就可以为工具添加自定义行为。自定义行为包含以下几项：

- 启用或禁用参数。
- 设置默认值。
- 更新过滤器。
- 自定义消息。

工具行为可以在 Script Properties 对话框的 Validation 选项卡里进行设置。在该选项卡中，可以使用 Python 的 `ToolValidator` 类编写脚本。通过 `ToolValidator` 类，可以根据用户的输入，改变工具对话框的内容。它还可以用于描述工具输出的结果，这一功能在 ModelBuilder 中十分重要。

`ToolValidator` 类是在 ArcGIS 9.3 时出现的，它有助于提高脚本工具的稳定性。这里将不再介绍自定义工具行为的详细内容。可以在 ArcGIS Desktop Help 中的"Customizing script tool behavior"里查阅相关内容。

13.9 处理消息

将脚本作为工具运行的一个好处就是可以在进度对话框和 Results 窗口里写入并显示消息。调用工具的任何模型或脚本工具均有权访问用户所写入的消息。独立运行的脚本，其运行消息只能输出到交互式对话框中，无法通过进度对话框或 Results 窗口查看运行消息。独立脚本之间也无法共享消息。

然而，由于脚本工具和其他系统工具一样，因此它们可以自动将运行消息输出到 Results 窗口中。例如，运行 Copy Feature Classes to Geodatabase 工具时，Results 窗口会出现表明工具正在运行以及工具运行结束等消息，如图 13.35 所示。

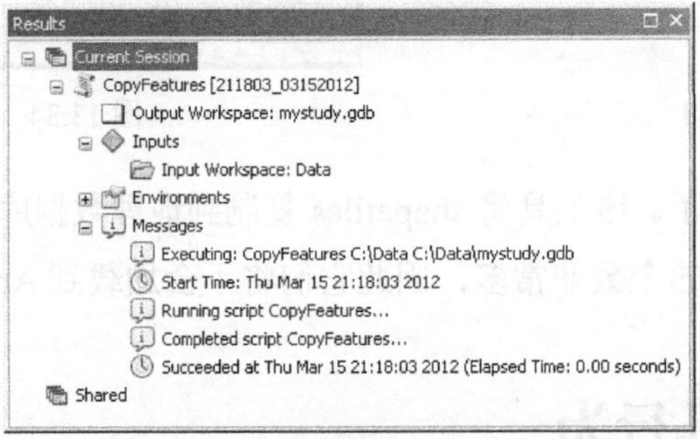

图 13.35

ArcPy 中有一系列用于输出消息的函数，这些函数包括以下几个。

- `AddMessage`：输出一般信息消息（严重性=0）。
- `AddWarning`：输出警告消息（严重性=1）。
- `AddError`：输出错误消息（严重性=2）。
- `AddIDMessage`：输出警告消息和错误消息。

- AddReturnMessage：输出所有消息（不考虑消息的严重性）。

其中，AddReturnMessage 函数可以查看先前运行的工具所产生的所有消息，而不考虑消息的性质。还有一些消息函数可以新建一个自定义消息。例如，在下面一段代码中，使用了 AddError 和 AddMessage 函数，这两个函数会根据工具运行的结果将消息输出到 Results 窗口中。

```
import arcpy
fc = arcpy.GetParameterAsText(0)
result = arcpy.GetCount_management(fc)
fcount = int(result.getOutput(0))
if fcount == 0:
    arcpy.AddError(fc + " has no features.")
else:
    arcpy.AddMessage(fc + " has " + str(fcount) + " features.")
```

对一个没有任何要素的要素类运行上面的代码，将会产生一个错误消息，如图 13.36 所示。

调用 AddError 函数会产生一个 Failed to execute 消息。但是，它不会跳出异常，在调用了 AddError 后，代码还会继续运行。

如果使用 AddWarning 函数，虽然会产生一个警告信息，但是脚本仍会继续运行，如图 13.37 所示。

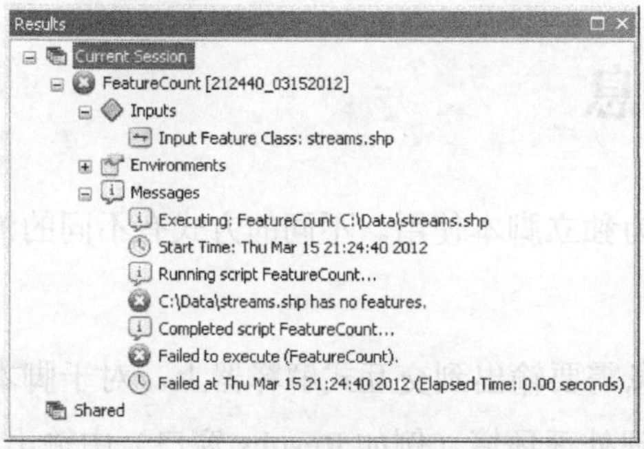

图 13.36

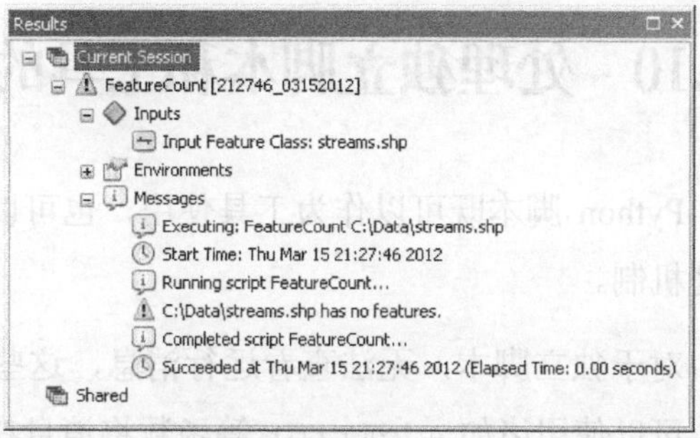

图 13.37

通过 AddIDMessage 函数，可以实现另一级别的消息控制。该函数可以使用工具的系统消息。该函数的语法如下：

```
AddIDMessage(message_type, message_ID, {add_argument1}, {add_argument2})
```

消息的类型可以设置为：Error、Informative 或者 Warning。不同 ID 号的消息代表 Esri 不同的系统消息。例如，如果输出要素类已经存在，就会输出一个 ID 号为 12 的错误消息，其代码如下：

```
import arcpy
infc = arcpy.GetParameterAsText(0)
outfc = arcpy.GetParameterAsText(1)
if arcpy.Exists(outfc):
    arcpy.AddIDMessage("Error", 12, outfc)
else:
    arcpy.CopyFeatures_management(infc, outfc)
```

ID 号为 12 的错误消息如下：

```
000012 : <value> already exists
```

该消息有一个参数，即要素类的名称。在 ArcGIS Desktop Help 中，有完整的关于错误和警告消息的介绍，具体地址是 Geoprocessing > Tool errors and warnings。帮助文档中一部分错误消息如图 13.38 所示。

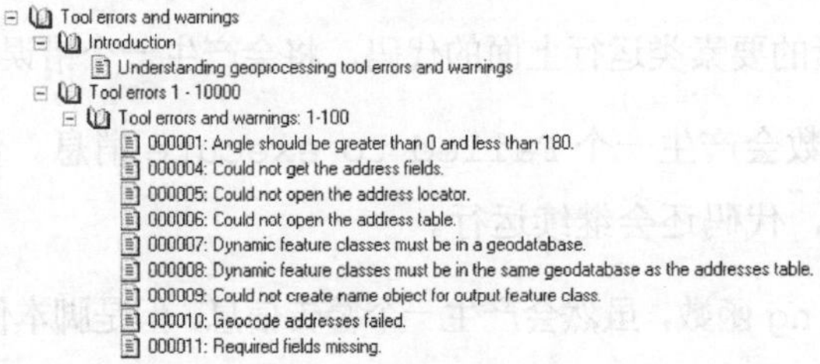

图 13.38

13.10 处理独立脚本和工具的消息

Python 脚本既可以作为工具使用，也可以作为独立脚本使用。不同的方式有不同的消息处理机制。

对于独立脚本，无法查看运行消息，这些消息需要输出到交互式解释器上。对于脚本工具，可以使用诸如 AddError 等函数将消息在地理处理环境（例如 Results 窗口）中输出。

可以先使用 print 语句，再使用 ArcPy 函数（例如 AddError、AddWarning 以及 AddMessage）将运行信息分别输出到交互式解释器和地理处理环境中。通过这种方式，练习编写消息处理的代码。

13.11 自定义进度对话框

工具运行进度的消息有多种表现形式。默认情况下，ArcGIS 中的地理处理框架使用后台处理。在后台进行地理处理操作的时候，用户可以继续运行其他程序。后台运行期间，ArcGIS 状态栏里会出现一个进度条，如图 13.39 所示。

当地理处理操作结束后，在最右边的任务栏处，会跳出一个通知栏，如图 13.40 所示。

图 13.39

图 13.40

可以在 Geoprocessing Options 对话框中设置是否启用后台处理。在 Background Processing 选项中，有一个滑块，它可以用来设置后台运行结束后，消息栏停留的时间，如图 13.41 所示。

当关闭后台处理选项时，就会启用前台处理。在前台处理过程中，会出现一个进度对话框。进度对话框中有一个进度条，它由一个指示工具运行进度的水平条构成；进度对话框中还有一个消息区，它会显示工具运行的所有消息。进度对话框如图 13.42 所示。进度对话框中的消息和 Results 窗口中的消息是一样的。

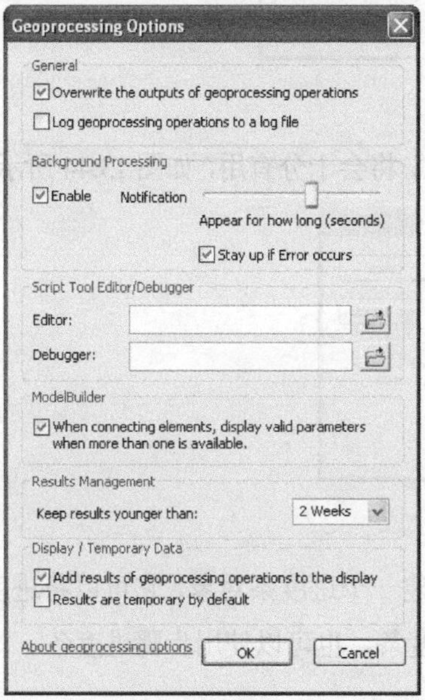

图 13.41

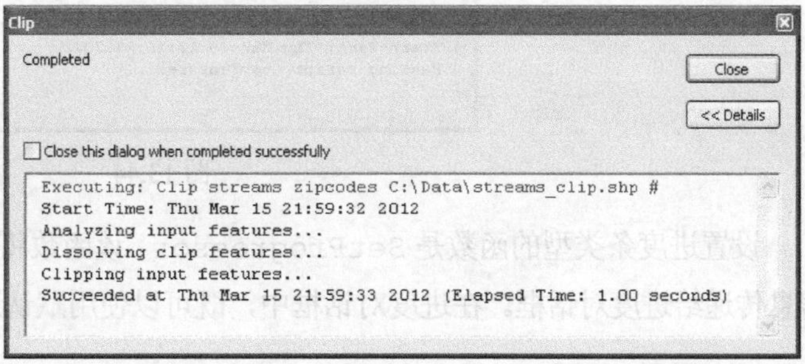

图 13.42

可以在 Geoprocessing Options 对话框中设置工具是在前台运行还是在后台运行。对于脚本工具，可以通过脚本工具的属性设置它是在前台运行还是在后台运行（详见 13.3 节）。还可以通过 ArcPy 的 progressor 函数设置程序在前台运行时，显示进度对话框。这些函数也会影响 Results 窗口。ArcPy 的进度函数如下所示。

- SetProgressor：设置进度条类型。
- SetProgress or Laberl：改变进度条标签。
- SetProgress or Position：按增量移动进度条。
- ResetProgressor：重置进度条。

有两种类型的进度条：默认进度条和步骤进度条。默认情况下，进度条来回不停移动，它并不能显示工具完成的进度。进度条上面的标签用来指示当前地理操作的相关信息，如图 13.43 所示。

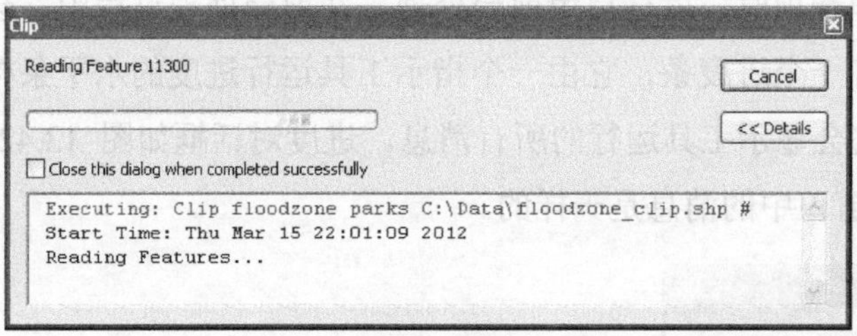

图 13.43

步骤进度条将按百分比显示完成的进度。在处理大数据量时，将会十分有用，如图 13.44 所示。

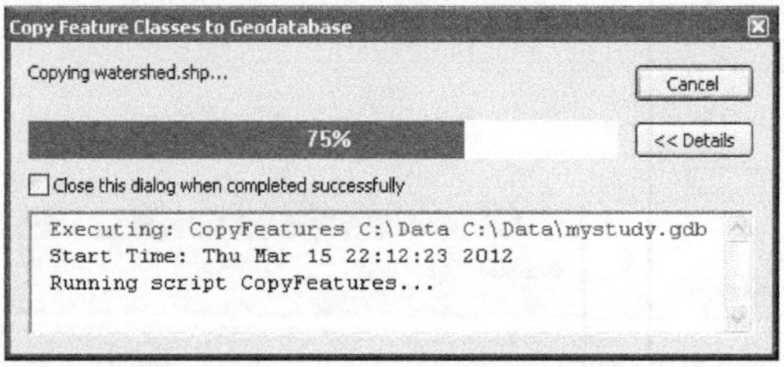

图 13.44

设置进度条类型的函数是 SetProgressor。该函数将创建一个进度条对象，它可以将进度信息传递给进度对话框。在进度对话框中，既可以使用默认进度条，也可以使用步骤进度条。

该函数的语法如下：

```
SetProgressor(type, {message}, {min_range}, {max_range}, {step_value})
```

参数 type 的值既可以是默认值，也可以是 step。参数 message 是在工具运行时，显示在进度条标签里的内容。剩余的三个参数只用于步骤进度条，它们分别代表初始值、结束值以及步长。在一个典型的步骤进度条中，初始值是 0，步长是 1。

SetProgressorLabel 函数用于更新进度条标签里的内容。通常情况下，在执行过程中的每一步都会对应一个字符串。SetProgressorPosition 函数会根据工具执行的进度移动步骤进度条。这两个函数通常需要结合使用，这样可以保证进度条标签可以实时更新。

一旦工具执行完毕，就可以通过 ResetProgressor 函数将进度条重置到原来的位置。

下面的脚本将使用一个自定义的进度条对话框。在这个对话框中，使用的是步骤进度条，步数根据要素类的个数确定。在 for 循环中，标签的内容会随着所复制的 shapefile 的名称而改变，当 shapefile 复制结束后，进度条会逐步移动。脚本的代码如下：

```
import arcpy
import os
from arcpy import env
env.workspace = arcpy.GetParameterAsText(0)
outworkspace = arcpy.GetParameterAsText(1)
fclist = arcpy.ListFeatureClasses()
fcount = len(fclist)
arcpy.SetProgressor("step", "Copying shapefiles to geodatabase...", 0, fcount, 1)
for fc in fclist:
    arcpy.SetProgressorLabel("Copying " + fc + "...")
    fcdesc = arcpy.Describe(fc)
    outfc = os.path.join(outworkspace, fcdesc.baseName)
    arcpy.CopyFeatures_management(fc, outfc)
    arcpy.SetProgressorPosition()
arcpy.ResetProgressor()
```

运行上述脚本，会出现一个进度对话框，该对话框中的进度条会以百分比的形式显示完成进度。其中，百分比是由步骤进度条参数中的步数转换得到的。

另一个需要考虑的问题是在步骤进度条中步骤的数目。在许多的脚本中，提前并不知道有多少素类、字段或记录需要处理。脚本可以使用 SearchCursor 迭代表中的所有行，例如迭代数百万行的任意大小的表。如果一次迭代表示一个步骤，那么会出现性能瓶颈问题。因此，在脚本中需要有一段代码用来确定迭代的次数，并根据迭代的次数设置合适的步长。

13.12　在进程中运行脚本

Python 脚本既可以在进程中运行，也可以在进程外运行。在进程中运行时，ArcGIS 不需要额外启动一个进程。在进程外运行时，ArcGIS 需要额外启动一个进程，而这需要耗费一定的时间，降低了运行效率。在进程外运行时，由于两个进程之间需要进行通信，因此也会降低脚本运行的效率。为了提高脚本运行的效率，建议将脚本在进程中运行。

在脚本工具属性对话框的 Source 选项卡中，可以设置脚本是否在进程中运行。默认情况下，该选项是选中的，如图 13.45 所示。需要注意的是，该选项只对 Python 脚本有效。

虽然在进程中运行可以提高脚本运行的效率，但是它也会带来一些问题。例如，一些由第三方开发的非标准模块无法在进程中运行。如果脚本工具在使用了第三方模块的情况下报错，此时，让它在进程外运行或许能解决这一问题。标准的 Python 库中的模块可以直接在进程中运行。

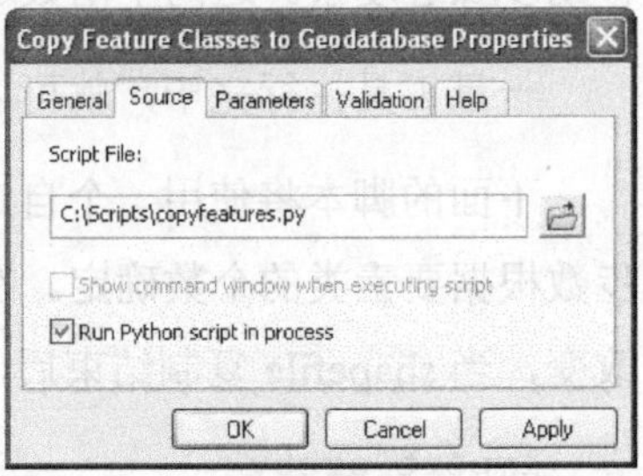

图 13.45

本章要点

- 尽管 Python 脚本可以作为独立脚本而脱离 ArcGIS 运行，但是将脚本作为脚本工具却有很多优势。脚本工具可以将脚本文件整合到地理处理框架中。例如，脚本工具可以和其他系统工具一样在 ModelBuilder 中使用。

- 在任意的自定义工具箱中都可以新建脚本工具。脚本工具需要关联一个脚本文件，当工具运行时，就会调用该脚本文件。

- 脚本工具需要有参数。设置参数的过程包括设置参数属性、编写接收参数值的代码等。脚本工具对话框的外观根据脚本工具的参数而定。

- 脚本工具的每一个参数都有一种数据类型，例如要素类、表、值、字段等。参数的属性可以控制参数的输入值。它可以确保输入的参数值符合要求。

- 所有的脚本工具都需要有输出，这样它们就能在 ModelBuilder 中使用。为了实现这一目标，有时候只能使用派生参数，这种类型的参数不会出现在工具对话框中。

- 可以通过 `ToolValidator` 类进一步定制工具行为。

- 可以使用各种消息函数在进度对话框和 Results 窗口中输出运行信息。进度对话框的外观可以通过相关函数进行更改。

- 为了提高运行效率，建议在进程中运行脚本工具。

第14章 共享脚本工具

14.1 引言

构建地理处理框架的目的之一是为了共享工具。自定义工具箱可以添加到 ArcToolBox 中，并整合到地理处理工作流中。工具箱中可以添加任意数量的工具，包括模型工具和脚本工具。因此，脚本工具可以通过一个包含脚本文件（.py）的工具箱文件（.tbx）进行共享。然而，在共享脚本工具的过程中，还会出现一些问题。其中一个主要的问题是：脚本创建者在创建脚本时所使用的资源与脚本使用者所拥有的资源不一样。这些资源包括地图文档、工具箱、脚本文件、图层文件等其他被脚本工具使用到的文件。另一个问题是如何在本地计算机或网络上组织这些资源，其中最常见的就是共享文件的路径问题。本章将会介绍如何共享脚本工具，包括如何组织工具箱、脚本文件、文档等文件。为了解决脚本共享过程中的一些问题，ArcGIS 10.1 引入了地理处理包来共享工具。

14.2 工具共享的方法

用于共享的工具有简单的，也有复杂的。最简单的情况是只有一个包含一个或多个工具的工具箱文件，除此之外，不含有其他文件。通常情况下，一个共享工具由一个工具箱文件、一个或多个包含脚本文件的脚本工具以及一些文档构成。较为复杂的共享工具则包含了工具箱文件、多个脚本文件、文档、编译生成的帮助文件以及一些示例数据。在本章后面的部分将会推荐一种文件夹组织结构。一种相对常见的共享工具的文件夹结构如图 14.1 所示。

一种最常用的共享工具的方法是直接将工具所有的文件按照原始文件夹的结构进行共享，通常需要将这些文件压缩成一个 ZIP 文件。该压缩文件可以在网上传送或者通过电子邮件发送。接收者可以下载这个文件并提取其中的内容。随后，就可以将工具箱添加到 ArcToolbox 中去。

图 14.1

还有两种共享工具的方法。如果用户可以访问局域网，那么可以将包含共享工具的文件夹拷贝到局域网内的文件夹中以供其他用户使用。工具箱可以在网络上直接添加，因此不需要将共享文件拷贝到本地计算机上。另一种方法就是使用 ArcGIS for Server，将工具箱作为一种地理处理服务进行发布，用户可以通过互联网获取这个工具箱。

具体使用哪一种共享工具的方法很大程度上取决于工具创建者和工具使用者的关系，就像软件和用户之间的关系一样。例如，如果工具是被同一个组织的人员共享，那么可以选择将工具在局域网进行共享。如果工具是面向一个较大的用户群体，那么可以将文件压缩后进行共享。

在共享工具的过程中还会出现一些问题，例如输入和输出数据的位置、工具需要哪些许可和扩展模块。在使用压缩文件时，所有与工具相关的数据也需要同工具一起打包，这是因为用户通常无法从网上获得任何的数据。

14.3 软件许可

使用压缩文件的方法共享工具时，用户的电脑上可能没有相应的软件或软件许可。因此，在脚本中需要添加检查软件许可（ArcGIS 桌面基础版、ArcGIS 桌面标准版、ArcGIS 桌面高级版）和扩展模块许可（ArcGIS 三维分析模块、ArcGIS 空间分析模块等）的代码。即使用户安装了相应的扩展模块，也不一定有软件许可。在这种情况下，工具会停止工作并且报错。为了让工具更好地发挥作用，在工具文档里要详细地描述所需要的软件和扩展模块的许可信息。关于软件许可的相关内容在第 5 章已经有详细介绍。

14.4 共享工具的文件夹结构

图 14.2 所示的是 Esri 用于工具共享的标准文件夹结构。虽然不需要严格按照这种结构创建工具，但是它可以提供一种标准的参考。

提示：

在 ArcCatalog 的默认选项中，Python 文件是不显示的，不过可以点击菜单栏里的

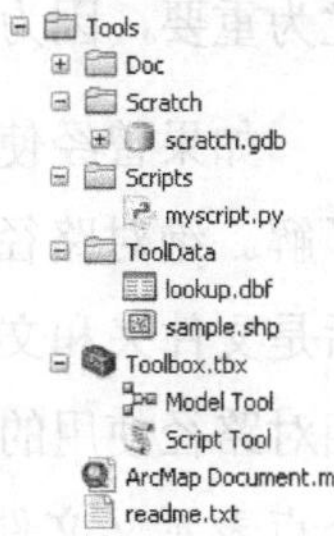

图 14.2

Customize > ArcCatalog Options > File Types，然后通过添加.py 文件来显示 Python 文件。

共享工具的文件夹 Tools 包含了一个或多个工具箱（.tbx 文件）。工具箱用于存放工具，包括模型工具和脚本工具。虽然工具箱也可以存储在地理数据库里，但是将它放于 Tools 的根目录下会有助于工具的查找。

Tools 文件夹需要选中“Store relative path names”选项，该内容将在后一节进行介绍。工具文档需要清楚地说明运行工具所需要的软件许可等级以及扩展模块信息。在 Tools 文件下面，通常会有一个名为 readme 的文本文件，它用来说明工具的功能、安装方式以及工具创建者的联系方式等。

如果共享工具中带有示例数据，那么最好在 Tools 里创建一个加载了这些数据的地图文档。ToolData 文件夹中的数据可以帮助用户在使用工具前，了解它的功能。共享工具的文件夹中有时也需要一些必要的数据，例如查找表一般也存储在 ToolData 文件夹中。

Scripts 文件夹中包含了工具运行所需要调用的脚本文件、脚本库文件、动态链接库（DLL）以及一些执行文件，例如.exe 文件和.bat 文件。脚本文件也可以直接嵌入到工具箱中，在这种情况下，将不会再有单独的脚本文件，但是，这并不常用，因为在多数情况下，共享脚本的目的是供用户学习并提高编写脚本的能力。

许多模型工具和脚本工具都需要设置一个工作空间，例如 Scratch 文件夹。在该临时文件夹中，可以新建一个 scratch 地理数据库用于存储临时数据。

工具的相关文档存放在 Doc 文件夹中。文档的类型包括以.doc 格式.docx 格式或.pdf 格式保存的工具说明文档，以.chm 格式保存的工具的帮助文档，以 XML 格式显示的工具对话框和帮助对话框。经验丰富的 Python 程序员一般会通过脚本文件中的代码及其注释来理解该脚本文件。然而，更多的用户只使用工具对话框，而不会查看脚本的内容。一份好的说明文档可以让用户在不查看脚本代码的情况下，尽可能地了解工具的功能以及它的不足。

14.5 处理路径

路径是处理数据和运行工具的一个重要组成部分。在需要进行共享的工具里，路径变得尤为重要，因为在脚本工具中，如果没有说明相关文件的路径，那么工具就无法正常运行。

如果曾经使用过 ArcGIS 创建地图文档或工具，您或许会对绝对路径和相对路径有一定的了解。绝对路径也可以称为完整路径。它是以一个驱动器名作为开头，紧跟着一个“:”，随后是文件夹和文件的名字。例如 C:\Data\streams.shp。相对路径是指相对于当前文件夹的路径。相对路径使用的是特殊的符号：一个点“.”和两个点“..”。其中一个点表示当前文件夹，两个点表示父文件夹。尽管理论上是正确的，但是这种定位文件夹的方法并不适用，因为在 ArcGIS 或 Python 中不能输入相对路径。不过还是要理解相对路径的概念并且理解它在 AcrGIS 中的含义。

来看下面的例子，在 C:\alldata\shapefiles\final 文件夹下，有 2 个 shapefile 文件：boundary.shp 和 locations.shp。对于这两个数据，只需要知道文件名，不必了解它们的路径名。再来看一个将要使用 locations.shp 和 floodzone.shp 这两个数据的工具，由于工具文件和数据文件位于不同的文件夹下，所以只需要使用 final\locations.shp 和 project\floodzone.shp，而不必使用更高一级的文件夹 alldata\shapefiles 来定位它们，如图 14.3 所示。

在保存地图文档（.mxd）时已经了解过相对路径。为了避免在文件夹移动或者重命名后丢失数据。在地图文档的属性中，通常把数据源选项设置为相对路径，如图 14.4 所示。

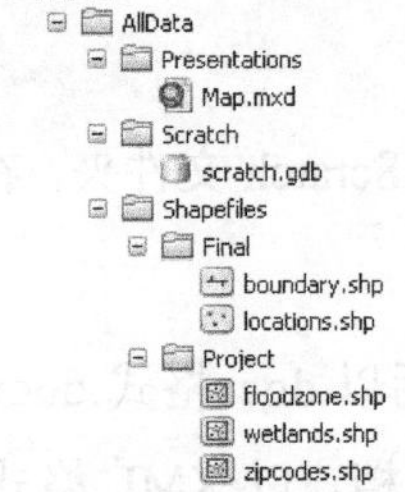

图 14.3

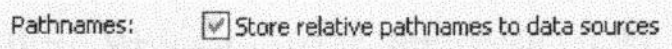

图 14.4

当地图文档使用相对路径保存以后，ArcMap 会将地图文档的绝对路径转换成相对路径。例如，某个地图文档的路径是：`C:\alldata\presentations\Map.mxd`，并且将其以相对路径进行保存。此时，如果将 locations.shp 文件添加到这个地图文档中去，那么该文件的相对路径则为：`.\..\shapefiles\final\locations.shp`

根据地图文档的位置，locations.shp 将保存在地图文档的父文件夹下，即 C:\alldata（后面跟着一个单点和一个双点），并且在子文件夹 shapefiles\final 下。由于父文件夹的名称和路径对于确定 shapefile 文件的位置没有用处，所以它并不是相对路径的组成部分。

注释：

不必太关注上面相对路径中的点符号，因为 ArcGIS 和 Python 不支持这些符号。

使用相对路径有利于移动或者重命名文件夹。例如，即使 alldata 文件夹被重命名为 data，地图文档中涉及到的所有数据的路径也不需要改变。类似地，如果驱动器由 C 盘改成了 E 盘，所有数据的路径仍然不需要变动。

相对路径的一个缺陷是：它们不能扫描多个磁盘。如果一些文件在 C 盘，而另一些文件在 E 盘，那么只有使用绝对路径，才可以保证所有的文件都是正确的路径。

和地图文档一样，绝对路径和相对路径对模型工具同样有效。模型的相对路径可以在模型的属性对话框中进行设置，如图 14.5 所示。

在创建脚本工具时，可以在添加脚本工具向导里设置相对路径。对于现有的脚本工具，可以在其属性对话框中设置相对路径，如图 14.6 所示。

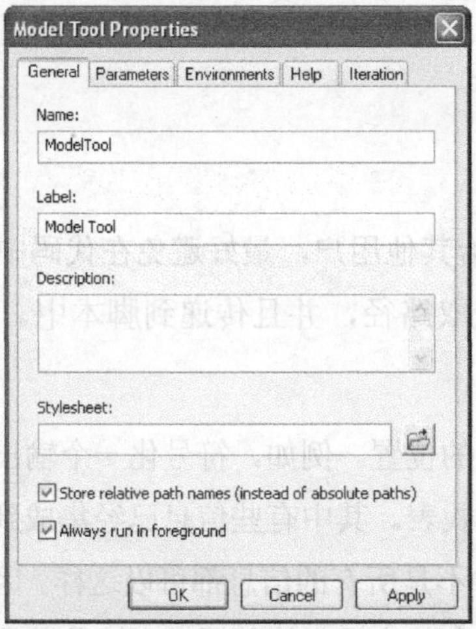

图 14.5

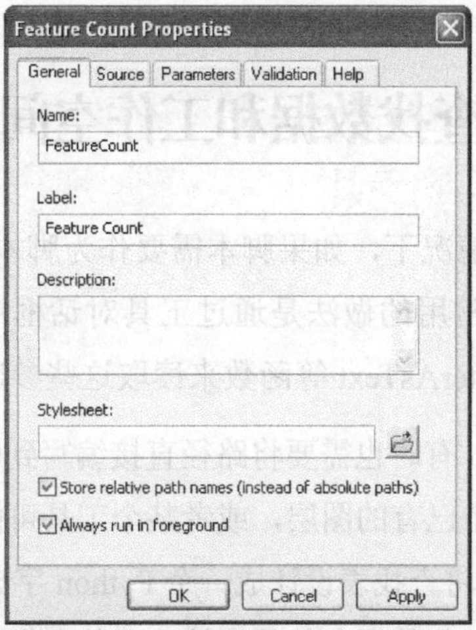

图 14.6

脚本工具的相对路径是相对于工具箱文件的路径。当脚本工具以相对路径进行存储，那么脚本工具所使用的脚本文件、数据集、工具文档、工具帮助、样式表等都会以相对路径存储。

需要注意的是在脚本代码中的绝对路径不会转化为相对路径，因为 ArcGIS 没有任何可靠地方法来检查和修改脚本的代码。因此，无论脚本工具是否设置为使用相对路径，脚本代码中使用到的绝对路径都不会转换成相对路径。

提示：

通常情况下，需要在代码中指明脚本文件的绝对路径。

在了解了关于路径的相关内容后，建议再回顾一下共享工具中的相关路径。如图 14.7 所示，是之前已经讨论过的用于共享工具的文件夹结构图。

图 14.7

为了共享工具，需要在脚本工具属性设置中激活相对路径。如图 14.7 所示，脚本工具会引用 Scripts 文件夹下的一个脚本。它也可以引用 Doc 文件夹下的文档。脚本自身可以引用 ToolData 文件夹下的数据。只要保证文件夹结构不变，在工具共享时，这些文件都是可用的。如果将一个包含脚本工具的工具箱文件（Toolbox.tbx）移动到另一个位置，那么脚本工具将不能正常地运行。虽然工具对话框可以正常打开，但是当工具执行时，它会显示下面的错误信息：“`Script associated with this tool does not exist`。”因此。为了保证脚本工具正常运行，就不能改变文件夹的结构。

14.6 查找数据和工作空间

通常情况下，如果脚本需要作为脚本工具共享给其他用户，最好避免在代码中直接使用路径名。常用的做法是通过工具对话框中的参数获取路径，并且传递到脚本中。脚本使用 GetParameterAsText 等函数来读取这些参数。

不过，有时也需要将路径直接编写到脚本中特定的位置。例如，符号化一个输出数据可能要用到一个已有的图层，或者某个工具可能要用到查找表。其中有些信息已经集成到了脚本中（例如可以将查找表设计成一个 Python 字典），但是并不是所有的信息都可以这样。因此工具运行时需要一些数据文件的支持，即使它们并没有通过参数来提供给使用者。这些数据文件是由脚本开发者提供的，并且这些数据是组成共享工具的一部分。根据前面介绍过的文件夹结构格式，这些文件将会放在 ToolData 文件夹下，这样将有助于查找与脚本文件相关的数据文件。

脚本文件的路径可以用下面的代码来确定：

```
scriptpath = sys.path[0]
```

或者

```
scriptpath = os.getcwd()
```

运行上面的代码都可以得到脚本文件的完整路径，但是路径中并不会包含脚本文件的名称。如果脚本运行所必须的数据位于 ToolData 文件夹下，按照前面建议的文件夹结构，就可以使用 python 的 `os.path` 模块来创建访问这些数据的路径。

上面所介绍的文件夹结构是一个示例。Tools 文件夹下包含了共享的工具，包括工具箱，脚本以及数据文件。如果脚本工具以相对路径存储，那么就可以随意地移动 Tools 文件夹，或者更改它的名字，即使这样做脚本也仍然会正常工作。脚本工具所引用的脚本位于 Script 文件夹下，脚本需要一个 lookup.dpf 文件才能正常运行，它位于 ToolData 文件夹下。文件的名称可以直接编写到脚本中去，因为脚本的开发者既是 lookup.dbf 文件的创建者，也是 ToolData 文件夹的创建者。不过，不可以将绝对路径直接编写到脚本中去，而是用相对路径来替代：ToolData\lookup.dbf。这样，Tools 文件夹就可以随意移动，脚本工具的使用者不再受脚本开发者使用的绝对路径的限制。

参照 lookup.dbf 文件的脚本代码如下：

```
import arcpy
import os
import sys
scriptpath = sys.path[0]
toolpath = os.path.dirname(scriptpath)
tooldatapath = os.path.join(toolpath, "ToolData")
datapath = os.path.join(tooldatapath, "lookup.dbf")
```

可以发现有两个量是直接编写到脚本中的：工具数据的当前文件名（lookup.dbf）和工具数据所在的文件夹名（ToolData）。它们都是由工具开发者所创建，因为它们并不受使用者输入操作的影响，所以可以直接编写到脚本中。

还有一个相似的方法可以用来引用临时工作空间的位置。临时工作空间常用于模型中，它们也可以被脚本使用。还是以标准的文件结构为例，创建临时工作空间的代码如下：

```
import arcpy
import os
import sys
from arcpy import env
scratchws = env.scratchWorkspace
scriptpath = sys.path[0]
toolpath = os.path.dirname(scriptpath)
if not env.scratchWorkspace:
    scratchws = os.path.join(toolpath, "Scratch/scratch.gdb)
```

创建好一个临时工作空间以后，下面有几点需要注意：

- 工作空间需要有写权限。

- 临时工作空间可以在环境设置中进行设置。在这种情况下，脚本就会使用这个工作空间。所以在上面的例子中，通常会在代码中添加一个 if 来判断临时工作空间在环境设置中是否已经设置了。

- 可以将当前工作空间当成临时工作空间使用，但是这会造成一定的问题。首先，如果脚本产生了大量的输出，那么当前工作空间就会混乱。第二，清除数据会变得缓慢冗长。因为很难从所有数据中挑选并删除那些不需要显示的中间数据。第三，如果当前工作空间是一个远程服务器上的数据库，那么就可能会造成性能问题。

最后，通常不会将一个临时工作空间的名字直接编写到脚本中去，而是使用 CreateScratchName 函数在临时工作空间中创建一个唯一的数据集。

14.7 创建地理处理包

上面所介绍的共享工具的方法虽然具有较高的可靠性，但是该方法通常需要手工将数据、工具等文件放到一个文件夹中，显得有些麻烦。为了弥补这一不足，ArcGIS10.1 引入了地理处理包，它可以更快捷地共享与地理处理工作流相关的工具和数据。本节将介绍什么是地理处理包以及如何去创建它。

地理数据包是一个后缀名为.gpk 的压缩文件。它包含了执行地理处理工作流所需要的所有的文件，包括自定义工具、输入数据集、以及其他一些支持文件。地理数据包可以通过网络传输或者局域网共享。虽然听起来有点像之前描述过的 ZIP 文件，但是它与 ZIP 文件在创建过程和功能等方面却有很大的不同。

地理处理包是通过 Results 窗口中一个或多个结果来创建，这些结果是通过成功地运行地理处理工具而得到。创建地理处理包的流程如下：

（1）在 ArcGIS 中添加数据（如果需要的话一并添加自定义工具）。

（2）通过运行一个或多个工具来创建一个地理处理工作流。

（3）在 Results 窗口中，选择一个或多个结果，右击鼠标，然后选择 Share As > Geoprocessing Package。

（4）设置 Geoprocessing Package 对话框中的选项，例如共享选项，添加额外结果或文件选项，以及仅打包方案选项。

（5）共享 resulting.gpk 文件。

可以在 ArcGIS 中打开地理处理包以查看数据集和工作流。一个.gpk 文件包含了执行地理处理工作流的所有文件，包括工具、图层以及其他文件。其中，工具包括系统工具和自定义工具。所以，如果地理处理结果是由脚本工具生成的，那么该脚本工具所引用的.py 文件也需要包含到地理处理包中。

地理处理包的一个优点是它不需要考虑文件的位置，而是将所有涉及的数据都打包成一个文件。这就不需要像传统方法那样手动地将所有的文件转移到一个文件夹中，然后再将文件夹压缩 ZIP 文件。

在 ArcGISDesktop Help 中，可以查阅地理处理包的详细内容。它的具体位置是：Geoprocessing > Sharing geoprocessing workflows。

14.8　内嵌脚本并设置工具密码

共享脚本工具最常用的方法就是先在脚本工具的属性里引用 Python 脚本文件，然后再单独提供该脚本文件，这些文件通常放置在 Scripts 文件夹中。这种方式使得用户可以清楚地知道使用的是什么脚本，并且可以打开该脚本查看它的代码。

脚本也可以嵌入到工具箱中。这样脚本中的代码就将包含在工具箱中，而不再需要单独的脚本文件。通过这种方法，就可以方便地管理和共享工具。

右击脚本工具，点击 Import Script。一旦脚本作为工具导入到工具箱中，共享脚本工具时就不再需要脚本文件。换言之，只需要共享.tbx 文件就可以，而不需要提供.py 文件来保证脚本工具的运行。在导入脚本时，原先的脚本文件不会被删除，而是被复制到工具箱的文件夹中。

将脚本嵌入到工具箱中并不意味着不能查看它的代码或编辑代码。例如，开发者将脚本导入工具箱，并将它共享给其他用户。这些用户可以右击脚本工具，点击 Export 来获得原始脚本的一个拷贝文件。导出脚本后，脚本就可以像共享工具里的其他脚本一样被查看和编辑。尽管嵌入脚本是一个很好的办法，使用它可以减少文件的数量从而更好的管理和共享工具，然而它可能会产生一些问题。例如，某个脚本工具引用了一个脚本文件，而该脚本文件又调用了其他脚本文件，那么就需要将这些脚本都嵌入工具箱中，但是这可能给用户带来疑问，因为他们无法了解脚本直接的调用情况。此外，嵌入式脚本工具是 ArcGIS10 才引入的，更多的用户还是熟悉.tbx 文件以及.py 文件，而不是将脚本文件嵌入工具箱。

嵌入式脚本的一个好处就是可以创建密码保护。常规的脚本文件不能创建密码。如果共享了一个脚本工具，那么其他用户都可以不受约束的使用 Python 编辑器打开这些脚本。他们可以改动这些代码或是复制这些代码来供自己使用，这也是 Python 吸引人的地方之一。如果因为某些原因，需要设置密码保护，那么可以右击脚本工具并且点击 Set Password（图 14.8），这种做法只有在事先向工具箱中导入一个脚本的情况下才有效。

图 14.8

设置密码并不影响脚本工具的运行，但是任何查看或是导出脚本的操作都需要输入密码。

14.9　编写工具文档

规范的文档有助于工具的共享。文档的内容既包括了工具的开发信息，也包括了工具的功能介绍，它还可以用来向用户介绍与工具相关的概念。

在 ArcGIS 中，工具的相关文档有多种形式，具体内容如下：

- 通过工具属性对话框，以文本形式输入关于工具的简单描述。该描述信息会自动成为该工具对话框中 Help 面板内的默认内容。
- 通过编辑工具的描述页面，设置工具的详细描述。该描述信息会出现在多个地方，例如工具的参考页面、工具的 Help 面板、工具对话框以及 Python 窗口中的 Help 面板。
- 通过样式表修改工具对话框的外观。
- 经过编译的帮助文件可以被工具的参考页面引用。

下列方法也可以为工具提供相关文档，具体方法如下：

- 通过代码注释。规范的脚本会包含详细的注释，它可以帮助用户理解脚本是如何运行的。虽然不是所有用户都会查看代码，但是对于那些想要查看代码的用户，注释可以提供大量有用的信息。注释内容位于脚本文件中。
- 通过磁盘中单独的文档文件。例如在 Doc 文件夹中。文档文件可以是多种文件格式，例如.doc、.docx、.pdf 等。这些文档一般会包含工具的详细介绍以及与工具有关的背景概念。

下面将具体介绍其中几种编写工具文档的方法。

输入工具描述

在 ArcGIS 中编写工具文档最简单的方法就是在工具属性对话框中的描述栏里输入工具的描述信息。该描述信息也可以在添加脚本工具或修改脚本工具属性时输入，如图 14.9 所示。

默认情况下，该描述信息会自动出现在工具对话框中的 Help 面板内，如图 14.10 所示。

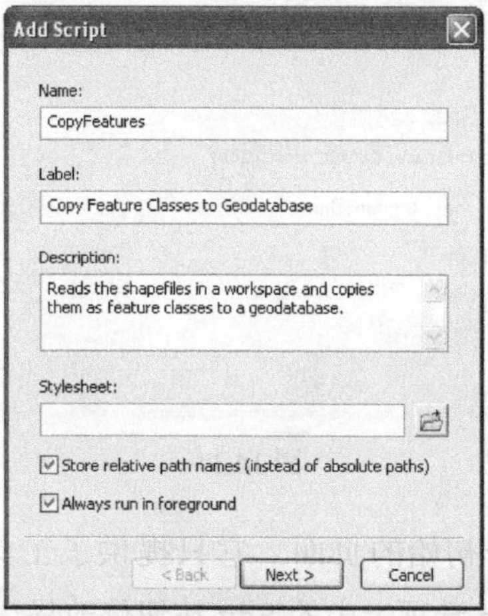

图 14.9

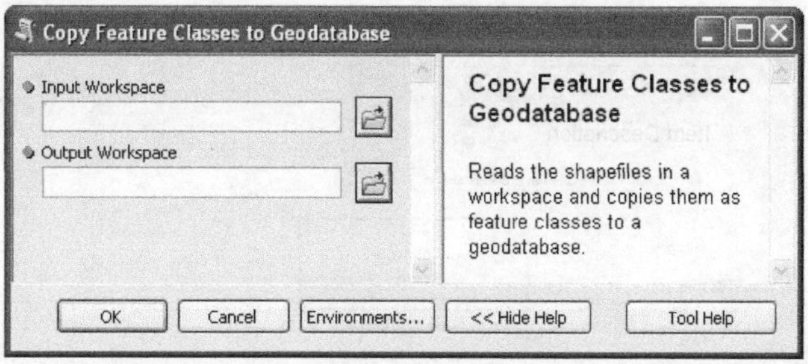

图 14.10

这种类型的帮助文档有一些受限，因为它只支持文本格式的输入，而且它只用于描述工具，不用于描述工具的相关参数。虽然如此，它也能发挥一定的作用。

编辑描述页面

在新建了一个脚本工具后，ArcGIS 会自动生产一个用于介绍工具基本语法的描述页面。该页面可以通过 ArcCatalog 中的 Description 选项卡进行浏览，该选项卡通常用来查看元数据信息。如图 14.11 所示的是第 13 章中介绍过的 Copy Feature Classes to Geodatabase 脚本工具的描述页面。

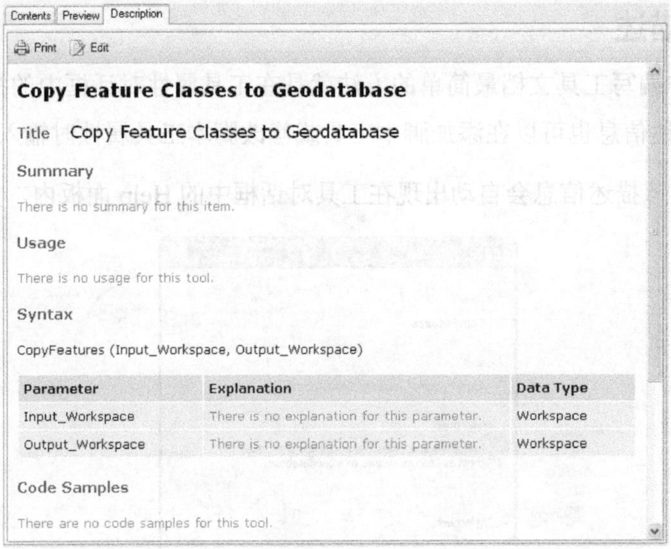

图 14.11

新生成的描述页面是一个初始的页面，它只提供了工具对话框的相关信息。可以在 ArcCatolog 中，利用 Description 选项卡中的 Edit 按钮修改描述页面里的内容，这种方法适用于元数据的修改，如图 14.12 所示。

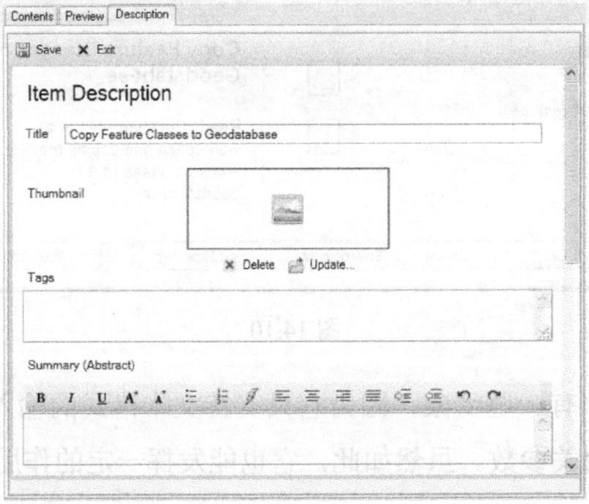

图 14.12

通过工具页面，可以编辑工具的标题、摘要、用法、语法、代码示例等内容。也可以通过插图来说明工具的工作原理。工具页面中的标签主要用于在系统中标识工具箱的主题或内容。Search 窗口使用“Item Description”中提供的文本说明来查找工具。

需要注意的是，Help 页面中需要描述的信息并不一定与工具的使用有关，它们有可能是描述数据的元数据信息。

在修改了描述页面后，这些信息就将被工具对话框使用。例如，如果输入了参数的相关描述信息，则在工具对话框的 Help 面板里就会出现参数的介绍，如图 14.13 所示。

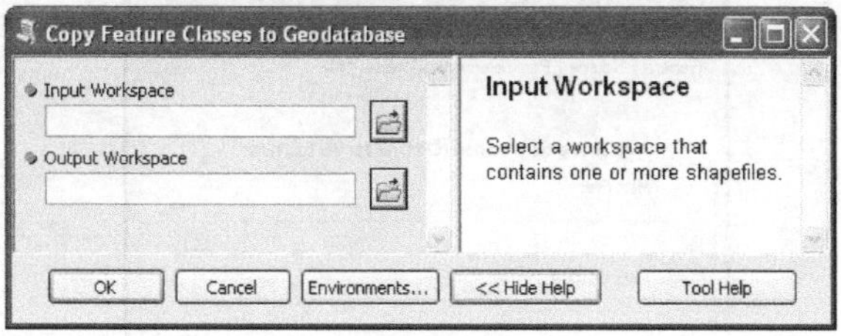

图 14.13

在点击工具的 Help 按钮时，如果没有进行额外的设置，那么上述页面也会作为该 Help 页面的默认内容。

使用样式表

样式表可以修改工具对话框的属性，它为工具对话框提供了不同的样式和布局选择，例如字体、对齐、页边距等。一般情况下，默认的样式表足够用户使用。它所在的文件夹的位置是：C:\Program Files\ArcGIS\Desktop 10.1\ArcToolbox\Stylesheets。该样式表会自动应用于所有新建的工具对话框，但是用户也可以设计自己的样式表。

注释：

关于创建您自己风格的样式表，本书中将不作介绍。

编译帮助文件

脚本工具可以引用经过编译的帮助文件 (.chm)。在查看工具参考页面时会使用经过编译的帮助文件。该文件类似于 HTML 文件，但是它只有一个文件。经过编译的帮助文件是帮助文件专有的格式，它是由 Windows 开发，并用于 Windows 操作系统。创建该格式的帮助文件需要使用微软帮助软件开发包。

注释：

本书将不介绍创建这种帮助文件的具体过程。

如果已经拥有经过编译的帮助文件 (.chm)，则可以在工具属性对话框的 Help 选项卡里引用它。可以通过提供帮助上下文（HTML 主题 ID），显示 .chm 文件中与此帮助上下文 ID 相关联的帮助主题，如图 14.14 所示。

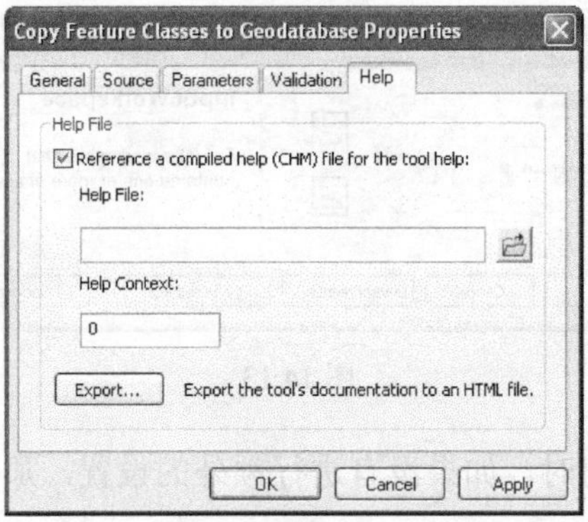

图 14.14

如果已经在工具的描述页面中做了详细的描述，那么可以将该描述信息导出为 HTML 格式。这是工具属性对话框中 Help 选项卡里的一个功能。在创建了经过编译的帮助文件后，就可以使用对应的 HTML 文件了。

14.10 示例工具：市场分析

本节将通过一个示例工具来介绍工具文件的组织结构。示例工具是一个基于 Huff 模型的市场分析工具。Huff 模型通过人口统计数据，评价不同位置商场的潜在销售额。该工具是 Drew Flate 开发的，它位于 ArcGIS 资源中心里。

如图 14.15 所示，该工具基本上是按照之前建议的文件夹结构来组织文件的。在该工具文件夹的根目录下，有一个仅包含一个脚本工具的工具箱文件（.tbx）。Huff 模型真正的脚本文件 HuffModel.py 位于 Script 文件夹下。ToolData 文件夹内包含了一些示例数据以及工具运行所需要的数据。Doc 文件夹内包含了一个.doc（或.docx）文件以及一个.pdf 文件，它们主要用来介绍示例数据以及工具的使用方式。

图 14.15

详细的工具文档既可以在 ArcCatalog 中的 Description 选项卡里浏览（图 14.16），也可以通过工具的帮助文件浏览，虽然这两种方式的浏览格式不一样，但是内容是一样的。这些文档的内容以及显示格式都会存储在工具箱中。文档中的图像引用的是工具描述中的图片，但是图像文件 help.png 的真实位置是在 Doc 文件夹下。

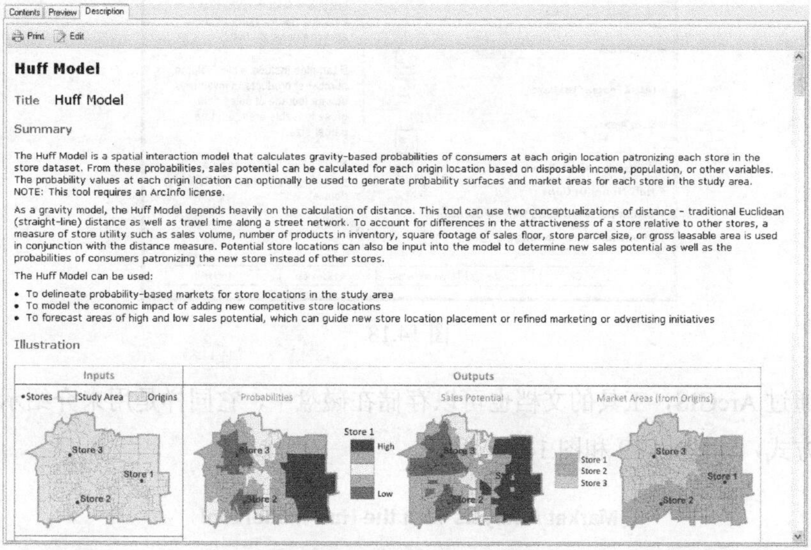

图 14.16

工具对话框包含了大量的必选和可选参数。打开工具对话框时，一个简要的工具描述就会出现在 Help 面板内，如图 14.17 所示。

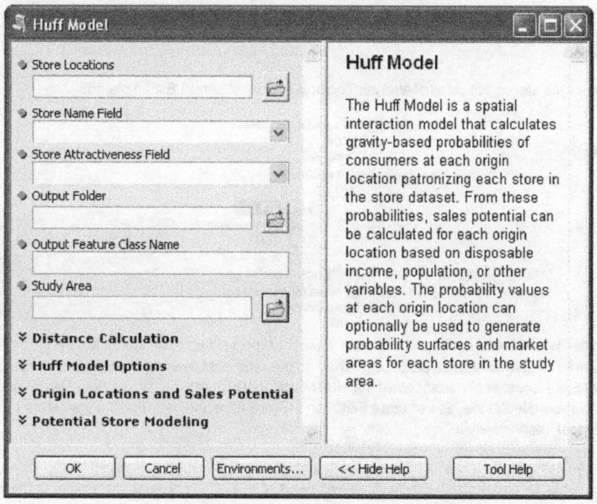

图 14.17

随着光标移动到不同的参数控件中，Help 面板里块的内容会相应发生变化。如图 14.18 所示，光标位于 Store Attractiveness 范围内，Help 面板里的信息就会从工具描述中获取该参数相应的信息。

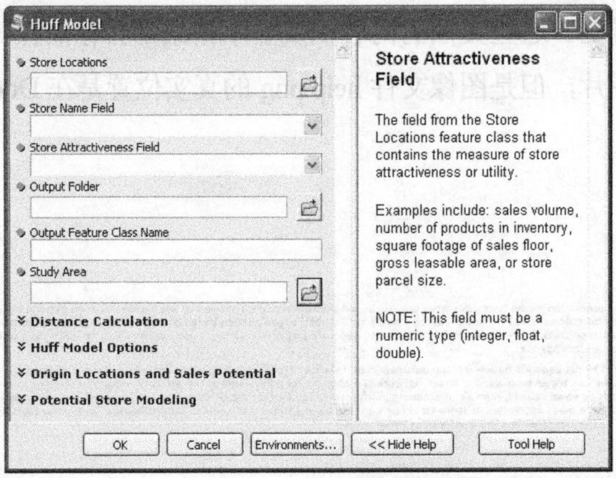

图 14.18

如果不通过 ArcGIS，工具的文档也可以存储在磁盘中，它同样是用来介绍示例数据以及工具的使用方式，如图 14.19 和图 14.20 所示。

Market Analysis with the Huff Model tool

Sample Data

Sample data stored at ...MarketAnalysisToolbox\ToolData\SAMPLE\Sample.gdb

1. Feature Class 'Stores' contains three point features representing retail stores arbitrarily located in the study area for demonstration purposes – they do not represent real store locations. 'Stores' will be used in the "Store Locations" parameter of the Huff Model tool. 'Stores' contains fields "Name" and "Sales" which will be used in the "Store Name Field" and "Store Attractiveness Field" parameters of the Huff Model tool, respectively.

2. Feature Class 'Study_Area' contains a single polygon feature roughly centered on the urban area of Akron, Ohio, United States. 'Study_Area' will be used in the "Study Area" parameter of the Huff Model tool.

3. Feature Class 'Block_Groups' contains 189 polygon features which are U.S. Census Bureau block groups covering the same urban area of Akron, Ohio, United States. 'Block_Groups' can optionally be used in the "Origin Locations" parameter of the Huff Model tool (under the Origin Locations and Sales Potential category). 'Block_Groups' has a number of demographic indicator fields, one of which can optionally be used in the "Sales Potential Field" parameter of the Huff Model tool (under the Origin Locations and Sales Potential category). Suggested fields are "POP2007" or "HOUSEHOLDS".

图 14.19

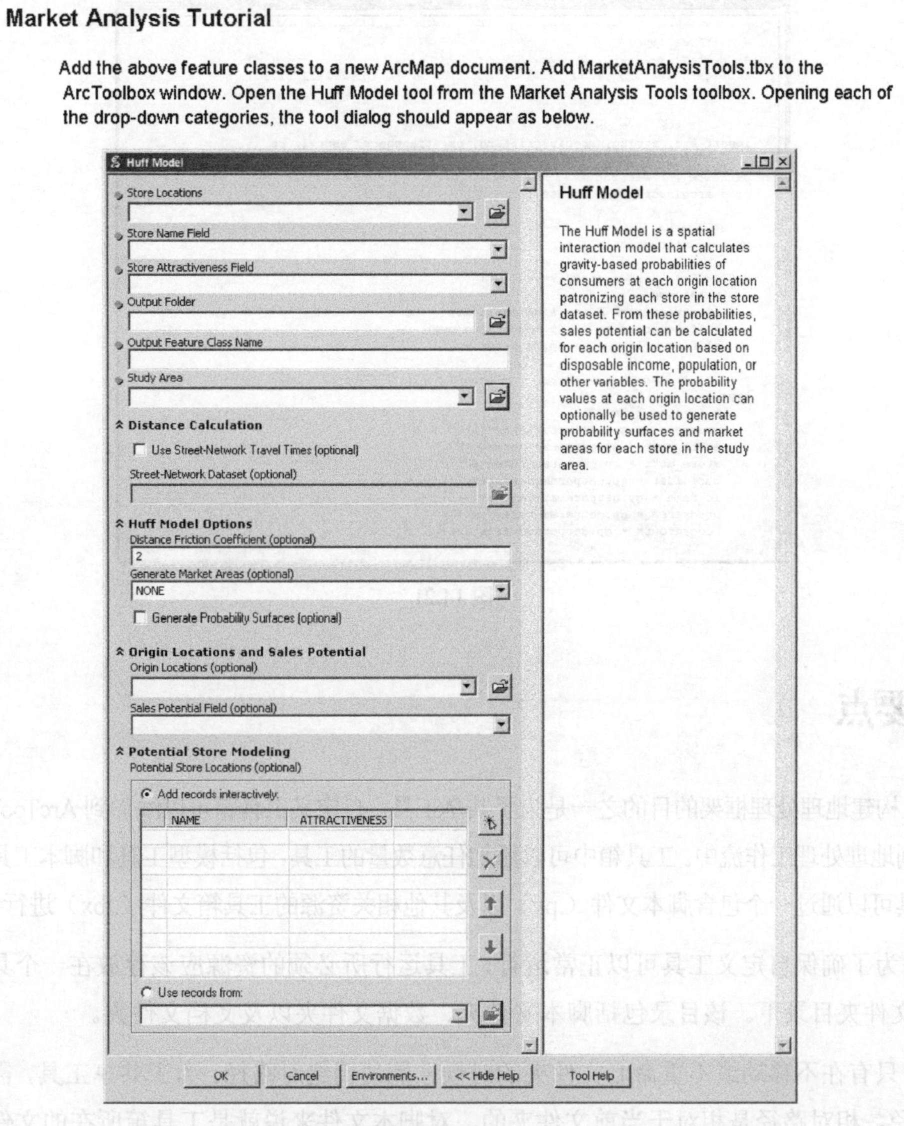

图 14.20

最后，脚本本身也通过注释的形式提供参考文档，如图 14.21 所示。

虽然示例工具的脚本文件包含了 748 行代码，工具对话框包含了 18 个参数，显得较为复杂，但是该工具通过标准的文件组织结构以及规范的帮助文档使得它使用起来仍旧相对简单。

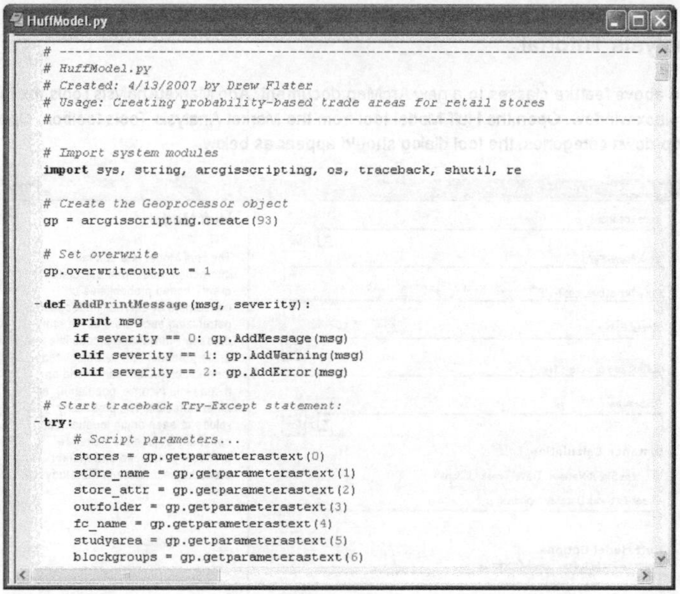

图 14.21

本章要点

- 构建地理处理框架的目的之一是为了共享工具。自定义工具箱可以添加到 ArcToolBox 中，并整合到地理处理工作流中。工具箱中可以添加任意数量的工具，包括模型工具和脚本工具。因此，脚本工具可以通过一个包含脚本文件（.py）以及其他相关资源的工具箱文件（.tbx）进行共享。

- 为了确保自定义工具可以正常运行，工具运行所必须的资源应该存放在一个具有标准结构的文件夹目录下。该目录包括脚本文件夹、数据文件夹以及文档文件夹。

- 只有在不移动或不重命名文件夹的时候才能使用绝对路径。为了共享工具，需要采用相对路径。相对路径是相对于当前文件夹的、对脚本文件来说就是工具箱所在的文件夹。相对路径不能跨越多个驱动器。

- 地理处理包也可以用于共享脚本工具。地理处理包是一个后缀名为.gpk 的压缩文件。它包含了执行地理处理工作流所需要的所有的文件，包括自定义工具、输入数据集，以及其他一些支持文件。

- 共享工具的文档有多种编写方式，包括在 ArcCatalog 中编辑描述页面，使用样式表，以及引用经过编译的帮助文件。